saur

Grundwissen Buchhandel – Verlage

Herausgegeben von
Wolfgang Göhler und Joachim Merzbach

Band 3

Grundwissen Buchhandel – Verlage
Band 3

Buchführung

Von
Wolfgang Göhler

unter Mitarbeit
von Joachim Merzbach

K·G·Saur München · New York · London · Paris 1984

CIP-Kurztitelaufnahme der Deutschen Bibliothek

Grundwissen Buchhandel – Verlage / hrsg. von
Wolfgang Göhler u. Joachim Merzbach. – München ;
New York ; London ; Paris : Saur

NE: Göhler, Wolfgang [Hrsg.]

Bd. 3. Buchführung / von Wolfgang Göhler. –
1984.
ISBN 3-598-20053-6

Fotosatz: Schwetzinger Verlagsdruckerei, 6830 Schwetzingen
Druck/Binden: Hain-Druck GmbH, Meisenheim/Glan
Printed in the Federal Republic of Germany

ISBN 3-598-20053-6

Vorwort

Der seit langem und häufig festgestellte Mangel an modernen Lehrbüchern, die geeignet wären, den hohen betriebswirtschaftlichen Anforderungen und branchenspezifischen Kenntnissen gerecht zu werden, wie sie heute vom herstellenden und vertreibenden Buchhandel verlangt werden, hat uns angeregt, diese Reihe „Grundwissen Buchhandel – Verlage" zu gründen.

Die langjährige Arbeit als Dozenten an den Schulen des deutschen Buchhandels schien uns eine gute Ausgangssituation zu bieten, die gewonnenen Erfahrungen in den verschiedenen Lehrbereichen in übersichtlicher Form darzustellen und den Bedürfnissen der neuen Ausbildungsordnungen anzupassen.

Die Konzeption und Darstellungsform der Bände dieser Reihe richten sich nach den Erfordernissen des Unterrichts. Einzelne Problemstellungen werden jeweils an einer Aufgabe verdeutlicht, und dann wird der Lösungsweg mit allen erforderlichen Schritten aufgezeigt. Am Ende eines jeden Kapitels werden vielfältige Übungsaufgaben gestellt, die sich einerseits an der buchhändlerischen Praxis orientieren und andererseits im Schwierigkeitsgehalt den Anforderungen der Abschlußprüfungen aller Bundesländer entsprechen. Im Anhang werden die Lösungen aller Aufgaben gegeben, sowie eine Beispielsammlung von offiziellen Prüfungsaufgaben nach verschiedenen Methoden einschließlich der Lösungen.

Die Einzelbände der Reihe sind nach Lernstoffen aufgeteilt:

- Band 1 behandelt kaufmännisches Rechnen mit den wichtigen Teilen der Statistik (Kaufmännisches Rechnen – Statistik; von Wolfgang Göhler; 2. verbesserte Auflage 1983)
- Band 2 enthält alles zur Sortimentskunde und Verlagskunde *(in Vorbereitung)*
- Band 3 beschäftigt sich mit der Buchführung
- Band 4 wird Fragen der Organisation und der EDV behandeln *(in Vorbereitung)*

Diese Bände umfassen auf der Grundlage des Rahmenlehrplans für den Ausbildungsberuf Buchhändler den Lehr- und Lernstoff für die wirtschaftlichen Fächer. Weitere geplante Bände werden andere Lehrbereiche bearbeiten.

Alle Bände der Reihe „Grundwissen Buchhandel – Verlage" sind in erster Linie bestimmt für Auszubildende im Buchhandel als Lernmittel und zur Lernkontrolle. Sie sind nicht weniger geeignet für die Kollegen im Unterricht als Lehrmittel und für die Ausbilder in den Betrieben als Mittel der innerbetrieblichen Ausbildung. Darüber hinaus dürften die Bände als Handbuch auch manchem erfahrenen Praktiker willkommen sein.

Wir hoffen, mit dieser Reihe vielseitigen Bedürfnissen gerecht zu werden, nicht zuletzt dem Bedürfnis, eine einheitliche Entwicklung der Ausbildung in den Bundesländern zu fördern.

Dipl.-Pol. Wolfgang Göhler — Dipl.-Hdl. Joachim Merzbach

Inhaltsverzeichnis

6 *Wareneinkauf und Warenverkauf*

7 Privatkonto

8 Personalkosten

9 Abschreibungen

10 Steuern

11 Wechsel

12 Jahresabschluß

13 Organisation der doppelten Buchführung

14 Anhang

0 Einführung

Dieser Band behandelt alle wesentlichen Bereiche der Buchführung des Einzelhandels und die Besonderheiten der Buchführung im Buchhandel.

Die gewählten Beispiele und Aufgabenstellungen orientieren sich einerseits an der buchhändlerischen Praxis und andererseits an den Anforderungen der Lehrabschlußprüfungen für den Ausbildungsberuf Buchhändler in den einzelnen Bundesländern.

Die Lösungen der Übungsaufgaben im Anhang dieses Bandes ermöglichen es dem Auszubildenden, das Buch sowohl zum Selbststudium als auch zur eigenen Lernkontrolle zu benutzen. Die beigefügten Prüfungssätze im letzten Teil des Anhangs erlauben eine gezielte Prüfungsvorbereitung, da sie nach den Prüfungsordnungen der Bundesländer gestaltet wurden.

W. G.

1 Aufgaben und gesetzliche Grundlagen der Buchführung

1.1 Aufgaben der Buchführung

Die Erfassung aller betrieblicher Vorgänge ist die Voraussetzung für den Erfolg einer Unternehmung. Je besser diese Erfassung organisiert ist, desto geringer wird das unternehmerische Risiko. Aus diesem Grunde leistet das Festhalten aller rechnungsmäßigen betrieblichen Zusammenhänge, die *Buchhaltung*, einen wesentlichen Beitrag zur Sicherung des Unternehmenserfolges und zur Risikominderung.

Zu den wesentlichen Aufgaben der Buchführung gehören deshalb:

1. die Feststellung des Vermögens und der Schulden,
2. die Feststellung der Veränderung von Vermögen und Schulden und
3. die Ermittlung des Unternehmenserfolges.

Daneben liefert die Buchhaltung *Daten* über die wirtschaftliche *Vergangenheit* der Unternehmung, gibt Auskunft über die *Gegenwart* (z.B. Forderungen und Verbindlichkeiten) und liefert Planungshilfen für die *Zukunft* (Sortimentsplanung, Personalplanung, Investitionsplanung).
Darüber hinaus gewährt die Erfassung der Geschäftsvorgänge die notwendige Sicherheit zur Erstellung von *Kostenrechnungen*, *Steuererklärungen* und zur Bereithaltung beweiskräftiger Unterlagen bei *Rechtsstreitigkeiten* mit Lieferanten, Kunden oder mit dem Finanzamt.
Aus betriebswirtschaftlicher Sicht ist deshalb eine ordnungsgemäße Buchhaltung unerläßlich.

1.2 Buchführungspflicht

Alle Einzelfirmen, Personengesellschaften und Kapitalgesellschaften sind gesetzlich verpflichtet, Bücher zu führen.

Der Sinn der gesetzlichen Verpflichtung liegt:

1. in der Schaffung einer einheitlichen Grundlage für die *Besteuerung*,
2. im *Schutz* der *Gläubiger* eines Unternehmens und
3. in der *Verfügbarkeit* rechtskräftiger *Unterlagen* für *Rechtsstreitigkeiten.*

Im einzelnen regeln folgende Gesetze und Verordnungen die Pflicht zur Buchführung:

1. Handelsgesetzbuch

In den §§ 38–47 HGB (Handelsgesetzbuch) ist festgelegt, daß jeder Vollkaufmann Bücher zu führen hat.

§ 38 HGB, Absatz 1:
„Jeder Kaufmann ist verpflichtet, Bücher zu führen und in diesen seine Handelsgeschäfte und die Lage seines Vermögens nach den Grundsätzen ordnungsmäßiger Buchführung ersichtlich zu machen."

2. Steuerrecht

Das Steuerrecht ist so aufgebaut, daß die Besteuerung möglichst richtig und gerecht durchgeführt werden kann. Aus diesem Grunde zieht es die Grenze der Buchführungspflicht weiter als das Handelsrecht.
In den §§ 140 und 141, Absatz 1 der Abgabenordnung (AO) von 1977 ist die Buchführungspflicht zum Zwecke der Besteuerung nach dem Einkommen, dem Ertrag und dem Vermögen festgelegt.

Danach müssen alle Unternehmen Bücher führen, die

1. einen Jahresumsatz von mehr 360 000,— DM erwirtschaften,
2. ein Betriebsvermögen von mehr als 100 000,— DM haben oder
3. einen Gewinn von mehr als 36 000,— DM im Wirtschaftjahr erzielen.

3. Ergänzende Gesetze

Auch Aktiengesellschaften (AG), Kommanditgesellschaften auf Aktien (KGaA), Gesellschaften mit beschränkter Haftung (GmbH) und Genossenschaften (eG) sind als juristische Personen Kaufleute nach § 6 HGB. Sie sind verpflichtet, Bücher zu führen. Die Rechtsgrundlagen sind:

§ 148 AktG (Aktiengesetz)
§ 41 GmbHG (GmbH-Gesetz)
§ 33 GenG (Genossenschaftsgesetz)

Weitere Vorschriften sind im EStG (Einkommensteuergesetz), KStG (Körperschaftsteuergesetz), UStG (Umsatzsteuergesetz), GStG (Gewerbesteuergesetz) und in der KO (Konkursordnung) enthalten.

1.3 Ordnungsgemäße Buchführung

§38, Abs. 1 HGB verlangt, daß die Buchführung ordnungsgemäß durchgeführt werden muß. Der Sinn dieser Bestimmung ergibt sich daraus, daß es jedem sachverständigen Dritten (Steuerprüfer, Steuerberater) möglich sein soll, jederzeit und ohne erhebliche Mühe den Stand des Vermögens und der Schulden sowie die Ertragslage des Unternehmens feststellen zu können.
Zu diesem Zweck wurden aus dem Handelsrecht und dem Steuerrecht die *Grundsätze ordnungsmäßiger Buchführung* (GOB) entwickelt:

1. Die Bücher müssen in einer *lebenden Sprache* geführt werden (§43, 1 HGB).
2. Die Aufzeichnungen müssen *vollständig, richtig, zeitgerecht* und *geordnet* vorgenommen werden (§43, 2 HGB).
3. Eintragungen dürfen nicht so verändert werden, daß der urprüngliche Inhalt nicht mehr feststellbar ist (§43, 3 HGB). Fehlbuchungen sind durch *Stornierungen* rückgängig zu machen.
4. Die Aufzeichnungen dürfen in der Form von *Datenträgern* geführt werden (§43, 4 HGB).
5. Die Geschäftsfälle müssen *fortlaufend lückenlos* erfaßt werden.
6. Für alle Buchungen müssen *Belege* vorhanden sein.
7. Zwischen den Buchungen dürfen *keine Leerräume* entstehen. Leerräume müssen entwertet werden (Buchhalternase).

Der Inhalt dieser Vorschriften dient:

1. der *Klarheit* und *Übersichtlichkeit*:
   Es soll ein sicherer Überblick in die Vermögens- und Ertragslage des Unternehmens möglich sein. Dabei darf keine gegenseitige Verrechnung (Aufrechnung) von Forderungen und Verbindlichkeiten vorgenommen werden.

2. der *Vollständigkeit*:
   Alle Vermögenswerte und alle Schulden müssen sowohl in der Buchführung als auch in der Bilanz erfaßt werden.

3. der *Bilanzwahrheit*:
   Die Posten der Bilanz müssen zu den Werten angesetzt werden, die aufgrund der Wirtschaftlichkeit realistisch sind.

4. der *Bilanzkontinuität*:
   Schlußbilanz des alten Jahres und Eröffnungsbilanz des neuen Jahres müssen übereinstimmen. Die Gliederung der Bilanzen muß gleich bleiben. Die Bewertungsmethoden des Vermögens und der Schulden dürfen nicht geändert werden.

5. der *kaufmännischen Vorsicht*:
   Gewinne dürfen erst dann realisiert werden, wenn sie tatsächlich eingetreten sind (Realisationsprinzip). Verluste müssen bereits dann als Aufwand erfaßt werden, wenn sie bereits drohen (Imparitätsprinzip). Die Vermögensbewertung muß nach dem geringstmöglichen Wert erfolgen (Niederstwertprinzip).

1.4 Aufbewahrungsfristen

Bücher und Aufzeichnungen müssen aufbewahrt werden, weil sonst die Möglichkeit einer Nachprüfung verloren geht. Daneben müssen alle Originale der eingehenden und alle Durchschriften der ausgehenden Handelsbriefe, die als Buchungsgrundlagen dienen, aufbewahrt werden.

Handelsbücher, Inventare und *Bilanzen* müssen nach § 44, 4 HGB *zehn Jahre* lang aufbewahrt werden.

Handelsbriefe, Belege, Eingangs- und *Ausgangsrechnungen, Bankauszüge* usw. müssen nach § 44, 4 HGB bis zu *sieben Jahre* aufbewahrt werden.

Die Aufbewahrungsfrist beginnt mit dem Schluß des Kalenderjahres, in dem die letzte Eintragung in die Bücher und Aufzeichnungen gemacht wurde oder in dem die Geschäftspapiere und Unterlagen entstanden sind (§ 147, 4 AO). (Vgl. Tabelle Seite 5)

1.5 Übungsaufgaben
(Lösungen: S. 246)

1. Welche sind die drei wesentlichen Aufgaben der Buchführung?
2. Welche weiteren Aufgaben hat die Buchführung noch zu erfüllen?
3. Welches Gesetzeswerk begründet die Buchführungspflicht für Vollkaufleute?
4. Was versteht man unter ordnungsgemäßer Buchführung?
5. Wieviel Jahre müssen Handelsbücher aufbewahrt werden?

Aufbewahrungsfristen

(nur für Unterlagen, die nach dem 31. 12. 76 entstanden sind)

Buchhaltungs-Unterlagen	in Jahren
Akkreditive und Unterlagen	6
Anlagenzu- und -abgangsmeldungen	6
Anlagevermögenskarteien und -bücher	10
Auftragsunterlagen	6
Ausfuhrunterlagen	6
BAB mit Belegen	6
Bankbelege	6
Beförderungs-(Begleit-) Papiere	5
Beitragsabrechnungen (Sozialvers.)	6
Belege, Beleglisten	6
Bestandsverzeichnis	10
Beteiligungsunterlagen	6
Betriebskostenrechnungen	6
Bewertungsunterlagen	6
Bilanzen	10
Bilanzunterlagen	6
Buchungsbelege	6
Darlehnsunterlagen	6
Dauerauftragsunterlagen	6
Depotsauszüge	6
Depotbücher	10
Devisenunterlagen (allgemeine)	6
Dubiosenbuch	10
Dubiosenunterlagen	6
Effektenunterlagen	6
Einfuhrunterlagen	6
Entgeltbücher für Heim- und Lohnarbeit	10
Finanzberichte	
Frachtunterlagen, Frachtbriefe	6
Freistempler-Abrechnungsunterlagen	6
Gebäude- und Grundstücksunterlagen	6
–„– soweit Inventare	10
Gehaltsempfänger-Stammkarten	5
Gehaltskontokarten	5

Buchhaltungs-Unterlagen	in Jahren
Gehaltslisten	6
Geschäftspapiere	6
Geschäftsberichte, -hauptbücher	10
Grundbücher	6
Gewinn- und Verlustrechung	10
Handelsregisterauszüge	6
Hauptbuchkonten	10
Handelsbriefe	7
Hauptabschlußübersicht	10
Hilfsbücher (Buchungsunterlagen)	6
Hauptversammlungen (Unterlagen)	10
Inventare, Inventarnachweise	10
Inventureinschriften	10
Jahresabschlußlisten und -bogen	6
Journale	6
Karteien (Buchungsunterlagen)	6
Kassenbelege, Kassenzettel	6
Kassenbuch (Bestandteil der Buchführung)	10
Kommissionslisten	6
Konnossemente	6
Konsignationslager-Unterlagen	6
Kontenpläne	10
Kontenregister	10
Kontokorrentbücher	10
Kontokorrentenkarten	10
Kostenträgerrechnungen	6
Kreditunterlagen	6
Lizenzabrechnungen und -unterlagen	6
Lochkarten (soweit Urbelege)	6
Lochkarten-Tabellierungen	10
Lieferscheine	6
Lohnbelege	6
Lohnempfänger-Stammkarten	5
Lohnkonten (nach LStDV)	5
Lohnlisten	6
Mahnvorgänge	6

Buchhaltungs-Unterlagen	in Jahren
Portokassenbücher	6
Postgiroauszüge und -belege	6
Preisnachweise (Bauleistungen)	5
Programmierungen (Buchungsunterlagen)	6
Programmierungen (Bilanzunterlagen	10
Provisionsaberechnungen	6
Quittungen (Buchungsbelege)	6
Rechnungen	6
Reisekostenabrechnungen	6
Repräsentationsaufwand	6
Registrierkassenstreifen	6
Saldenbestätigungen	6
Saldenlisten	10
Schadensunterlagen	6
Schecks, Scheckbelege	6
Schriftwechsel wesentlichen Inhalts	6
Schuldtitel	6
Schuldwechsel	5
Steuerunterlagen	6
Spesenabrechnungen	6
Überstundenlisten (Lohnbelege)	6
Uraufzeichnungen (Inventur)	10
Vermögensverzeichnis	10
Versandunterlagen (Buchungsunterlagen)	6
Vertragsunterlagen	6
Warenabgangs- und eingangsscheine	6
Warenausgangs- und eingangsbücher	10
Wechsel (soweit wechselsteuerpfl.)	5
Zahlungsanweisungen	6
Zahlungs- und Vollstreckungsbefehle	6
Zinsrechnungen	6
Zollbelege	7

2 Inventur und Inventar

2.1 Inventur

Die Voraussetzung einer jeden ordnungsgemäßen Buchführung sind Bestandsaufnahmen über das Betriebsvermögen und über die Schulden. Sie sind für die vollständige Erfassung und die sachgemäße Bewertung der Wirtschaftsgüter und damit für die steuerliche Gewinnermittlung unentbehrlich.
Die Verpflichtung zur Bestandsaufnahme = *Inventur* (lat.: invenire = finden) ergibt sich aus § 39 HGB und § 141 AO. Danach müssen alle Vollkaufleute Inventur machen:

1. *bei Geschäftsaufnahme*
2. einmal *jährlich*
3. bei *Geschäftsaufgabe*

Die Inventur erfolgt durch *Zählen, Messen, Wiegen, Schätzen* oder *Fotografieren* der *körperlichen Gegenstände* (Bargeld, Waren, Einrichtung).
Andererseits beinhaltet die Inventur die *wertmäßige Erfassung* der *unkörperlichen* Vermögenswerte und Schulden (Forderungen und Verbindlichkeiten), die sich aus Belegen und Buchungen ergeben. Das ist die *Buchinventur.*

Inventur ist die körperliche und wertmäßige Bestandsaufnahme von Vermögen und Schulden.

2.2 Inventar

Die Bestandsaufnahme (Inventur) findet ihren schriftlichen Niederschlag in einem Bestandsverzeichnis = *Inventar* (§ 39 HGB)

Inventar ist die systematische, geordnete und schriftliche Bestandsaufnahme von Vermögen und Schulden.

2.2.1 Aufbau des Inventars

Das Inventar besteht aus:

1. Vermögen
2. Schulden
3. Reinvermögen (Eigenkapital)

Inventar der Buchhandlung MODERNES WISSEN 31. 12. 19..

Bezeichnung	DM	DM
1. VERMÖGEN		
1.1 Anlagevermögen		
1. Grundstück mit Gebäude Frankfurter Str. 15		300 000,—
2. Fuhrpark		
1 Pkw, Baujahr 19..	20 000,—	
1 Pkw, Baujahr 19.. abgeschrieben	1,—	20 001,—
3. Geschäftsausstattung lt. Inventur		80 000,—
4. Beteiligungen Stille Einlage bei Fa. XY		30 000,—
1.2 Umlaufvermögen		
1. Waren		
Belletristik	35 000,—	
Sachbuch	10 000,—	
Fachbuch	8 000,—	
Reise, Erzählung	12 000,—	
Kinderbuch	15 000,—	
Jugendbuch	15 000,—	
Taschenbuch	10 000,—	
Antiquariat	6 000,—	
Non Book	4 000,—	115 000,—
2. Forderungen		
Germanisches Seminar, Univ. ...	9 000,—	
Städt. Bücherei	3 000,—	
Private lt. Inventurliste	8 000,—	20 000,—
3. Bankguthaben		
Volksbank, Kto. Nr. ...	15 000,—	
Kreissparkasse, Kto. Nr. ...	6 000,—	21 000,—
4. Postgirokonto		8 000,—
5. Kassenbestand		2 000,—
SUMME DES VERMÖGENS		596 001,—

Fortsetzung siehe S. 8

Fortsetzung von S. 7

Bezeichnung	DM	DM
2. SCHULDEN		
2.1 Langfristige Schulden		
1. Hypotheken		
Hypothekenbank Unifinanz	120 000,—	
Bausparkasse „Stein & Stein“	60 000,—	180 000,—
2. Bankdarlehen		
Volksbank		80 000,—
2.2 Mittelfristige Schulden		
1. Kredit		
Buchhändl. Kredit Gemeinschaft		8 000,—
2. Kontokorrentkredit		
Kreissparkasse		15 000,—
2.3 Kurzfristige Schulden		
1. Kommissionsgut lt. Aufstellung		12 000,—
2. Lieferantenverbindlichkeiten		
Verlage lt. Aufstellung	9 000,—	
Barsortiment	7 000,—	
BAG, BSS	5 000,—	21 000,—
3. Wechselschulden lt. Aufstellung		3 000,—
SUMME DER SCHULDEN		319 000,—
3. REINVERMÖGEN		
Summe des Vermögens		596 001,—
Summe der Schulden		319 000,—
REINVERMÖGEN (EIGENKAPITAL)		277 001,—
Frankfurt, den 4. 1. 19..		
gez. F. Schmidt (Inhaber)		

Das *Vermögen* wird im Inventar nach zunehmender Liquidität geordnet. Das ist die Rangfolge, nach der die Vermögensteile wieder in Bargeld (= liquide oder flüssige Mittel) zurückverwandelt werden können.

Man unterscheidet zwischen:

Anlagevermögen, das langfristig liquide Mittel bindet und *Umlaufvermögen*, das meist nur kurzfristig liquide Mittel bindet.

Die *Schulden* werden nach ihrer Fälligkeit geordnet.

Man unterscheidet zwischen:

langfristigen Schulden, deren Laufzeit länger als vier Jahre ist,
mittelfristigen Schulden, mit Laufzeiten von ½-4 Jahre und
kurzfristigen Schulden, mit Laufzeiten unter ½ Jahr.

Das *Reinvermögen* ist die Differenz zwischen Vermögen und Schulden. Das ist der Betrag, der dem Unternehmer als Eigentum bleibt, das *Eigenkapital.*

2.2.2 Kapitalvergleich

Durch den Vergleich der Inventare zweier aufeinander folgender Rechnungsjahre läßt sich der *Erfolg* des Unternehmens ermitteln.
Der wirtschaftliche Erfolg kann Gewinn, Verlust oder Kostendeckung sein.
Eine einfache Methode zur Feststellung des Erfolges ist der Kapitalvergleich.
Die Buchhandlung „Modernes Wissen“ hatte am Ende des letzten Geschäftsjahres ein angenommenes Reinvermögen von 249 000,— DM.
Am Ende dieses Geschäftsjahres weist das Inventar ein Reinvermögen von 277 001,— DM aus.
Der Inhaber, Buchhändler F. Schmidt, hatte während des abgelaufenen Jahres für seinen eigenen Lebensunterhalt 18 000,— DM aus den Geschäftseinnahmen entnommen. Andererseits hatte er Geschäftseinlagen in Höhe von 5000,— DM in seinen Betrieb vorgenommen.

Daraus ergibt sich folgende Rechnung:

Reinvermögen am Ende des Jahres	277 001,— DM
– Reinvermögen am Anfang des Jahres	249 000,— DM
= Kapitalerhöhung	28 001,— DM
+ Privatentnahmen	18 000,— DM
– Kapitaleinlagen	5 000,— DM
= Gewinn	41 001,— DM

Der Kapitalvergleich selbst läßt keine weitergehende Betriebsanalyse zu, er stellt lediglich die Höhe des Unternehmenserfolges fest.

2.3 Übungsaufgaben
(Lösungen: S. 246)

1. Was beinhaltet die Inventur?
2. Aus welchen Teilen besteht das Inventarverzeichnis?
3. Welche Gliederung beinhaltet das Inventarverzeichnis?
4. Welche Aussage erhält man durch den Kapitalvergleich?
5. Warum ist der Kapitalvergleich als Analyseinstrument wenig aussagekräftig?

3 Bilanz

Nach § 39 HGB muß der Kaufmann neben dem Inventar jährlich eine Bilanz erstellen. Die Bilanz gibt ebenfalls die Bestände des Vermögens und der Schulden wieder, allerdings in verkürzter Form.
Beim *Inventar* werden Vermögen, Schulden und Eigenkapital systematisch nacheinander ausführlich in *Tabellenform* aufgeschrieben.
Die *Bilanz* stellt die gleichen Werte nebeneinander geordnet in *Kontenform* dar.
Auf der *linken Seite* der Bilanz erscheinen die Vermögenswerte = *AKTIVA*.
Auf der *rechten Seite* der Bilanz erscheinen das Eigenkapital und die Schulden = *PASSIVA*.

3.1 Aufbau der Bilanz

Aus dem Inventarverzeichnis der Buchhandlung „Modernes Wissen" wird folgende Bilanz erstellt:

BILANZ
31. 12. 19..

Aktiva		Passiva	
Vermögenswerte		Vermögensquellen	
Anlagevermögen		*Eigenkapital*	277 001,— DM
1. Grundstück mit Gebäude	300 000,— DM	*Langfristige Schulden*	
2. Fuhrpark	20 001,— DM	1. Hypotheken	180 000,— DM
3. Einrichtung	80 000,— DM	2. Darlehen	80 000,— DM
4. Beteiligung	30 000,— DM	*Mittelfristige Schulden*	
Umlaufvermögen		1. BKG-Kredit	8 000,— DM
1. Waren	115 000,— DM	2. Kontokorrentkredit	15 000,— DM
2. Forderungen	20 000,— DM	*Kurzfristige Schulden*	
3. Bank	21 000,— DM	1. Kommission	12 000,— DM
4. Postgirokonto	8 000,— DM	2. Verbindlk.	21 000,— DM
5. Kasse	2 000,— DM	3. Wechsel	3 000,— DM
	596 001,— DM		596 001,— DM

Die *Aktivseite* der Bilanz zeigt das Vermögen des Unternehmens und wie es verwendet wurde.
Die *Passivseite* der Bilanz zeigt die Herkunft der im Vermögen eingesetzten Mittel. Sie gibt Auskunft darüber, aus welchen Quellen das Vermögen finanziert wurde.
In allgemeiner Darstellung ergibt sich folgender Aufbau für die Bilanz:

Aktiva	BILANZ Passiva
Anlagevermögen	Eigenkapital
Umlaufvermögen	Fremdkapital
Bilanzsumme	Bilanzsumme

Aktivseite und Passivseite der Bilanz müssen immer den gleichen Betrag, die *Bilanzsumme*, ergeben.
Das Eigenkapital errechnet sich als Differenz zwischen Vermögen und Schulden (Fremdkapital), dadurch ist die Summe der Aktiva immer gleich der Summe der Passiva.

Bilanzgleichung: *Summe der Aktiva = Summe der Passiva*

Vermögen	=	Eigenkapital	+	Fremdkapital
Eigenkapital	=	Vermögen	–	Fremdkapital
Fremdkapital	=	Vermögen	–	Eigenkapital

3.2 Bilanzveränderungen

Entstehung einer Bilanz

Der Buchhändler X erhält durch einen glücklichen Umstand 150 000,— DM. Er beschließt, sich selbständig zu machen und eine eigene Buchhandlung zu gründen.

Nachdem er in günstiger Verkehrslage einen Laden gemietet und die gesetzlichen und kaufmännischen Anmeldungen erledigt hat, kauft er bei verschiedenen Verlagen für insgesamt 80 000,— DM (Ladenpreise, abzüglich Rabatt und Mehrwertsteuer) Bücher ein.
Er kauft eine gebrauchte Ladeneinrichtung für 30 000,— DM und einen gebrauchten Pkw für 10 000,— DM.
Außerdem eröffnet er bei der Sparkasse mit 20 000,— DM und beim Postgiroamt mit 8 000,— DM jeweils ein Konto.
Die restlichen 2 000,— DM legt er als Bargeld in die Ladenkasse.

Danach macht er Bilanz:

Eigenkapital 150 000,— DM

BILANZ

Aktiva		1. 10. 19..	Passiva
Fuhrpark	10 000,— DM	Eigenkapital	150 000,— DM
Einrichtung	30 000,— DM		
Waren	80 000,— DM		
Bank	20 000,— DM		
Postgirokonto	8 000,— DM		
Kasse	2 000,— DM		
	150 000,— DM		150 000,— DM

Aktiv-Tausch

Im Laufe der nächsten Woche verkauft Buchhändler X Bücher für 3 000,— DM bar und für 2 000,— DM gegen Bankschecks.
Danach macht er wieder Bilanz:

BILANZ

Aktiva		6. 10. 19..	Passiva
Fuhrpark	10 000,— DM	Eigenkapital	150 000,— DM
Einrichtung	30 000,— DM		
Waren	75 000,— DM		
Bank	22 000,— DM		
Postgirokonto	8 000,— DM		
Kasse	5 000,— DM		
	150 000,— DM		150 000,— DM

Durch die Geschäftsfälle *Warenverkauf bar* und gegen *Bankscheck* werden ausschließlich Bestände, die auf der Aktivseite der Bilanz aufgeführt sind, verändert. Die Bilanzsumme ändert sich dadurch nicht.

Aktiv-Passiv-Mehrung

Wiederum einige Tage später beschließt Buchhändler X, Bücher einzukaufen und diese nicht sofort zu bezahlen, sondern bei den Verlagen Zahlungsziel in Anspruch zu nehmen.

Er kauft für 10 000,— DM Bücher auf Rechnung (Ziel/Kredit).

Danach macht er wieder Bilanz.

BILANZ

Aktiva	12. 10. 19..		Passiva
Fuhrpark	10 000,— DM	Eigenkapital	150 000,— DM
Einrichtung	30 000,— DM	Verbindlichkeiten	10 000,— DM
Waren	85 000,— DM		
Bank	22 000,— DM		
Postgirokonto	8 000,— DM		
Kasse	5 000,— DM		
	160 000,— DM		160 000,— DM

Der Geschäftsfall *Wareneinkauf auf Rechnung* führt zu einer Erhöhung der Vermögensbestände auf der Aktivseite der Bilanz, aber auch zur Entstehung von Schulden, die die passiven Bestände erhöhen. Die Bilanzsumme wird größer, deshalb heißt dieser Vorgang auch *Bilanzverlängerung*.

Passiv-Tausch

Um einen Teil seiner Schulden an die Lieferanten (Verlage) abzutragen, erscheint es Buchhändler X ratsam, bei seiner Bank einen Kredit über 6 000,— DM aufzunehmen. Das Geld überweist er sofort an die Verlage.

Danach macht er wieder Bilanz.

BILANZ

Aktiva	18. 10. 19..		Passiva
Fuhrpark	10 000,— DM	Eigenkapital	150 000,— DM
Einrichtung	30 000,— DM	Bankkredit	6 000,— DM
Waren	85 000,— DM	Verbindlichkeiten	4 000,— DM
Bank	22 000,— DM		
Postgirokonto	8 000,— DM		
Kasse	5 000,— DM		
	160 000,— DM		160 000,— DM

Der Geschäftsfall *Umwandlung einer Verbindlichkeit in einen Kredit* führt zu einem Tausch von Beträgen auf der Passivseite der Bilanz. Die Bilanzsumme ändert sich dadurch nicht.

Aktiv-Passiv-Minderung

Buchhändler X überweist vom Bankkonto an verschiedene Verlage 3 000,— DM, weil Rechnungen fällig geworden sind.

Danach macht er wieder Bilanz.

BILANZ

Aktiva	24. 10. 19..		Passiva
Fuhrpark	10 000,— DM	Eigenkapital	150 000,— DM
Einrichtung	30 000,— DM	Bankkredit	6 000,— DM
Waren	85 000,— DM	Verbindlichkeiten	1 000,— DM
Bank	19 000,— DM		
Postgirokonto	8 000,— DM		
Kasse	5 000,— DM		
	157 000,— DM		157 000,— DM

Der Geschäftsfall *Banküberweisung an Lieferanten* führt zu einer Minderung des Vermögensbestandes auf der Aktivseite der Bilanz und zu einer Minderung der Schulden auf der Passivseite. Die Bilanzsumme wird kleiner, deshalb heißt dieser Vorgang *Bilanzverkürzung*.

3.3 Übungsaufgaben

(Lösungen: S. 246)

1. Was versteht man unter einer Bilanz?
2. Worin liegt der Unterschied zwischen Inventar und Bilanz?
3. Welche Werte stehen auf der Aktivseite und welche auf der Passivseite der Bilanz?
4. Wie lautet die Bilanzgleichung?
5. Welche Bilanzveränderungen gibt es?

4 Buchungsvorgang

Der § 38 HGB verlangt zwar, daß der Kaufmann seine Geschäftsvorfälle ordnungsgemäß in Büchern festhält, aber es kann nicht Sinn dieses Gesetzes sein, daß zur Feststellung täglich neu Inventur gemacht werden muß, ein Bestandsverzeichnis und eine Bilanz zu erstellen sind.
In der Praxis vermeidet man diese Arbeit, indem man die Bilanz zu Beginn des Geschäftsjahres organisatorisch in die einzelnen Bilanzposten aufgliedert und für jeden einzelnen Bilanzposten eine eigenständige „Verrechnungsstelle" bildet.
Eine solche Verrechnungsstelle kann ganz unterschiedlich strukturiert sein. Sie kann in Form eines „Buches" (Kassenbuch, Forderungsbuch, Wareneingangsbuch) geführt werden. Man kann sie in Karteiform (Kundenkartei, Lieferantenkartei, Fuhrparkkartei) schreiben oder man kann sie mit elektronischer Datenverarbeitung in der Form nicht mehr sichtbarer elektronischer Speicher organisieren.
In der Buchführungslehre benutzt man für die Darstellung der Verrechnungsstellen ein Symbol, das *T-Konto*.

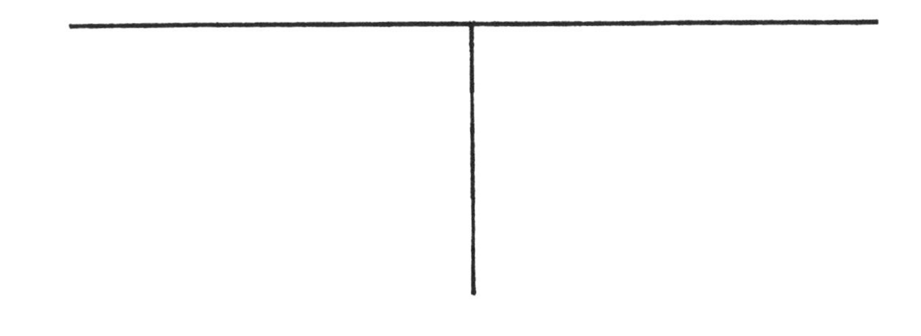

4.1 Auflösung der Bilanz in Konten

Am Ende des letzten Geschäftsjahres wurden in einer Buchhandlung durch die Inventur folgende Vermögensbestände ermittelt:
Fuhrpark 20 000,— DM, Geschäftseinrichtung 60 000,— DM, Warenbestand 140 000,— DM, Forderungen 8 000,— DM, Bankguthaben 12 000,— DM und Kassenbestand 2 000,— DM.

Die Schulden betrugen:

Darlehen 50 000,— DM, Verbindlichkeiten 14 000,— DM

Daraus ergab sich als Eigenkapital (Reinvermögen): 178 000,— DM

Schlußbilanz zum 31. 12. 19..
= Eröffnungsbilanz zum 1. 1. 19..

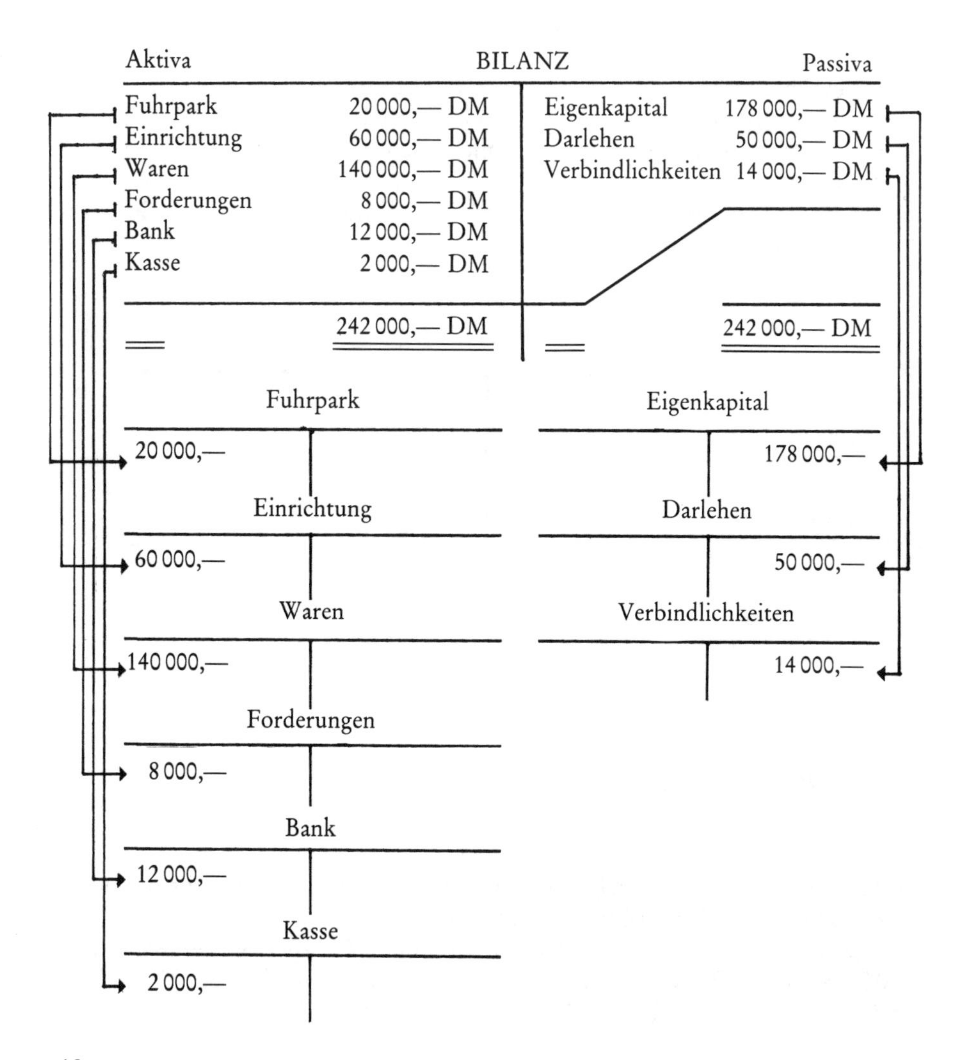

Die linke Seite der Bilanz, die *Aktivseite*, führt die aktiven Vermögensbestände auf. Die Auflösung dieser Bilanzseite ergibt die *aktiven Bestandskonten* (Verrechnungsstellen).
Die rechte Seite der Bilanz, die *Passivseite*, führt die passiven Finanzierungsbestände auf, das sind Eigenkapital und Schulden. Die Auflösung dieser Bilanzseite ergibt die *passiven Bestandskonten* (Verrechnungsstellen).

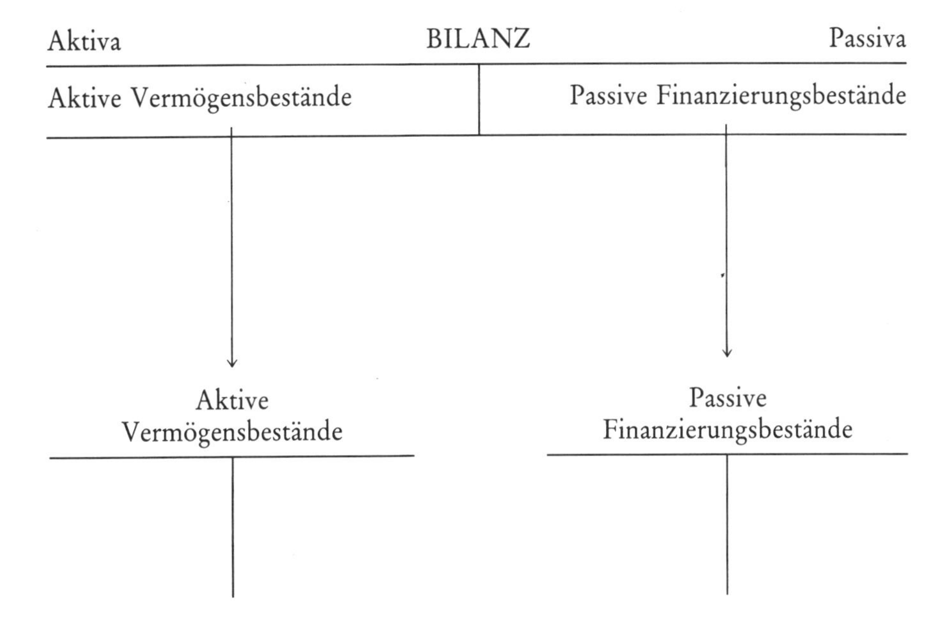

Wie die Bilanz, so haben auch die *Konten* jeweils eine *linke* und eine *rechte Seite*.
Aus der Praxis der Kreditunternehmen heißt die *linke Seite* des Kontos *SOLL* und die *rechte Seite* des Kontos *HABEN*.
Diese Bezeichnungen haben selbst keine inhaltliche Bedeutung mehr, sie kennzeichnen lediglich in der Buchführung den Platz für die Buchungen (Erfassungen) der Geschäftsfälle.

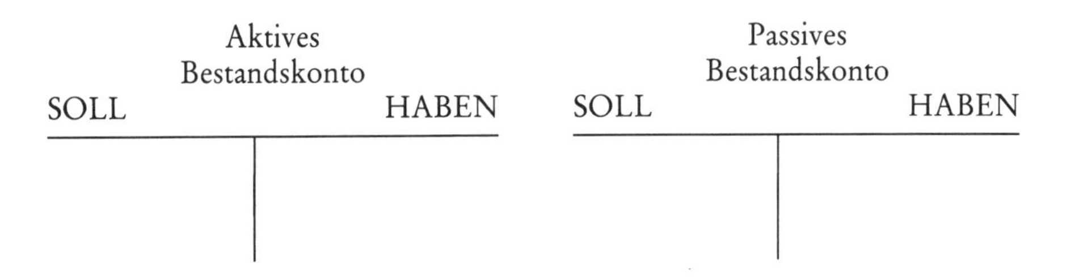

Auf den Bestandskonten wird folgendermaßen gebucht:

Aktives Bestandskonto

SOLL	HABEN
Anfangsbestand	Abgänge
Zugänge	SALDO: Endbestand
Kontensumme	Kontensumme

Anfangsbestand
+ Zugänge
− Abgänge

= Endbestand (Saldo)*

Passives Bestandskonto

SOLL	HABEN
Abgänge	Anfangsbestand
SALDO: Endbestand	Zugänge
Kontensumme	Kontensumme

Anfangsbestand
+ Zugänge
− Abgänge

= Endbestand (Saldo)*

Anfangsbestand + Zugänge – Abgänge = Endbestand (Saldo)

Daraus ergibt sich:

Anfangsbestand + Zugänge = Abgänge + Endbestand (Saldo)

Die Summe der SOLL-Seite eines Kontos ist gleich der Summe der HABEN-Seite.

4.2 Buchungssatz

Der Buchungssatz ist die Anleitung zum Buchen (Eintragen) der Beträge auf der *richtigen* Seite der für einen Geschäftsfall erforderlichen Konten.

Ableitung des Buchungssatzes:

1. *Keine Buchung ohne Beleg!*
   (Siehe Kapitel 13.2)
2. *Keine Buchung ohne Gegenbuchung!*
   Das ist das Prinzip der *doppelten Buchführung.* Jeder Geschäftsfall muß zweimal erfaßt werden.
3. *Erfassung des Geschäftsfalles:*
   Beispiel: Wareneinkauf auf Rechnung für 5 000,— DM

* Saldo (ital. = Rechnungsabschluß).

Durch die Anlieferung der Waren (Bücher) in das Lager bei gleichzeitiger Rechnungsstellung durch den Lieferanten (Verlag) wird der Geschäftsfall bestimmt.

4. *Festlegung der Konten*
   Der Wareneinkauf auf Rechnung wird auf zwei Konten erfaßt:

   KONTO: Waren
   KONTO: Verbindlichkeiten

5. *Feststellung der Kontenart*

Konto Waren:	aktives Bestandskonto
Konto Verbindlichkeiten:	passives Bestandskonto

6. *Feststellung der Bestandsveränderung*

Konto Waren:	Zugang
Konto Verbindlichkeiten:	Zugang

7. *Buchungssatz*
   Der Geschäftsvorgang *Wareneinkauf auf Rechnung 5 000,— DM* führt zu einem *Zugang* auf dem *aktiven* Bestandskonto *Waren* und zu einem *Zugang* auf dem *passiven* Bestandskonto *Verbindlichkeiten.*

   Der Betrag 5 000,— DM muß also auf der *SOLL*-Seite des *Warenkontos* und auf der *HABEN*-Seite des Kontos *Verbindlichkeiten* eingetragen (gebucht) werden.

Waren

SOLL	HABEN
5 000,—	

Verbindlichkeiten

SOLL	HABEN
	5 000,—

Um Fehler zu vermeiden, erfolgt *zuerst* die SOLL-Buchung und dann die HABEN-Buchung. Daraus ergibt sich die allgemeine Form des Buchungssatzes:

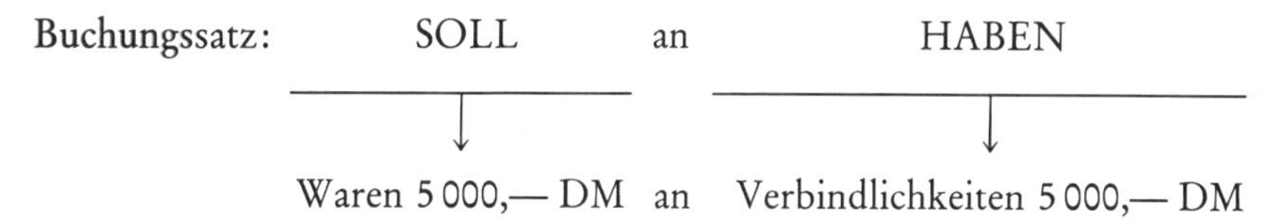

oder kürzer:

Buchungssatz: Waren | Verbindlichkeiten 5 000,— DM

Der Buchungssatz ist auch die *Vorkontierung* auf dem angefallenen Beleg (Rechnung) für den Geschäftsfall mit einem *Kontierungsstempel:*

KONTO	NR.	SOLL	HABEN
Waren Verbindlichkeiten	30 16	5 000,—	 5 000,—
gebucht am: 14. 10. 19..		Zeichen:	

Die *Schreibweise* des Buchungssatzes kann unterschiedlich vorgenommen werden.

a) In Anlehnung an die *Vorkontierung:*

Waren 5 000,— DM
Verbindlichkeiten 5 000,— DM

b) In Anlehnung an die *Durchschreibebuchführung:* (s. Kap. 13. 2. 4)

Waren 5 000,— DM an Verbindlichkeiten 5 000,— DM

c) In Anlehnung an die *Grundbucheintragung:* (Memorialform)

Waren 5 000,— DM
Verbindlichkeiten 5 000,— DM

4.2.1 Einfacher Buchungssatz

(Lösungen: S. 247)

Für folgende Geschäftsvorgänge sind die Buchungssätze zu bilden:

1. Kauf eines Geschäftshauses für Banküberweisung des Betrages 300 000,— DM
2. Verkauf einer gebrauchten Ladenkasse gegen Bargeld 400,— DM
3. Wareneinkauf auf Rechnung 4 000,— DM
4. Warenverkauf auf Rechnung 6 000,— DM
5. Banküberweisung an einen Verlag für eine fällige Rechnung 800,— DM
6. Warenverkäufe gegen Bargeld 1 000,— DM
7. Tilgung eines Darlehens durch Banküberweisung 5 000,— DM

8. Postgiroüberweisung eines Kunden für seine fällige Bücherrechnung — 300,— DM
9. Bareinzahlung der Tageseinnahmen auf das Sparkassenkonto — 3 000,— DM
10. Geschäftseinlage des Inhabers in die Kasse — 1 200,— DM

Für die folgenden Buchungssätze sollen die Geschäftsvorgänge beschrieben werden:

11.	Waren	an	Verbindlichkeiten	5 000,— DM
12.	Gebäude	an	Hypotheken	100 000,— DM
13.	Geschäftseinrichtung	an	Kasse	2 000,— DM
14.	Forderungen	an	Waren	800,— DM
15.	Verbindlichkeiten	an	Bank	3 000,— DM
16.	Verbindlichkeiten	an	Darlehen	4 000,— DM
17.	Kasse	an	Waren	1 000,— DM
18.	Waren	an	Eigenkapital	900,— DM
19.	Kasse	an	Bank	500,— DM
20.	Mehrwertsteuer	an	Postgirokonto	600,— DM

4.2.2 Zusammengesetzter Buchungssatz

(Lösungen: S. 247)

Häufig sprechen Buchungen für Geschäftsvorgänge nicht nur zwei Konten an, sondern es sind mehrere SOLL- und HABEN-Buchungen erforderlich.

Geschäftsvorgang:

Warenverkauf für 800,— DM

Der Kunde bezahlt sofort 200,— DM bar, über den Rest wird eine Rechnung mit 30 Tagen Zahlungsziel ausgestellt.

Buchungssatz:	Kasse	200,— DM	an	Waren	800,— DM
	Forderungen	600,— DM			

Buchung:

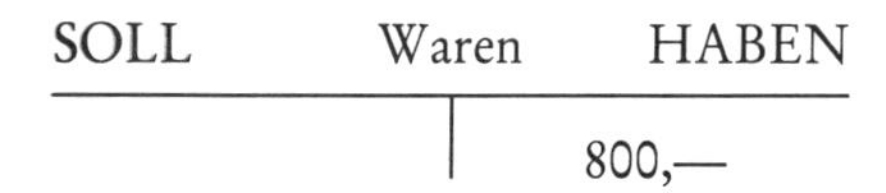

SOLL	Forderungen	HABEN
600,—		

SOLL	Kasse	HABEN
200,—		

Für folgende Geschäftsvorgänge sind die Buchungssätze zu bilden:

1.	Ein Kunde begleicht seine fällige	
	Bücherrechnung über	400,— DM
	mit einer Barzahlung von	100,— DM
	und einem Bankscheck über	300,— DM
2.	Wareneinkäufe mit Warenwert	3 000,— DM
	Banküberweisung dafür sofort	1 200,— DM
	Restzahlung nach 60 Tagen Ziel	1 800,— DM
3.	Kauf eines Buchungsautomaten für	25 000,— DM
	Baranzahlung dafür	5 000,— DM
	Banküberweisung dafür	15 000,— DM
	Restzahlung nach 30 Tagen	5 000,— DM
4.	Warenverkäufe bar	800,— DM
	und gegen Bankscheck	1 200,— DM
5.	Begleichung der BAG-Abrechnung	5 000,— DM
	mit Banküberweisung	2 000,— DM
	und Postgiroüberweisung	3 000,— DM
6.	Geschäftseinlage des Inhabers:	
	Antiquarische Bücher, Wert	800,— DM
	Schreibmaschine, Wert	1 200,— DM
	Bankeinzahlung	1 000,— DM
	Bargeld	500,— DM
7.	Erwerb eines Gebäudes für	300 000,— DM
	Finanzierung: Hypothek	120 000,— DM
	Bankdarlehen	90 000,— DM
	Banküberweisung	60 000,— DM
	Bargeld	30 000,— DM
8.	Kauf eines Geschäftsautos für	20 000,— DM
	Finanzierung: Schuldwechsel	12 000,— DM
	Banküberweisung	6 000,— DM
	Postüberweisung	2 000,— DM

9. Stille Beteiligung an einem Verlag 30 000,— DM
   Finanzierung: Bargeld 5 000,— DM
   Banküberweisung 15 000,— DM
   Eigene Mittel des Inhabers 10 000,— DM

10. Abtragung eines Darlehens von 10 000,— DM
    Banküberweisung 8 000,— DM
    Bargeld 2 000,— DM

Für die folgenden Buchungssätze sollen die Geschäftsfälle ermittelt werden:

Nr.	Soll	Betrag		Haben	Betrag
11.	Gebäude	480 000,—	an	Hypotheken	200 000,—
				Eigenkapital	160 000,—
				Bank	120 000,—
12.	Besitzwechsel	3 000,—	an	Fuhrpark	8 000,—
	Forderungen	1 000,—			
	Kasse	4 000,—			
13.	Waren	10 000,—	an	Bank	6 000,—
				Verbindlichkeiten	4 000,—
14.	Kasse	2 000,—	an	Waren	5 000,—
	Forderungen	3 000,—			
15.	Bank	2 000,—	an	Kasse	3 000,—
	Postgirokonto	1 000,—			
16.	Verbindlichkeiten	9 000,—	an	Darlehen	3 000,—
				Bank	2 000,—
				Schuldwechsel	4 000,—
17.	Geschäftseinrichtung	2 000,—	an	Eigenkapital	11 000,—
	Fuhrpark	5 000,—			
	Bank	3 000,—			
	Kasse	1 000,—			
18.	Hypotheken	4 000,—	an	Bank	3 000,—
				Kasse	1 000,—
19.	Darlehen	5 000,—	an	Bank	3 000,—
				Postgirokonto	2 000,—
20.	Beteiligungen	20 000,—	an	Eigenkapital	8 000,—
				Bank	12 000,—

4.3 Buchungen auf Bestandskonten

Zu Beginn des Geschäftsjahres ergeben sich bei der Buchhandlung „Schönes Lesen“ folgende Anfangsbestände:

Fuhrpark 20 000,— DM, Geschäftseinrichtung 80 000,— DM, Warenbestand 150 000,— DM, Bankguthaben 10 000,— DM, Kassenbestand 3 000,— DM, Darlehen 30 000,— DM und Verbindlichkeiten 8 000,— DM.

In der folgenden Rechnungsperiode (Tag, Woche, Monat, Jahr) sind Geschäftsfälle zu buchen:

1. Wareneinkauf auf Rechnung	3 000,— DM
2. Warenverkauf bar	1 000,— DM
3. Bareinzahlung auf Bankkonto	2 800,— DM
4. Banküberweisung an Verlage	4 600,— DM
5. Verkauf eines gebrauchten Pkw bar	2 500,— DM
6. Kauf einer Schreibmaschine bar	1 800,— DM

Bei der Eröffnung der Konten wurden bei dem Beispiel in Kapitel 4.1 die Anfangsbestände direkt auf die Bestandskonten gebucht. Diese Vorgehensweise widerspricht aber dem Grundsatz der doppelten Buchführung, nach dem jede Buchung eine Gegenbuchung haben muß.
Aus diesem Grund muß bei Konteneröffnung ein *Eröffnungsbilanzkonto (EBK)* eingeschaltet werden, das als Gegenbuchungskonto für die Eröffnungsbuchungen der Anfangsbestände dient.

Buchungssätze:

Aktive Bestandskonten an Eröffnungsbilanzkonto

und

Eröffnungsbilanzkonto an Passive Bestandskonten

Inhaltlich ist das Eröffnungsbilanzkonto ein Spiegelbild der Eröffnungsbilanz:

Aktiva	ERÖFFNUNGSBILANZ		Passiva
Fuhrpark	20 000,— DM	Eigenkapital	225 000,— DM
Einrichtung	80 000,— DM	Darlehen	30 000,— DM
Waren	150 000,— DM	Verbindlichkeiten	8 000,— DM
Bank	10 000,— DM		
Kasse	3 000,— DM		
	263 000,— DM		263 000,— DM

SOLL	Eröffnungsbilanzkonto		HABEN
Eigenkapital	225 000,—	Fuhrpark	20 000,—
Darlehen	30 000,—	Einrichtung	80 000,—
Verbindlichkeiten	8 000,—	Waren	150 000,—
		Bank	10 000,—
		Kasse	3 000,—
	263 000,—		263 000,—

Geschäftsfälle:
1. Waren an Verbindlichkeiten 3 000,— DM
2. Kasse an Waren 1 000,— DM
3. Bank an Kasse 2 800,— DM
4. Verbindlichkeiten an Bank 4 600,— DM
5. Kasse an Fuhrpark 2 500,— DM
6. Einrichtung an Kasse 1 800,— DM

S	Fuhrpark		H
EBK	20 000,—	5.	2 500,—

S	Eigenkapital		H
		EBK	225 000,—

S	Einrichtung		H
EBK	80 000,—		
6.	1 800,—		

S	Darlehen		H
		EBK	30 000,—

S	Waren		H
EBK	150 000,—	2.	1 000,—
1.	3 000,—		

S	Verbindlichkeiten		H
4.	4 600,—	EBK	8 000,—
		1.	3 000,—

S	Bank		H
EBK	10 000,—	4.	4 600,—
3.	2 800,—		

S	Kasse		H
EBK	3 000,—	3.	2 800,—
2.	1 000,—	6.	1 800,—
5.	2 500,—		

4.4 Kontenabschluß und Schlußbilanzkonto

Der Kontenabschluß am Ende der Rechnungsperiode dient der buchmäßigen Ermittlung der Vermögens- und Schuldbestände.

Kontenabschluß:

1. Ermittlung der stärkeren Seite (höhere Summe) des Kontos
2. Eine Zeile freilassen auf der schwächeren Seite
3. Auf beiden Seiten Abschlußstriche ziehen
4. Summe der stärkeren Seite auf beiden Kontenseiten unter den Abschlußstrich setzen
5. Auf der schwächeren Seite in die freigelassene Zeile die Differenz, den SALDO, zur stärkeren Seite eintragen
6. Leerräume durch Schrägstriche (Buchhalternase) entwerten
7. Gegenbuchung für den Saldo auf der entgegengesetzten Seite des *Schlußbilanzkontos (SBK)* (s. S. 29)

Die *Schlußbilanz* wird damit über zwei Wege ermittelt:

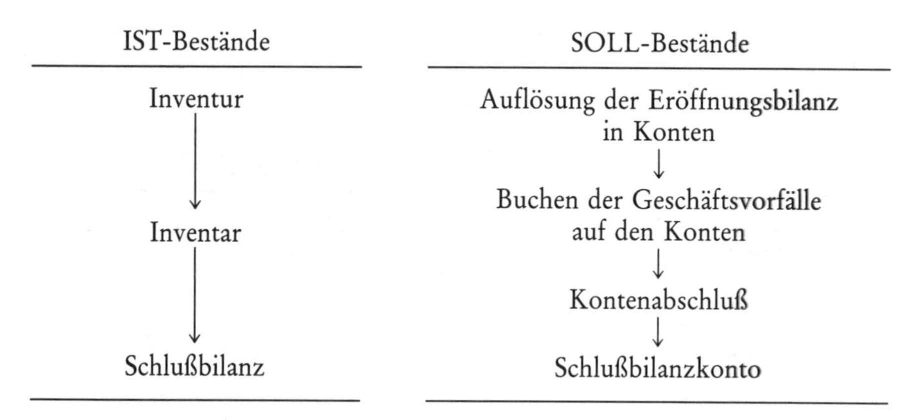

Die *Schlußbilanz* wird auf der Basis der durch die Inventur *tatsächlich* vorhandenen Bestände von Vermögen und Schulden aufgestellt = *IST-Bilanz.*

Das *Schlußbilanzkonto* ist das Sammelkonto für die aktiven und passiven Bestandskonten = *SOLL-Bilanz.*

Ergeben sich beim Jahresabschluß Differenzen zwischen den IST-Werten der Inventur und den SOLL-Werten des Schlußbilanzkontos, dann müssen sie auf den Konten berichtigt werden. Damit stimmen dann die Werte des Schlußbilanzkontos mit denen der Schlußbilanz überein.

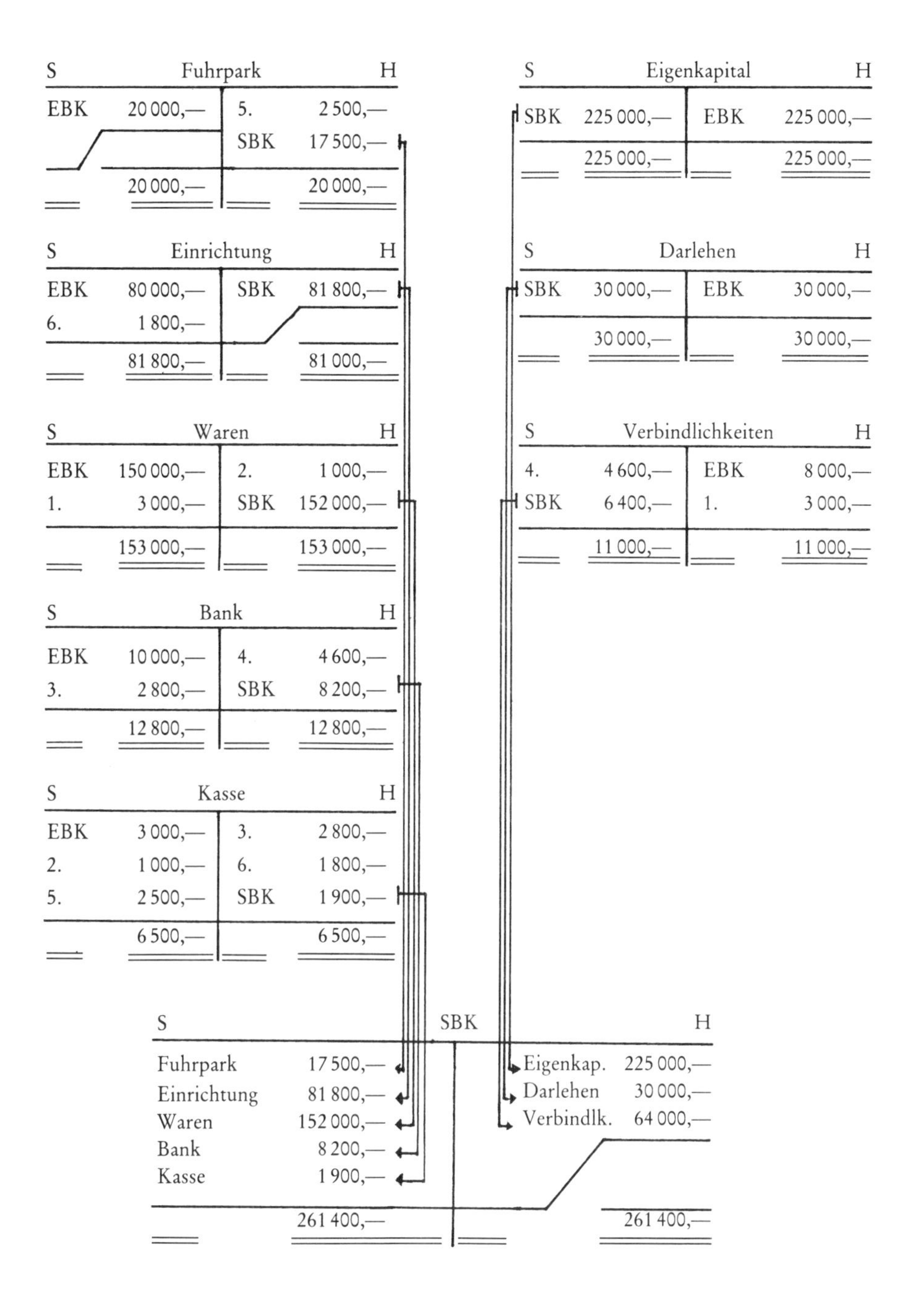
S Fuhrpark H
EBK 20 000,— | 5. 2 500,—
SBK 17 500,—
20 000,— | 20 000,—
S Einrichtung H
EBK 80 000,— | SBK 81 800,—
6. 1 800,—
81 800,— | 81 000,—
S Waren H
EBK 150 000,— | 2. 1 000,—
1. 3 000,— | SBK 152 000,—
153 000,— | 153 000,—
S Bank H
EBK 10 000,— | 4. 4 600,—
3. 2 800,— | SBK 8 200,—
12 800,— | 12 800,—
S Kasse H
EBK 3 000,— | 3. 2 800,—
2. 1 000,— | 6. 1 800,—
5. 2 500,— | SBK 1 900,—
6 500,— | 6 500,—
S Eigenkapital H
SBK 225 000,— | EBK 225 000,—
225 000,— | 225 000,—
S Darlehen H
SBK 30 000,— | EBK 30 000,—
30 000,— | 30 000,—
S Verbindlichkeiten H
4. 4 600,— | EBK 8 000,—
SBK 6 400,— | 1. 3 000,—
11 000,— | 11 000,—
S SBK H
Fuhrpark 17 500,— | Eigenkap. 225 000,—
Einrichtung 81 800,— | Darlehen 30 000,—
Waren 152 000,— | Verbindlk. 64 000,—
Bank 8 200,—
Kasse 1 900,—
261 400,— | 261 400,—

4.5 Kontenrahmen und Kontenplan

Durch die Buchung *aller* Geschäftsfälle wird die Buchhaltung zur Kontrolle der unternehmerischen Tätigkeiten.

Der *Zeitvergleich* der Ergebnisse mit früheren Rechnungsperioden ermöglicht die Beurteilung der betrieblichen Entwicklung.

Der *Betriebsvergleich* mit anderen Unternehmen der gleichen Branche ermöglicht die Beurteilung der wirtschaftlichen Stellung.

Solche Vergleiche sind aber nur möglich, wenn die Geschäftsvorgänge immer nach den gleichen Gesichtspunkten erfaßt werden und die Buchführung in den Betrieben der gleichen Branche nach einheitlichen Grundsätzen organisiert ist und die Geschäftsvorgänge auf den gleichen Konten erfaßt werden.

Auf diesen Grundsätzen beruhen die „Richtlinien zur Organisation der Buchführung", die von den Wirtschaftsverbänden und dem Rationalisierungskomitee für Wirtschaft (RKW) am 11. 11. 1937 als „Muster"- oder „Erlaßkontenrahmen" entwickelt wurden. Daraus haben die einzelnen Wirtschaftsverbände (Industrie, Groß- und Außenhandel, Einzelhandel) eigene Kontenrahmen entwickelt, die „Verbandskontenrahmen".

Formal ist der Kontenrahmen nach dem dekadischen Klassifikationssystem aufgebaut.
Jede der 10 Konten*klassen* ist in 10 Konten*gruppen* aufgeteilt, jede Kontengruppe wiederum in 10 Konten*arten* und jede Kontenart wieder in 10 Konten*unterarten*.

Kontennummer	Bedeutung	Konteninhalt
0	Kontenklasse	Anlage- u. Kapitalkonten
03	-gruppe	Geschäftsausstattung
031	-art	Kassen
0311	-unterart	Kasse 1

Für den *Einzelhandel* ergeben sich die folgenden Kontenklassen, die nach dem Durchlauf der Waren durch den Betrieb, nach dem *Prozeßgliederungsprinzip*, geordnet sind.

Kontenklasse	Konteninhalt
0	Anlage- u. Kapitalkonten
1	Finanzkonten
2	Abgrenzungskonten
3	Wareneinkaufskonten
4	Konten der Kostenarten

Kontenklasse	Konteninhalt
5 6 7	Frei für Nebenbetriebe und Kostenrechnung
8	Warenverkaufskonten
9	Jahresabschlußkonten

Die eigentliche Kontierung wird nach *Kontenplänen* vorgenommen, die die aus dem Kontenrahmen (s. S. 32–33) entnommenen erforderlichen Konten für den jeweiligen Betrieb enthalten.

4.6 Übungsaufgaben

(Lösungen: S. 249)

1. Anfangsbestände:

Fuhrpark 20 000,— DM, Geschäftseinrichtung 80 000,— DM, Waren 150 000,— DM, Forderungen 8 000,— DM, Bankguthaben 30 000,— DM, Kasse 3 000,— DM, Darlehen 40 000,— DM, Verbindlichkeiten 12 000,— DM

Kontenplan:

02, 03, 072, 08, 10, 12, 14, 16, Warenkonto, 941

Geschäftsfälle:

1.	Büchereinkauf auf Rechnung	2 400,— DM
2.	Banküberweisung eines Kunden	300,— DM
3.	Bücherverkauf bar	1 200,— DM
	und auf Rechnung	2 800,— DM
4.	Banküberweisung an Verlag	2 000,— DM
5.	Verkauf eines gebrauchten Pkw bar	4 000,— DM
6.	Bareinzahlung auf Bankkonto	6 300,— DM
7.	Darlehenstilgung durch Banküberweisung	5 000,— DM
8.	Kauf eines Bücherregals bar	1 800,— DM
9.	Geschäftseinlage des Inhabers bar	1 500,— DM

2. Anfangsbestände:

Gebäude 400 000,— DM, Fuhrpark 30 000,— DM, Geschäftseinrichtung 140 000,— DM, Waren 180 000,— DM, Forderungen 28 000,— DM, Bank 34 000,— DM, Postgirokonto 12 000,— DM, Kasse 3 500,— DM,

Klasse 0	Klasse 1	Klasse 2	Klasse 3
Anlage- und Kapitalkonten	Finanzkonten	Abgrenzungskonten	Wareneinkaufskonten
00 Bebaute Grundstücke Gebäude	10 Kasse	20 Außerordentliche und betriebsfremde Aufwendungen	30–36 Wareneinkauf (netto)
01 Unbebaute Grundstücke	11 Postgirokonto	21 Außerordentliche und betriebsfremde Erträge	
02 Fuhrpark Maschinen	12 Banken Sparkassen	220 Haus- und Grundstücksaufwendungen 221 HuG-Erträge	
03 Geschäftseinrichtung	13 Besitzwechsel Wertpapiere Schecks	23 Zinsaufwand Diskont	
04 Rechtswerte (Lizenzen)	14 Forderungen 141 Zweifelhafte Forderungen	24 Zinserträge	
05 Beteiligungen	15 Sonstige Forderungen 152 Kurzfristige Forderungen 154 Vorsteuer	25 frei	
06 Langfristige Forderungen	16 Verbindlichkeiten aus Lieferungen 169 Verbindlichkeiten aus ac-Lieferung	26 Verrechnete kalkulatorische Kosten Unternehmerlohn Mietwert kalk. Zinsen	
07 Langfristige Verbindlichk. 071 Hypotheken 072 Darlehen	17 Schuldwechsel		37 Bezugskosten Fracht, Verpakkung, Zölle
08 Eigenkapital	18 Sonstige Verbindlichkeiten 182 Kurzfristige Verbindlichkeiten 183 Noch abzuführende Abgaben 184 Mehrwertsteuer 188 Buch-Schenk-Service (BSS) 189 Buchhändler Abrechnungs-Gesellschaft (BAG)		38 Nachlässe Skonto, Bonus
090 Wertberichtigungen 0900 Wertberichtigung auf Anlagen 0901 Wertberichtigung auf Forderungen 091 Rückstellung 092 ARAP 093 PRAP	19 Privatkonten		39 Kommissionswaren ac-Bestand

Klasse 4		Klassen			Klasse 8		Klasse 9	
Konten der Kostenarten		5	6	7	Erlöskonten		Jahresabschluß	
40 400 401 402 403	Personalkosten Gehälter Löhne Soziale Aufwendungen Unternehmerlohn				80–88 808	Warenverkauf (brutto) Bücherschecks	90	Warenabschluß- konto
41	Miete Mietwert						91	Abgrenzungs- sammelkonto
42	Raumkosten Heizung, Strom, Reparaturen u. ä.						92	Betriebsergebnis- konto
43 430 431 432 433	Steuern Versicherungen Pflichtbeiträge Gewerbesteuer Kfz.-Steuer Wechselsteuer Vermögensteuer	frei für Kostenerstellenrechnung	frei für Nebenbetriebe	frei			93	Gewinn- und Verlust
44	Werbeaufwand						94 940 941	Bilanzkonten Eröffnungsbilanz- konto Schlußbilanzkonto
45	Warenabgabe und Zustellung							
46	Nebenkosten des Finanz- u. Geldverkehrs kalk. Zinsen Zinsen f. betriebs- notwendiges Kapital							
470 471	Abschreibung auf Anlagen Abschreibung auf Forderungen							
48	Sonstige Geschäfts- ausgaben Büromaterial, Telefon, Porto							
49	Kraftfahrzeugkosten Betriebskosten, Versicherung				89	Erlösschmälerung Rabatt, Skonto, Bonus		

Hypotheken 200 000,— DM, Darlehen 60 000,— DM, Verbindlichkeiten 32 000,— DM, Schuldwechsel 8 000,— DM

Kontenplan:

00, 02, 03, 071, 072, 08, 10, 11, 12, 14, 16, 17, Warenkonto, 941

Geschäftsfälle:

1. Banküberweisung für Hypothekentilgung	4 000,— DM
und für Darlehenstilgung	3 000,— DM
2. Wareneinkauf auf Rechnung	8 000,— DM
und gegen Banküberweisung	2 000,— DM
3. Warenverkäufe auf Rechnung	9 000,— DM
und gegen Barzahlung	4 000,— DM
4. Barzahlung eines Kunden für Rechnung	300,— DM
5. Postgiroüberweisung für Verlagsrechnung	5 000,— DM
6. Einlösung eines Schuldwechsels über durch Bankeinzug	2 400,— DM
7. Kauf einer EDV-Anlage für	30 000,— DM
Finanzierung: Banküberweisung	14 000,— DM
Postüberweisung	4 000,— DM
Schuldwechsel	7 000,— DM
Barzahlung	5 000,— DM
8. Geschäftseinlage des Inhabers	20 000,— DM
davon auf Bankkonto	9 000,— DM
auf Postgirokonto	6 000,— DM
in Form antiquarischer Bücher	3 000,— DM
Bargeld	2 000,— DM

3. Anfangsbestände:

Gebäude 600 000,— DM, Grundstücke 100 000,— DM, Fuhrpark 40 000,— DM, Geschäftseinrichtung 160 000,— DM, Lizenzen 30 000,— DM, Waren 210 000,— DM, Forderungen 35 000,— DM, Bankguthaben 42 000,— DM, Postgirokonto 18 000,— DM, Kasse 4 000,— DM, Hypotheken 320 000,— DM, Darlehen 80 000,— DM, Verbindlichkeiten 26 000,— DM, Schuldwechsel 10 000,— DM

Kontenplan:

00, 01, 02, 03, 04, 071, 072, 08, 10, 11, 12, 14, 16, 17, Warenkonto, 941

Geschäftsfälle:

1. Wareneinkäufe	20 000,— DM
davon auf Rechnung	12 000,— DM

gegen Banküberweisung	5 000,— DM
gegen Postüberweisung	3 000,— DM
2. Warenverkäufe	30 000,— DM
davon auf Rechnung	18 000,— DM
gegen Barzahlung	12 000,— DM
3. Bareinzahlung auf Bankkonto	14 000,— DM
4. Verkauf einer Lizenz gegen Bankscheck	20 000,— DM
5. Kauf eines Geschäftsautos für	25 000,— DM
Finanzierung: Schuldwechsel	8 000,— DM
Banküberweisung	12 000,— DM
alter Pkw in Zahlung	5 000,— DM
6. Wareneinkauf gegen Akzept	3 000,— DM
7. Verkauf einer gebrauchten Kasse bar	1 000,— DM
8. Bankeingänge für Rechnungsverkäufe	8 000,— DM
9. Banküberweisungen	30 000,— DM
davon für Hypothekentilgung	8 000,— DM
für Darlehenstilgung	6 000,— DM
für Rechnungseinkäufe	9 000,— DM
für Schuldwechseleinlösung	7 000,— DM
10. Geschäftseinlage des Inhabers	10 000,— DM
davon in die Kasse	3 000,— DM
auf Bankkonto	5 000,— DM
auf Postgirokonto	1 500,— DM
Bücher, Warenwert	500,— DM

5 Erfolgsvorgänge

Neben den Veränderungen der aktiven und passiven Bestände gibt es Geschäftsfälle, die mit diesen Beständen nur indirekt zu tun haben, das sind die Erfolgsvorgänge.

5.1 Wirtschaftlicher Erfolg

Der wirtschaftliche Erfolg eines Unternehmens ist das *Ergebnis* der wirtschaftlichen Bemühungen des Unternehmers.

Der wirtschaftliche *Erfolg* (das Ergebnis) kann sein:

Gewinn
Verlust
Kostendeckung

Der *Erfolg* ergibt sich als *Differenz* zwischen den *Erträgen* und den *Aufwendungen.*

a) Sind die Erträge höher als die Aufwendungen, dann wirtschaftet der Betrieb mit Gewinn:

Erträge > Aufwendungen → Gewinn

b) Sind die Erträge niedriger als die Aufwendungen, dann wirtschaftet der Betrieb mit Verlust:

Erträge < Aufwendungen → Verlust

c) Sind die Erträge genau so hoch wie die Aufwendungen, dann wirtschaftet der Betrieb kostendeckend:

Erträge = Aufwendungen → Kostendeckung

WIRTSCHAFTLICHER ERFOLG	
ist abhängig von	
AUFWENDUNGEN	ERTRÄGE
Außerordentliche und betriebsfremde Aufwendungen	*Außerordentliche und betriebsfremde Erträge*
Warendiebstahl	Erträge aus Beteiligungen
Verluste aus Forderungen	Dividenden
Schäden durch höhere Gewalt	Unnormal hohe Gewinne
Periodenfremde Steuernachzahlungen	Rückerstattung von Versicherungen
Verkauf von Anlagegütern unter Buchwert	Verkauf von Anlagegütern über Buchwert
Zinsaufwendungen	Zinserträge
Haus- und Grundstücksaufwendungen	Haus- und Grundstückserträge
Gemeinnützige Spenden	Provisionserträge
Betriebliche Aufwendungen (= Kosten)	*Betriebliche Erträge (= Erlöse)*
Personalkosten	Erlöse aus Warenverkäufen
Mietaufwendungen	Erträge aus Bücher-Scheckverkäufen
Raumkosten	
Steuern und Abgaben	
Versicherungen	
Werbekosten	
Zustellkosten	
Nebenkosten des Finanz- und Geldverkehrs	
Abschreibungen	
Büromaterial	
Telefon, Porto	
Kfz.-Kosten	

5.2 Buchung von Aufwendungen und Erträgen

Eine Buchhandlung hat zum Monatsende folgende Bestände an Vermögen, Eigenkapital und Schulden:

BILANZ
31. 8. 19..

Aktiva		Passiva	
Einrichtung	40 000,—	Eigenkapital	150 000,—
Waren	100 000,—	Verbindlichkeiten	5 000,—
Forderungen	3 000,—		
Bank	10 000,—		
Kasse	2 000,—		
	155 000,—		155 000,—

Am 1. September wird die Miete für die Geschäftsräume fällig und es werden 1 000,— DM vom Bankkonto an den Vermieter überwiesen.
Würde der Buchhändler danach wieder Bilanz machen, dann ergäbe sich folgendes Bild:

BILANZ
1. 9. 19..

Aktiva		Passiva	
Einrichtung	40 000,—	Eigenkapital	149 000,—
Waren	100 000,—	Verbindlichkeiten	5 000,—
Forderungen	3 000,—		
Bank	9 000,—		
Kasse	2 000,—		
	154 000,—		154 000,—

Aus der Bilanzgleichung:		
	Vermögen	154 000,—
	– Schulden	5 000,—
	= Eigenkapital	149 000,—

ergibt sich, daß die Mietzahlung (Aufwand) das Eigenkapital vermindert hat.

Aufwendungen mindern das Eigenkapital

Angenommen, die Buchhandlung würde aus dem Einrichtungsbestand einen Tag später eine Regalwand verkaufen, die noch einen Buchwert von 1 000,— DM hat, für die sie aber 3 000,— DM bar bekommt, dann würde die Bilanz so aussehen:

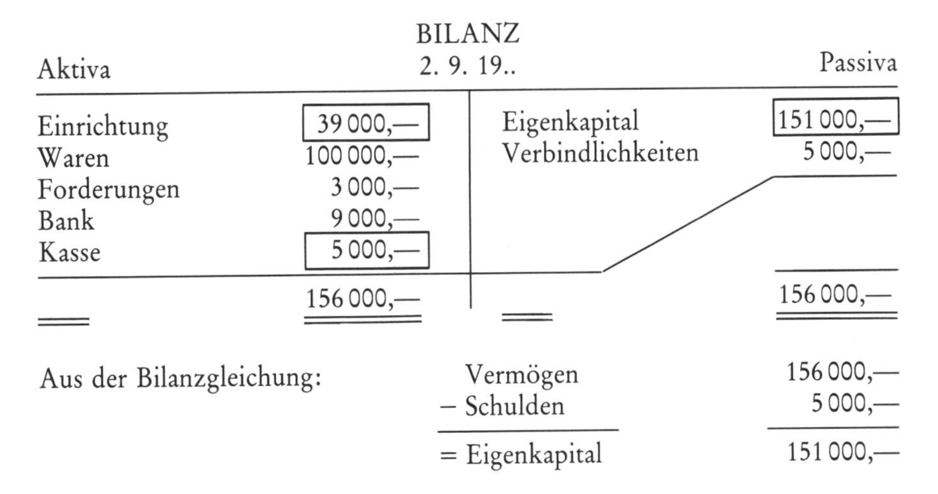

BILANZ
2. 9. 19..

Aktiva		Passiva	
Einrichtung	39 000,—	Eigenkapital	151 000,—
Waren	100 000,—	Verbindlichkeiten	5 000,—
Forderungen	3 000,—		
Bank	9 000,—		
Kasse	5 000,—		
	156 000,—		156 000,—

Aus der Bilanzgleichung:

Vermögen	156 000,—
– Schulden	5 000,—
= Eigenkapital	151 000,—

ergibt sich, daß der Verkauf über Buchwert (Ertrag) das Eigenkapital erhöht hat.

Erträge erhöhen das Eigenkapital

Aufwendungen und *Erträge* werden auf *Erfolgskonten* gebucht, das sind die *Aufwandskonten* und die *Ertragskonten.*

Die *Erfolgskonten* sind Unterkonten des Eigenkapitalkontos, damit sind es *Passivkonten.*

Aufwendungen sind *Abgänge* vom *Eigenkapital.*

Würde man die Aufwendungen direkt auf dem Eigenkapitalkonto buchen, dann müßten sie auf der SOLL-Seite gebucht werden.

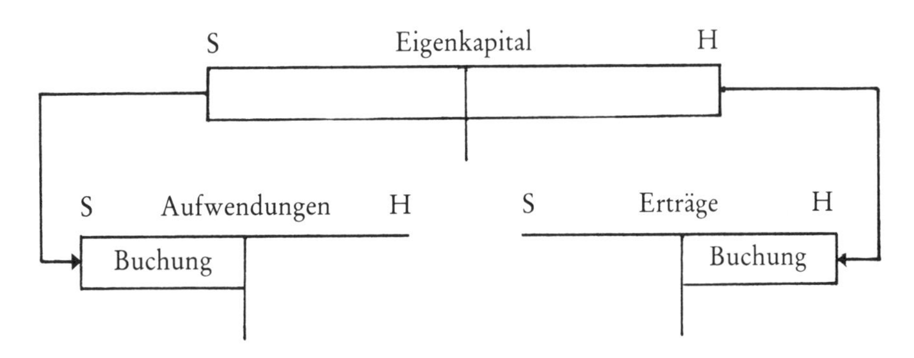

Erträge sind *Zugänge* zum *Eigenkapital.*

Würde man die Erträge direkt auf dem Eigenkapitalkonto buchen, dann müßten sie auf der HABEN-Seite gebucht werden.

Aufwendungen werden im SOLL gebucht.

Erträge werden im HABEN gebucht.

Geschäftsfälle:

1.	Banküberweisung der Ladenmiete	1000,— DM
2.	Verkauf eines Ladenregals bar (Buchwert 1000,— DM)	3000,— DM

Buchungssätze: (mit Kontennummern)

1.	41 Mietaufwendungen	1000,—	an	12	Bank	1000,—
2.	10 Kasse	3000,—	an	03	Geschäftseinrichtung	1000,—
				21	Außerordentliche Erträge	2000,—

Buchungen:

S	03 Geschäftseinrichtung		H
		2.	1 000,—

S	41 Mietaufwendungen		H
1.	1 000,—		

S	12 Bank		H
		1.	1 000,—

S	21 Außerordentliche Erträge		H
		2.	2 000,—

S	10 Kasse		H
2.	3 000,—		

5.3 Gewinn- und Verlustrechnung

Der Gesetzgeber hat in § 2 Abs. 2–4 EStG (Einkommensteuergesetz) festgelegt, was unter Einkünften und Einkommen zu verstehen ist.
Danach ist Einkommen der Gesamtbetrag der Einkünfte aus sieben Einkunftsarten nach Ausgleich mit Verlusten, die sich aus den einzelnen Einkunftsarten ergeben, und nach Abzug der Sonderausgaben (§ 10 EStG).

Die Erfassung der Einkünfte beruht auf zwei Verfahren:

a) *Gewinnermittlung*

(1) – bei Einkünften aus Land- und Forstwirtschaft
(2) – bei Einkünften aus Gewerbebetrieb
(3) – bei Einkünften aus selbständiger Arbeit

b) *Ermittlung des Überschusses der Einnahmen über die Werbungskosten*

(4) – bei Einkünften aus nicht selbständiger Arbeit
(5) – bei Einkünften aus Kapitalvermögen
(6) – bei Einkünften aus Vermietung und Verpachtung
(7) – bei sonstigen Einkünften (§ 22 EStG)

Gewinn im steuerlichen Sinne sind daher die Einkünfte der ersten drei Einkunftsarten, wobei damit die Nettoeinkünfte gemeint sind. Das Gesetz versteht darunter nicht nur die positiven Einkünfte, sondern auch die *Verluste* als negative Nettoeinkünfte.
Zur Ermittlung des Unternehmenserfolges sind daher alle Kaufleute verpflichtet, neben der Bilanz auch eine *Gewinn-* und *Verlustrechnung* aufzustellen.
In der Buchführung werden deshalb alle Aufwendungen und alle Erträge beim Jahresabschluß auf einem Sammelkonto, dem *Konto 93 Gewinn- und Verlustrechnung*, gegenübergestellt.
Der *Saldo* des Kontos 93 Gewinn- und Verlustrechnung ergibt den *Reingewinn* oder *Reinverlust.*
Konto 93 Gewinn- und Verlustrechnung ist ein *Unterkonto* von Konto *08 Eigenkapital.* Der Saldo (Reingewinn oder Reinverlust) wird über das Eigenkapitalkonto abgeschlossen.

Buchungsbeispiel

Anfangsbestände:

Fuhrpark 15 000,— DM, Geschäftseinrichtung 50 000,— DM, Waren 120 000,— DM, Forderungen 2 500,— DM, Bank 12 500,— DM, Kasse 1 500,— DM, Darlehen 35 000,— DM, Verbindlichkeiten 3 500,— DM

Kontenplan:

02, 03, 072, 08, 10, 12, 14, 16, 21, 24, Warenkonto, 400, 44, 93, 941

Geschäftsfälle:

1. Verkauf eines gebrauchten Pkw bar (Buchwert 3000,— DM) — 5 000,— DM
2. Bareinzahlung auf Bankkonto — 4 500,— DM

3. Gehaltszahlung durch Banküberweisung 1 500,— DM
4. Barzahlung für eine Zeitungsanzeige 300,— DM
5. Zinsgutschrift auf dem Bankkonto 800,— DM

Buchungssätze:

1.	10 Kasse	5 000,— DM	an	02 Fuhrpark	3 000,— DM
				21 Außerord. Erträge	2000,— DM
2.	12 Bank	4 500,— DM	an	10 Kasse	4 500,— DM
3.	400 Gehälter	1 500,— DM	an	12 Bank	1 500,— DM
4.	44 Werbung	300,— DM	an	10 Kasse	300,— DM
5.	12 Bank	800,— DM	an	24 Zinserträge	800,— DM

Aktiva — ERÖFFNUNGSBILANZ — Passiva

Aktiva		Passiva	
Fuhrpark	15 000,—	Eigenkapital	163 000,—
Einrichtung	50 000,—	Darlehen	35 000,—
Waren	120 000,—	Verbindlichkeiten	3 500,—
Forderungen	2 500,—		
Bank	12 500,—		
Kasse	1 500,—		
	201 500,—		201 500,—

(Buchungen s. S. 43)

5.4 Übungsaufgaben
(Lösungen: S. 251)

Für die folgenden Geschäftsfälle sind die Buchungssätze mit Kontennummern zu bilden:

1. Banküberweisung an Verlag 1 200,— DM
2. Postüberweisung für Heizkostenabrechnung 600,— DM
3. Banküberweisung für Gehälter 4 000,— DM
4. Verkauf eines gebrauchten Buchungsautomaten gegen Barzahlung (Buchwert 2 800,— DM) 5 000,— DM
5. Bareinkauf von Briefmarken 100,— DM
   und von Büromaterial 300,— DM
6. Postgiroüberweisung für Gewerbesteuer 900,— DM

Buchungen:

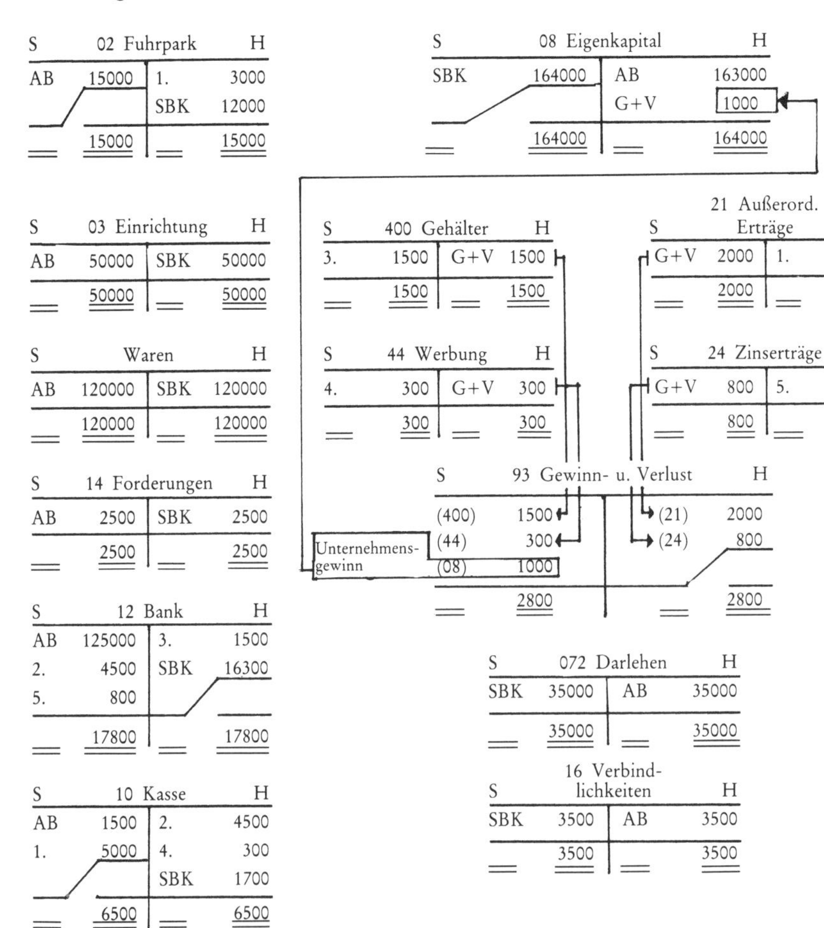

S	941 Schlußbilanzkonto		H
Fuhrpark	12000	Eigenkapital	164000
Einrichtung	50000	Darlehen	35000
Waren	120000	Verbindlichkeiten	3500
Forderungen	2500		
Bank	16300		
Kasse	1700		
	202500		202500

7. Postüberweisung für Feuerversicherung 300,— DM
8. Abbuchung der Telefonrechnung vom Bankkonto 200,— DM
9. Botenlohn wird bar bezahlt 5,— DM
10. Barzahlung der Kreditzinsen 400,— DM
11. Banküberweisung der Ladenmiete 2 000,— DM
12. Barzahlung für eine Zeitungsanzeige 280,— DM
13. Abschreibung auf Fuhrpark 1 000,— DM
14. Banküberweisung der Kfz.-Steuer 800,— DM
15. Reparaturen am Gebäude werden bar bezahlt 1 200,— DM

16. Anfangsbestände:

Gebäude 380 000,— DM, Fuhrpark 18 000,— DM, Geschäftseinrichtung 95 000,— DM, Waren 126 000,— DM, Forderungen 9 400,— DM, Bankguthaben 24 300,— DM, Kasse 2 200,— DM, Hypotheken 200 000,— DM, Darlehen 58 000,— DM, Verbindlichkeiten 13 800,— DM, Schuldwechsel 3 400,— DM

Kontenplan:

00, 02, 03, 071, 072, 08, 10, 12, 14, 16, 17, 21, 220, 23, 24, Warenkonto, 400, 93, 941

Geschäftsfälle:

1. Büchereinkäufe auf Rechnung 14 300,— DM
2. Banküberweisung an Barsortiment 5 200,— DM
3. Bücherverkäufe bar 17 200,— DM
4. Gehaltszahlung durch Banküberweisung 4 800,— DM
5. Zinserträge gehen auf Bankkonto ein 1 200,— DM
6. Verkauf eines gebrauchten Pkw bar (Buchwert 5000,— DM) 8 000,— DM
7. Bareinzahlung auf Bankkonto 25 000,— DM
8. Banküberweisung an Verlage 8 500,— DM
9. Schuldwechseleinlösung über Bank 2 100,— DM
10. Banküberweisung eines Kunden 800,— DM
11. Verkauf gebrauchter Einrichtungsgegenstände gegen Bankscheck (Buchwert 5200,— DM) 9 000,— DM

12. Banküberweisung für	Hypothekentilgung	3 000,— DM
	Darlehenstilgung	2 000,— DM
	Hypothekenzinsen	800,— DM
	Darlehenszinsen	300,— DM

5.5 Abgrenzungskonten der Klasse 2

In der vorausgegangenen Darstellung wurden Aufwendungen und Erträge unsystematisch als verantwortlich für den Gewinn oder Verlust eines Unternehmens behandelt. Das ist zwar richtig, läßt aber keine inhaltliche Unterscheidung zwischen betriebsbedingten Aufwendungen und Erträgen und solchen Aufwendungen und Erträgen zu, die mit dem Betriebszweck im eigentlichen Sinn nichts zu tun haben.

Man unterscheidet daher:

Betriebsbedingte Aufwendungen = *Kosten*, die durch die Betriebstätigkeit entstehen:

Personalkosten
Raumkosten
Steuern
Werbekosten
Zustellkosten
Geldkosten
Abschreibungen
Bürokosten

Diese Kosten werden in der Kontenklasse 4, betriebsbedingte Kosten, erfaßt. (Siehe Kapitel 5.2.)

Betriebsbedingte Erträge = *Erlöse*, die durch Warenverkäufe zustande kommen:

Bücherverkäufe
Verkäufe von Non-Book-Waren

Diese Erlöse werden in der Kontenklasse 8, Warenverkäufe, erfaßt. (Siehe Kapitel 6.)

Von diesen Zweckerfolgen (betriebliche Aufwendungen und Erträge) sind diejenigen zu unterscheiden, die nicht auf die eigentliche Betriebstätigkeit zurückzuführen sind, sondern bei denen es sich um *außerordentliche* und *betriebsfremde Aufwendungen*

oder

außerordentliche und *betriebsfremde Erträge* handelt.

Man bezeichnet sie auch als *neutrale* Aufwendungen und Erträge. Sie werden in der *Kontenklasse* 2, Abgrenzungskonten, gebucht, damit sie von den betriebsbedingten Erfolgsvorgängen abgegrenzt sind.

5.5.1 Außerordentliche Aufwendungen

Betriebliche außerordentliche Aufwendungen betreffen zwar den Betrieb, sie sind jedoch nicht leistungsbedingt.

Dazu zählen: Verluste aus Forderungen
Schäden durch höhere Gewalt
Warendiebstähle
Anlagenverkäufe unter Buchwert
Periodenfremde Steuernachzahlungen

1. Geschäftsfall:

Bei einem Sturm wird ein Schaufenster im Wert von 8 000,— DM zerstört.

Buchungssatz:

20 Außerordentliche Aufwendungen 8 000,— DM an 03 Geschäftseinrichtung 8 000,— DM

Buchung:

S	03 Geschäftseinrichtung		H
		(20)	8 000,—

S	20 Außerordentliche Aufwendungen		H
(03)	8 000,—		

2. Geschäftsfall:

Auf einer Geschäftsfahrt wird der firmeneigene Lieferwagen durch einen Unfall vollständig zerstört. Der Buchwert beträgt 9 400,— DM

Buchungssatz:
20 Außerordentliche Aufwendungen 9 400,— DM an 02 Fuhrpark 9 400,— DM

5.5.2 Außerordentliche Erträge

Außerordentliche Erträge entstehen dann, wenn der Betrieb Einnahmen verbuchen kann, die mit dem Betriebszweck nur mittelbar zusammenhängen.

Dazu zählen: Unnormal hohe Gewinne
Anlagenverkäufe über Buchwert
Nicht eingelöste Kundengutscheine
Erträge aus Beteiligungen
Rückerstattungen von Versicherungen und Steuern

1. Geschäftsfall:

Die Stadtkasse erstattet zuviel gezahlte Gewerbesteuer aus dem Vorjahr zurück: Bankeingang 1 200,— DM

Buchungssatz:

12 Bank	1 200,— DM	an	21	Außerordentliche Erträge	1 200,— DM

Buchung:

S	12 Bank		H
(21)	1 200,—		

S	21 Außerordentliche Erträge		H
		(12)	1 200,—

2. Geschäftsfall:

Verkauf eines gebrauchten Pkw für 8 000,— DM. Der Buchwert beträgt noch 6 000,— DM.

Buchungssatz:

10 Kasse	8 000,— DM	an	21	Außerordentliche Erträge	2 000,— DM
			02	Fuhrpark	6 000,— DM

5.5.3 Zinsaufwendungen und Zinserträge

Zu den Zinsaufwendungen und -erträgen zählen Zinsen, die im Verkehr mit Banken, Kunden und Lieferanten anfallen.
Außerdem gehören dazu die Kredit- und Überziehungsprovisionen.

Zinsaufwendungen und *-erträge* sind ihrem Charakter nach *außerordentlich.*

1. Geschäftsfall:

Banküberweisung für Darlehenstilgung	3 000,— DM
und für Darlehenszinsen	300,— DM

Buchungssatz:

072 Darlehen	3 000,— DM	an	12 Bank	3 300,— DM
23 Zinsaufwendungen	300,— DM			

2. Geschäftsfall:

Zinsgutschrift für Bankguthaben: 400,— DM

Buchungssatz:

12 Bank 400,— DM an 24 Zinserträge 400,— DM

Zinsen für betriebsnotwendiges Kapital werden auf dem Konto *46 Nebenkosten des Finanz- u. Geldverkehrs* erfaßt.

5.5.4 Betriebsfremde Aufwendungen und Erträge

Betriebsfremde Aufwendungen und Erträge stehen mit der Erstellung der Betriebsleistungen nicht unmittelbar im Zusammenhang.

Dazu zählen: Kursgewinne beim Wertpapierverkauf
Kursverluste beim Wertpapierverkauf
Spenden für gemeinnützige Zwecke

1. Geschäftsfall:

Verkauf von 50 Aktien über Bank zum Tageskurs von 130,— DM pro Aktie = 6 500,— DM
Einkaufskurs pro Aktie: 135,— DM

Buchungssatz:

12 Bank	6 500,— DM	an	13 Wertpapiere	6 750,— DM
20 Betriebsfremde Aufwendungen	250,— DM			

2. Geschäftsfall:

Verkauf von 70 Wertpapieren über Bank zum Tageskurs von

165,— DM pro Stück =	11 550,— DM
Einkaufskurs pro Stück:	130,— DM

Buchungssatz:

12 Bank	11 550,— DM	an	13	Wertpapiere	9 100,— DM
			21	Betriebsfremde Erträge	2 450,— DM

5.5.5 Haus- und Grundstücksaufwendungen und -erträge

Der Betrieb (Buchhandlung) ist in einem Gebäude untergebracht, das dem Betrieb zwar gehört (Vermögensbestand), dessen Aufwendungen und Erträge aber *betriebsfremd* sind.

Die Haus- u. Grundstücksaufwendungen werden im SOLL von Konto 220 Haus- u. Grundstücksaufwendungen gebucht.

S	220 Haus- u. Grundstücksaufwendungen H
Reparaturen am Gebäude Grundsteuer Hypothekenzinsen Gebäudeversicherungen Abschreibungen auf Gebäude Instandhaltungskosten Kamin- u. Kanalgebühren Straßenreinigung Müllabfuhr	

1. Geschäftsfall:

Banküberweisung für Hypothekentilgung	5 000,— DM
und für Hypothekenzinsen	500,— DM

Buchungssatz:

071	Hypotheken	5 000,— DM	an	12 Bank	5 500,— DM
220	Haus- u. Grundstücksaufwendungen	500,— DM			

2. Geschäftsfall:

Am Jahresende wird die Abschreibung auf Gebäude mit 1% vom Gebäudewert 450 000,— DM direkt gebucht.

Buchungssatz:

220	Haus- und Grundstücksaufwendungen	4 500,— DM	an	00	Bebaute Grundstücke	4 500,— DM

Die Haus- und Grundstückserträge werden im HABEN von Konto 221 Haus- und Grundstückserträge gebucht.

S	221 Haus- u Grundstückserträge H
	Mieterträge Pachterträge Erträge aus Haus- u. Grundstücksverkäufen

1. Geschäftsfall:

Mieteinnahmen, Gutschrift auf dem Bankkonto 900,— DM

Buchungssatz:

12 Bank 900,— DM an 221 Haus- u. Grundstückserträge 900,— DM

2. Geschäftsfall:

Verkauf eines zum Betriebsvermögen zählenden
Grundstücks für 130 000,— DM
Buchwert 110 000,— DM

Der Käufer bezahlt: 40% über Bank
30% mit Wechseln
20% auf Raten
10% bar

Buchungssatz:

12 Bank	52 000,— DM	an	01 Grundstücke	110 000,— DM
13 Besitzwechsel	39 000,— DM		221 Haus- u. Grundstückserträge	20 000,— DM
15 Sonstige Forderungen	26 000,— DM			
10 Kasse	13 000,— DM			

5.5.6 Verrechnete kalkulatorische Kosten

Aus betriebswirtschaftlicher Sicht ist es notwendig, die kalkulatorischen Kosten buchmäßig zu erfassen. Dabei handelt es sich um Leistungen, die der Unternehmer seinem Betrieb unentgeltlich zur Verfügung stellt.
Diese Leistungen müssen wettbewerbsgerecht in die Kalkulation einfließen, sie dürfen aber aufgrund der Einkommensteuergesetzgebung (§ 33 Einkommensteuerrichtlinien) den zu versteuernden Unternehmenserfolg nicht schmälern.

Als betriebliche *Kosten* müssen sie daher zunächst in der Kontenklasse 4 gebucht und *erfolgsneutral* in der Kontenklasse 2 gegengebucht werden. Die Beträge gleichen sich am Jahresende durch den gemeinsamen Abschluß über die Gewinn- und Verlustrechnung wieder aus.

5.5.6.1 Mietwert

Die Unternehmung, die ihren Betrieb in angemieteten Räumen durchführt, zahlt Mietaufwendungen an den Vermieter. Diese betrieblichen Kosten fließen über Konto *41 Mietaufwendungen* in die Kalkulation ein.

Geschäftsfall:

Banküberweisung der monatlichen Ladenmiete 3 000,— DM

Buchungssatz:

41 Mietaufwendungen 3 000,— DM an 12 Bank 3 000,— DM

Befindet sich der Betrieb aber im eigenen Geschäftshaus, das zum Vermögensbestand zählt, so zahlt der Unternehmer zwar keine Miete, er stellt aber die Räume dem Betrieb zur Verfügung. In diesem Fall kann er zur kalkulatorischen Erfassung einen ortsüblichen *Mietwert* in seiner Kalkulation berücksichtigen.

Geschäftsfall:

Buchung des Mietwertes für Betriebsräume im eigenen Geschäftshaus 3 000,— DM

Buchungssatz:

41 Mietaufwendungen 3 000,— DM an 26 Verrechnete kalkulatorische Kosten 3 000,— DM

oder:

41 Mietaufwendungen 3 000,— DM an 221 HuG-Erträge 3 000,— DM

5.5.6.2 Unternehmerlohn

Bei Kapitalgesellschaften erhalten Geschäftsführer Gehälter, die als betriebliche Kosten den Gewinn mindern. Einzelunternehmen und Personengesellschaften dürfen die „Gehälter“ von mitarbeitenden Inhabern nicht gewinnmindernd buchen, die geschäftsführenden Inhaber können lediglich als Entgelt für ihre Arbeitsleistung Privatentnahmen (siehe Kapitel 7) als Vorschuß auf den zu erwartenden Gewinn vornehmen. Da dieser Gewinn aber erwirtschaftet werden muß, muß auch der Unternehmerlohn in die Kalkulation einfließen.

Geschäftsfall:

Für den mitarbeitenden Unternehmer einer Buchhandlung werden am Jahresende als Unternehmerlohn 24 000,— DM für die Kalkulation erfaßt.

Buchungssatz:

403 Unternehmerlohn	24 000,— DM	an	26 Verrechnete kalkulatorische Kosten	24000,—DM

5.5.6.3 Kalkulatorische Zinsen

Für die Nutzung des im Unternehmen eingesetzten Gesamtkapitals müssen die Zinsen für das in Anspruch genommene Fremdkapital erfolgswirksam auf Konto 23 Zinsaufwendungen gebucht werden.
Für die Kalkulation müssen aber auch die Zinsen für das eingesetzte Eigenkapital berücksichtigt werden, denn würde der Unternehmer kein Eigenkapital investieren, dann müßte er für aufgenommenes Fremdkapital Zinsen bezahlen. Es werden daher Zinsen für das gesamte betriebsnotwendige Kapital kalkuliert.
Die kalkulatorischen Zinsen für das eingesetzte Eigenkapital werden nach einem durchschnittlichen Kapitalmarktzinssatz berechnet.

Geschäftsfall:

Buchung kalkulatorischer Zinsen mit 8,75% p.a. vom Eigenkapital (182 000,— DM)

Buchungssatz:

46 Kalkulatorische Zinsen	15 925,— DM	an	26 Verrechnete kalkulatorische Kosten	15 925,— DM

oder:

46 Kalkulatorische Zinsen	15 925,— DM	an	24 Zinserträge	15 925,— DM

5.5.7 Kontenabschluß und Abgrenzungssammelkonto

Um eine klare Trennung zwischen betrieblichem und neutralem Erfolg zu ziehen, empfiehlt es sich, die Abgrenzungskonten der Klasse 2 nicht direkt über Konto *93 Gewinn- und Verlust* abzuschließen, sondern dafür zunächst das Konto *91 Abgrenzungssammelkonto* zwischenzuschalten und nur dessen Saldo, das *Neutrale Ergebnis*, in die Gewinn- und Verlustrechnung zu buchen.

Beispiel (die Beträge sind angenommen):

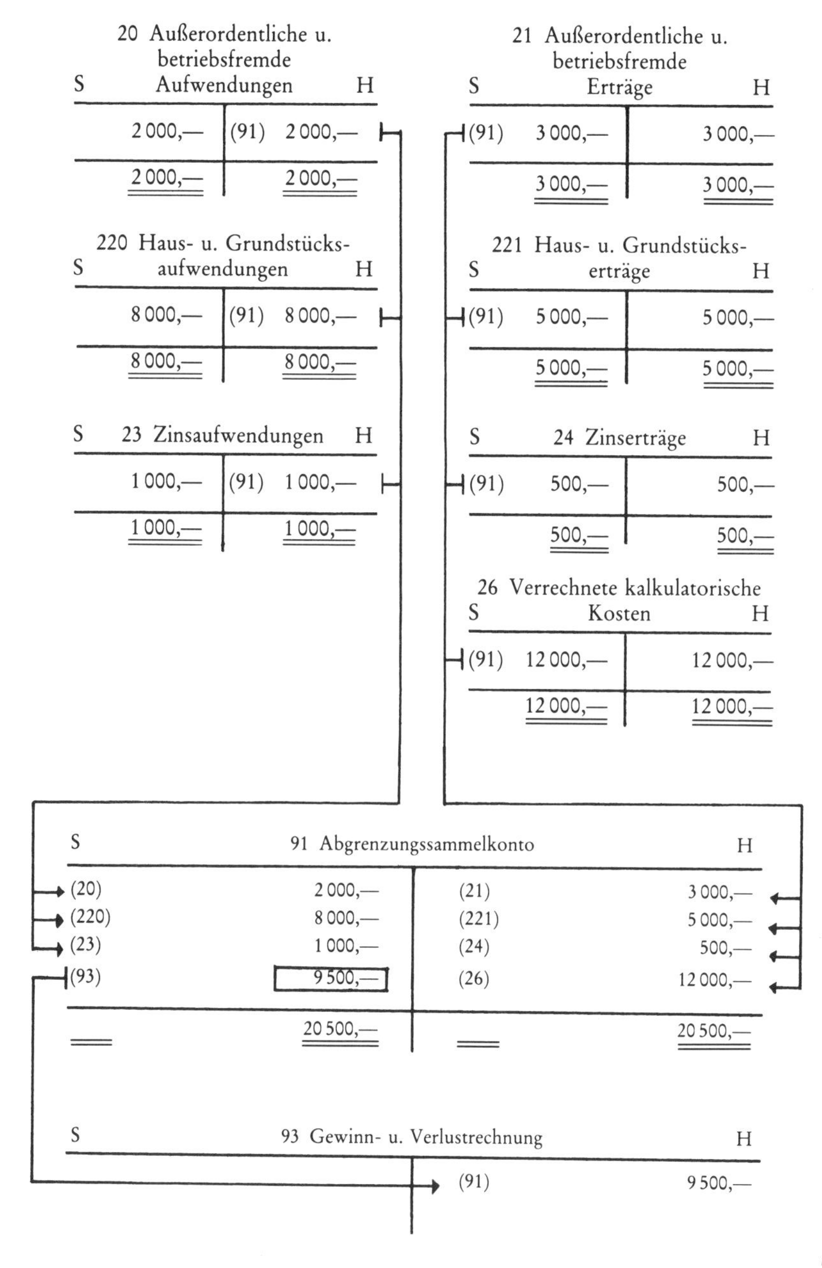

Das *Neutrale Ergebnis* errechnet sich aus:

Außerordentliche Erträge
\+ Betriebsfremde Erträge
– Außerordentliche Aufwendungen
– Betriebsfremde Aufwendungen

= Neutrales Ergebnis

Ist das Neutrale Ergebnis positiv (*Neutraler Gewinn*), dann erhöht es den Unternehmensgewinn, ist es negativ (*Neutraler Verlust*), dann vermindert es den Unternehmensgewinn.

5.6 Betriebsergebnis

So wie die neutralen Aufwendungen und Erträge sinnvollerweise über das Konto 91 Abgrenzungssammelkonto abgeschlossen werden, so ist es richtig, die betriebsbedingten Kosten der Klasse 4 und Erlöse der Klasse 8 zunächst über das Konto *92 Betriebsergebniskonto* abzuschließen, um nur dessen Saldo, das *Betriebsergebnis*, in die Gewinn- und Verlustrechnung zu überführen.

Beispiel (die Beträge sind angenommen):

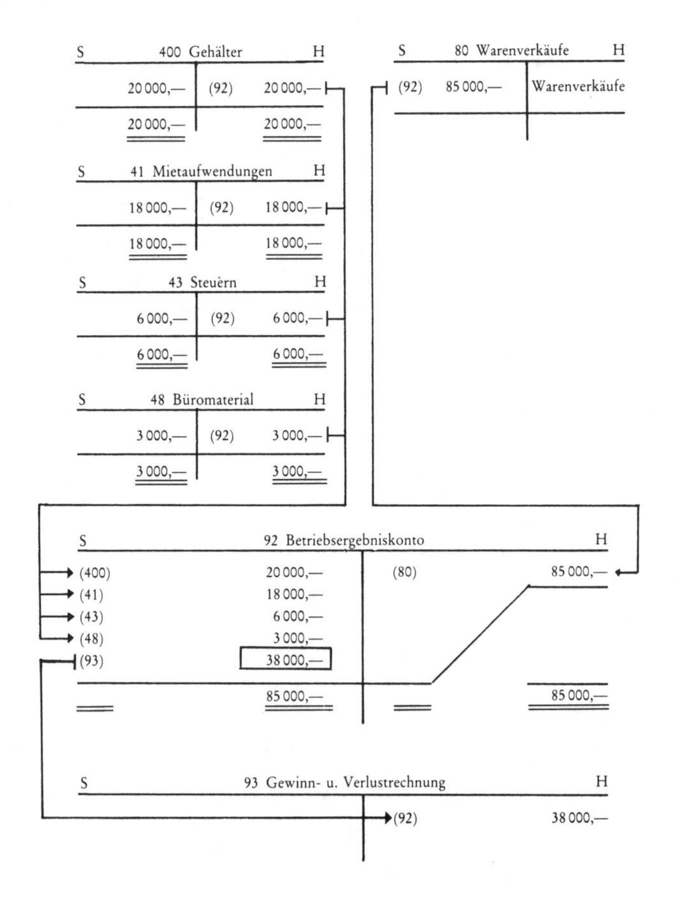

Das Betriebsergebnis errechnet sich aus:

Betriebsbedingte Erträge	(Erlöse)
– Betriebsbedingte Aufwendungen	(Kosten)
= Betriebsergebnis	

Ist das Betriebsergebnis positiv (Betrieblicher Reingewinn), dann erhöht es den Unternehmensgewinn, ist es negativ (Betrieblicher Reinverlust), dann vermindert es den Unternehmensgewinn.

5.7 Unternehmensergebnis

Die Zusammenfassung von Neutralem Ergebnis und Betriebsergebnis ergibt das Unternehmensergebnis.

S	91 Abgrenzungssammelkonto		H
(20)	2 000,—	(21)	3 000,—
(220)	8 000,—	(221)	5 000,—
(23)	1 000,—	(24)	500,—
(93)	9 500,—	(26)	12 000,—
	20 500,—		20 500,—

S	92 Betriebsergebniskonto		H
(400)	20 000,—	(80)	85 000,—
(41)	18 000,—		
(43)	6 000,—		
(48)	3 000,—		
(93)	38 000,—		
	85 000,—		85 000,—

S	93 Gewinn- u. Verlustrechnung		H
(08) Reingewinn	47 500,—	(91)	9 500,—
		(92)	38 000,—
	47 500,—		47 500,—

Neutrales Ergebnis	9 500,— DM
+ Betriebsergebnis	38 000,— DM
= Unternehmensergebnis	47 500,— DM

5.8 Buchungsmatrix

Aufwand Ertrag	Buchung	Abschluß über	Abschlußbuchungen
Neutrale Aufwendungen	SOLL Konten Klasse 2	91 ASK oder 93 G+V	91 ASK an Konten Klasse 2 93 G+V an Konten Klasse 2
Neutrale Erträge	HABEN Konten Klasse 2	91 ASK oder 93 G+V	Konten Klasse 2 an 91 ASK Konten Klasse 2 an 93 G+V
Neutrales Ergebnis	SALDO 91 Abgrenzungs-sammelkonto	93 G+V	Neutraler Gewinn: 91 ASK an 93 G+V Neutraler Verlust: 93 G+V an 91 ASK
Betriebliche Aufwendungen	SOLL Konten Klasse 4	92 BEK oder 93 G+V	92 BEK an Konten Klasse 4 93 G+V an Konten Klasse 4
Betriebliche Erträge	HABEN Konten Klasse 8	92 BEK oder 93 G+V	Konten Klasse 8 an 92 BEK Konten Klasse 8 an 93 G+V
Betriebsergebnis	SALDO 92 Betriebsergebnis-konto	93 G+V	Betriebsgewinn: 92 BEK an 93 G+V Betriebsverlust: 93 G+V an 92 BEK
Unternehmens-ergebnis	SALDO 93 Gewinn- u. Verlustkonto	08 EK	Unternehmensgewinn: 93 G+V an 08 EK Unternehmensverlust: 08 EK an 93 G+V

5.9 Übungsaufgaben
(Lösungen: S. 252)

1. Welche der folgenden Vorgänge haben betrieblichen, außerordentlichen oder betriebsfremden Charakter?

   a) Festgestellter Bücherdiebstahl ohne Versicherungsschutz
   b) Gehaltszahlung an Angestellte
   c) Verkauf eines gebrauchten Pkw über Buchwert
   d) Spende an eine gemeinnützige Organisation
   e) Kauf von Büromaterial
   f) Banküberweisung für Kreditzinsen
   g) Verkauf von Wertpapieren unter Einkaufskurs
   h) Banküberweisung der Gewerbesteuer
   i) Barzahlung für eine Gebäudereparatur
   j) Kalkulatorische Erfassung des Unternehmerlohns

Buchungssätze bilden:

2.	Banküberweisungen für:	
	Darlehenszinsen	600,— DM
	Hypothekenzinsen	1 000,— DM
	Hypothekentilgung	2 000,— DM
3.	Verkauf von Aktien über Bank	10 000,— DM
	Einkaufskurs	8 000,— DM
4.	Verkauf eines gebrauchten Pkw bar	9 000,— DM
	Buchwert	12 500,— DM
5.	Reparatur am Gebäude, Barzahlung	500,— DM
6.	Mieteinnahmen auf Bankkonto	800,— DM
7.	Bücherdiebstahl, Nettoeinkaufswert	300,— DM
8.	Kalkulatorische Erfassung von:	
	Mietwert	2 000,— DM
	Eigenkapitalzinsen	500,— DM
	Unternehmerlohn	2 500,— DM
9.	Zinsgutschrift für Bankguthaben	400,— DM
10.	Banküberweisung der Ladenmiete	2 400,— DM

11. Anfangsbestände:

    Gebäude 520 000,— DM, Geschäftseinrichtung 240 000,— DM, Fuhrpark 48 000,— DM, Beteiligungen 40 000,— DM, Waren 280 000,— DM, Forderungen 18 000,— DM, Bank 83 000,— DM,

Postgirokonto 27000,— DM, Kasse 3900,— DM, Hypotheken 410000,— DM, Darlehen 130000,— DM, Verbindlichkeiten 28000,— DM, Schuldwechsel 9000,— DM

Kontenplan:

00, 02, 03, 05, 071, 072, 08, 10, 11, 12, 14, 16, 17, 21, 220, 221, 23, 24, 26, Warenkonto, 400, 403, 41, 42, 430, 431, 44, 46, 48, 91, 92, 93, 941

Geschäftsfälle:

1.	Erträge aus Beteiligungen, Bankgutschrift	18000,— DM
2.	Banküberweisungen für:	
	Hypothekentilgung	6000,— DM
	Darlehenstilgung	4000,— DM
	Hypothekenzinsen	800,— DM
	Darlehenszinsen	600,— DM
3.	Verkauf eines gebrauchten Pkw bar	8000,— DM
	Buchwert	5000,— DM
4.	Postgiroeingang für Forderungen	3000,— DM
5.	Banküberweisung an Verlage	9000,— DM
6.	Banküberweisungen für:	
	Gehälter	10000,— DM
	Heizkosten	2000,— DM
	Gewerbesteuer	1000,— DM
	Zeitungsanzeige	800,— DM
	Büromaterial	200,— DM
	Kfz.-Steuer	1500,— DM
7.	Postgiroüberweisung für Gebäudereparatur	1200,— DM
8.	Mieterträge auf Bankkonto	6000,— DM
9.	Zinserträge auf Bankkonto	5000,— DM
10.	Kalkulatorische Erfassung von:	
	Mietwert	3000,— DM
	Unternehmerlohn	4000,— DM
	Eigenkapitalzinsen	2000,— DM

Zu ermitteln sind:

Neutrales Ergebnis, Betriebsergebnis, Unternehmensergebnis, Jahresabschluß

6 Wareneinkauf und Warenverkauf

6.1 Buchungen beim Einkauf und Verkauf

Bei allen vorausgegangenen Geschäftsvorgängen wurde der Wareneinkauf und der Warenverkauf auf dem gleichen Konto, dem Konto *Waren*, gebucht.
Der Einzelhandelsbetrieb verkauft aber die Waren zu einem anderen Preis als er selbst beim Einkauf dafür bezahlen mußte.
Deshalb sollten Wareneinkauf und Warenverkauf getrennt gebucht werden.

Das Warenkonto wird getrennt in:

Wareneinkaufskonto (WEK) = aktives Bestandskonto

und

Warenverkaufskonto (WVK) = passives Erfolgskonto

Das *Wareneinkaufskonto* (Kontennummern 30–36 für Warengruppensystematik) kann man auch als *Lagerkonto* bezeichnen, denn darauf werden die Lagerbestandsveränderungen erfaßt.

Das *Warenverkaufskonto* (Kontennummern 80–88) ist ein *Erlöskonto*, auf dem die Warenverkäufe erfaßt werden.

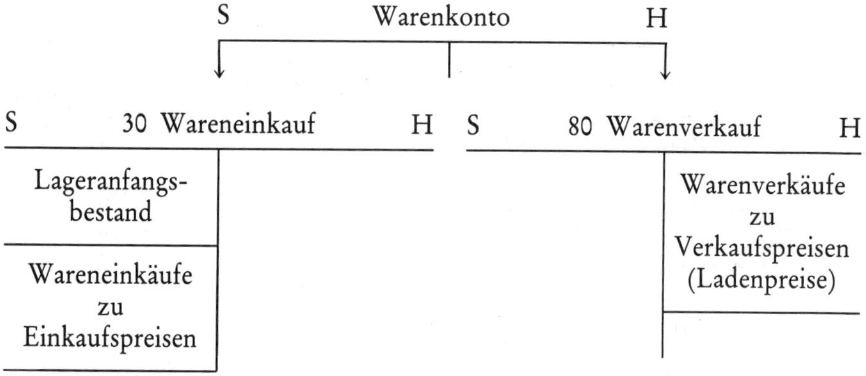

S Warenkonto H

S	30 Wareneinkauf H
Lageranfangsbestand	
Wareneinkäufe zu Einkaufspreisen	

S	80 Warenverkauf H
	Warenverkäufe zu Verkaufspreisen (Ladenpreise)

Geschäftsfälle:

1. Wareneinkauf auf Rechnung 3 000,— DM
2. Warenverkauf auf Rechnung 8 000,— DM
3. Wareneinkauf mit Banküberweisung 2 000,— DM
4. Warenverkauf bar an einem Tag (Tageslosung) 4 000,— DM

Buchungssätze:

1.	30 Wareneinkauf	3 000,—	an	16 Verbindlichkeiten	3 000,—
2.	14 Forderungen	8 000,—	an	80 Warenverkauf	8 000,—
3.	30 Wareneinkauf	2 000,—	an	12 Bank	2 000,—
4.	10 Kasse	4 000,—	an	80 Warenverkauf	4 000,—

Buchungen:

S	30 Wareneinkauf		H
1.	3 000,—		
3.	2 000,—		

S	80 Warenverkauf		H
		2.	8 000,—
		4.	4 000,—

S	14 Forderungen		H
2.	8 000,—		

S	16 Verbindlichkeiten		H
		1.	3 000,—

S	12 Bank		H
		3.	2 000,-

S	10 Kasse		H
4.	4 000,—		

6.2 Abschluß der Warenkonten

Der Abschluß der Warenkonten dient einmal der buchmäßigen Ermittlung des Warenendbestandes und zum anderen der Ermittlung der Einkünfte aus dem Warenverkauf.

6.2.1 Nettoabschlußverfahren

Beim *Nettoabschluß* der Warenkonten wird der Warenendbestand lt. Inventur als Saldo im HABEN von Wareneinkauf gebucht. Die Gegenbuchung erfolgt im SOLL des Schlußbilanzkontos.

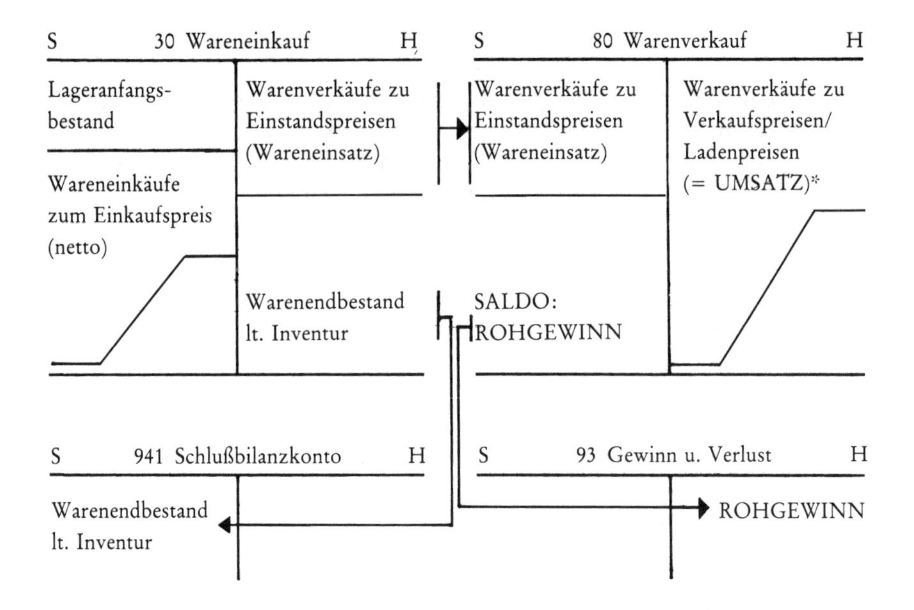

Buchungssatz: 941 SBK an 30 WEK

Damit erscheint im HABEN von Wareneinkauf eine Differenz, der *Wareneinsatz*. Das ist der Betrag, der für die verkauften Waren beim Einkauf bezahlt wurde. Dieser Betrag wird den Verkaufserlösen (Umsatz) gegenübergestellt:

Buchungssatz: 80 WVK an 30 WEK

Beim Abschluß des Warenverkaufskontos ergibt sich der Saldo als Differenz zwischen:

Warenumsatz – Wareneinsatz = *Rohgewinn* oder *Rohverlust*

Die Gegenbuchung des Rohgewinns erfolgt in der Gewinn- und Verlustrechnung auf der Habenseite:

Buchungssatz: 80 WVK an 93 GuV

* Mehrwertsteuer bleibt zunächst unberücksichtigt.

Beispiel:

Warenanfangsbestand:	180 000,— DM (angenommen)		
Wareneinkauf (Buch):	Ladenpreis	36,— DM ≙	100%
	– Rabatt	12,— DM ≙	33⅓%
gegen Banküberweisung	= Nettopreis	24,— DM ≙	66⅔%
Warenverkauf (Buch): bar	Ladenpreis	36,— DM	

Buchungssätze:	30 WEK	24,—	an	12 Bank	24,—
	10 Kasse	36,—	an	80 WVK	36,—

Buchungen:

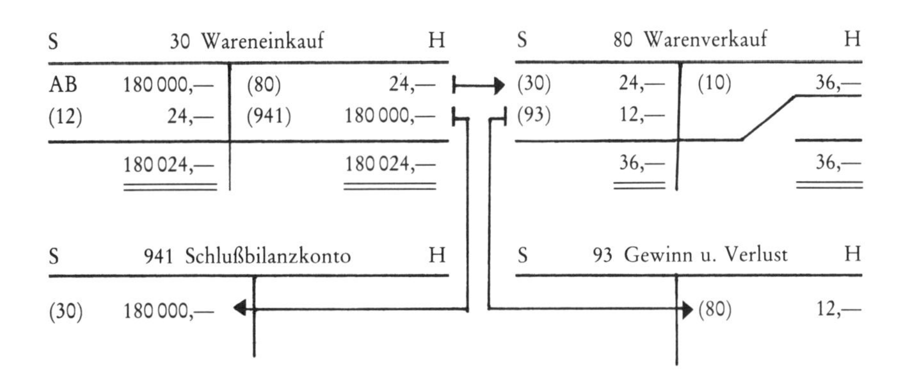

Der *Wareneinsatz* (24,— DM) ist derjenige Betrag, der für die verkaufte Ware einer Rechnungsperiode (36,— DM) beim Einkauf aufgewendet wurde. Beim Verkauf des Buches für 36,— DM geht aus dem Lager der Bestandswert 24,— DM ab.

Die Umsatzsteuer bleibt dabei unberücksichtigt.

6.2.2 Bruttoabschlußverfahren

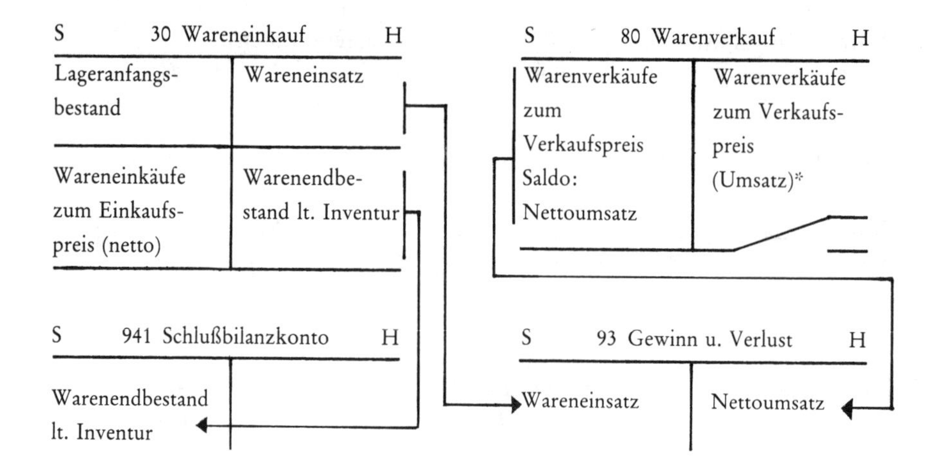

Beim *Bruttoabschluß* wird der Wareneinsatz nicht auf das Konto Warenverkauf übertragen, sondern die Gegenbuchung erfolgt im SOLL von Konto Gewinn und Verlust.

Buchungssatz: 93 GuV an 30 WEK

Beim Abschluß des Warenverkaufskontos ergibt sich als Saldo nicht der Rohgewinn, sondern der Warenumsatz (netto).

Buchungssatz: 80 WVK an 93 GuV

Der Rohgewinn ergibt sich beim Bruttoabschluß rechnerisch:

  Warenumsatz (netto)
– Wareneinsatz
= Rohgewinn

Beispiel:

Warenanfangsbestand:	180 000,— DM (angenommen)		
Wareneinkauf (Buch):	Ladenpreis	48,— DM ≙	100%
	– Rabatt	16,— DM ≙	33⅓%
gegen Banküberweisung	= Nettopreis	32,— DM ≙	66⅔%
Warenverkauf (Buch): bar	Ladenpreis	48,— DM	

* Mehrwertsteuer bleibt zunächst unberücksichtigt.

Buchungssätze: 30 WEK an 12 Bank 32,— DM
10 Kasse an 80 WVK 48— DM

Buchungen:

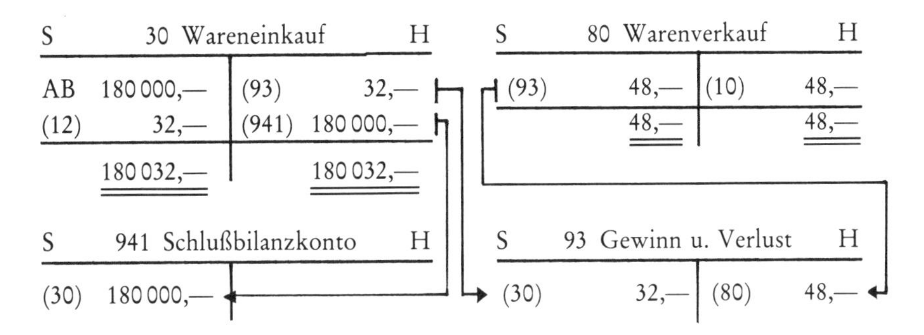

Beim Bruttoabschluß wird der Wareneinsatz steuerlich als Aufwand (Kosten) erfaßt und muß folglich in die Gewinn- und Verlustrechnung übertragen werden.
Durch die Gegenüberstellung von Warenumsatz (netto) und Wareneinsatz in der Gewinn- und Verlustrechnung erhöht sich die Aussagekraft, man kann auf den durchschnittlichen Rabatt zurückschließen. Der § 157 Aktiengesetz verlangt den Bruttoabschluß, den mittlerweile auch viele Einzelhandelsbetriebe vornehmen.

6.2.3 Übungsaufgaben
(Lösungen: S. 255)

1. Ermittlung von Warenendbestand und Rohgewinn
   Warenanfangsbestände: 120 000,— DM
   Wareneinkäufe: 30 000,— DM
   Warenverkäufe: 70 000,— DM
   Wareneinsatz: 47 250,— DM (Bruttoabschluß)

2. Ermittlung von Wareneinsatz und Rohgewinn
   Warenanfangsbestand: 140 000,— DM
   Wareneinkäufe: 40 000,— DM
   Warenverkäufe: 90 000,— DM
   Warenendbestand: 118 350,— DM lt. Inventur

3. Ermittlung von Wareneinsatz und Warenendbestand
   Warenanfangsbestand: 160 000,— DM
   Wareneinkäufe: 50 000,— DM

Warenverkäufe:	100 000,— DM
Rohgewinn:	28 500,— DM

4. Anfangsbestände:
Fuhrpark 18 000,— DM, Geschäftseinrichtung 64 000,— DM, Waren 135 000,— DM, Forderungen 2 600,— DM, Bankguthaben 11 800,— DM, Kasse 1 400,— DM, Darlehen 27 500,— DM, Verbindlichkeiten 3 400,— DM

Die Umsatzsteuer bleibt unberücksichtigt.

Kontenplan:

02, 03, 072, 08, 10, 12, 14, 16, 20, 21, 23, 30, 80, 93, 941

Geschäftsfälle:

1.	Verkauf eines gebrauchten Pkw bar (Buchwert: 4 800,— DM)	6 000,— DM
2.	Wareneinkauf auf Rechnung, Ladenpreise (Rabatt 25%)	6 800,— DM
3.	Warenverkauf auf Rechnung, Ladenpreise	3 200,— DM
4.	Banküberweisung an Verlag	1 450,— DM
5.	Kauf einer neuen Regalwand für (Banküberweisung 90%, Barzahlung 10%)	8 300,— DM
6.	Warenverkäufe bar	5 150,— DM
7.	Bareinzahlung auf Bankkonto	11 200,— DM
8.	Kunde begleicht eine Rechnung über (450,— DM mit Bankscheck, Rest bar)	600,— DM
9.	Banküberweisung für Darlehenstilgung	2 000,— DM
	und Darlehenszinsen	200,— DM
10.	Festgestellter Bücherdiebstahl (kein Versicherungsschutz)	300,— DM
	Abschlußangabe: Warenendbestand lt. Inventur	135 280,— DM

6.3 Umsatzsteuer

In der Bundesrepublik Deutschland sind alle gewerblichen Umsätze umsatzsteuerpflichtig. Der Steuersatz beträgt z. Zt. 14%. Für Grundnahrungsmittel, Personenbeförderung und Bücher gilt u. a. der ermäßigte Satz von 7%.
Die Steuerschuld entsteht, sobald ein Umsatz getätigt wurde, in der Regel bei Rechnungsstellung.

Zu den steuerpflichtigen Umsätzen zählen:

a) *Lieferungen:* z. B. Warenverkäufe

b) *Leistungen:* z. B. Dienstleistungen (Fracht, Reparaturen, Vermittlungen, Beratungen)

c) *Eigenverbrauch:* z. B. private Warenentnahme des Inhabers, private Nutzung von Anlagegütern

Die Umsatzsteuer wird auch fällig bei Fremdleistungen: Strom-, Gas-, Wasserlieferungen, Einkauf von Büromaterial, Handwerkerleistungen.
Von der Umsatzsteuer befreit sind Leistungen der Post und die meisten Bankleistungen.

In vielen Fällen durchläuft eine Ware (Buch) einen langen Weg vom Hersteller zum Verbraucher:

Verlag → Barsortiment → Buchhandlung → Kunde

Auf jeder Zwischenstufe nimmt der Warenwert (Rechnungsbetrag) bedingt durch Leistungen zu. Diesen Wertzuwachs bezeichnet man als *Wertschöpfung* oder als *Mehrwert.*
Damit nicht auf jeder Zwischenstufe des Warenweges die Umsatzsteuer auf den gesamten Rechnungsbetrag erhoben wird, wobei der Mehrwert mehrfach besteuert würde, unterliegt nur die jeweilige Wertschöpfung von Stufe zu Stufe der Besteuerung.

Wertschöpfung = Nettoverkaufspreis – Nettoeinkaufspreis

In jeder *Ausgangsrechnung* wird die Umsatzsteuer auf den Warenwert (Rechnungsbetrag ohne Umsatzsteuer = Nettoladenpreis) berechnet. Diese Umsatzsteuer in Ausgangsrechnungen heißt *berechnete Mehrwertsteuer.*

Die in jeder *Eingangsrechnung* enthaltene Umsatzsteuer heißt bezahlte *Vorsteuer.*

Der Betrieb muß die Wertschöpfung, den Mehrwert, versteuern. Deshalb muß er lediglich die *Differenz* zwischen *berechneter Mehrwertsteuer* und *bezahlter Vorsteuer* an das Finanzamt abführen, das ist die *Zahllast.*

	berechnete Mehrwertsteuer
–	bezahlte Vorsteuer
=	abzuführende Zahllast

Beispiel:

Ein Verlag verkauft ein Buch an ein Barsortiment:

Ladenpreis 42,80 DM inkl. 7% USt. (40 + 2,80)

Das Barsortiment erhält 50% Rabatt auf den Ladenpreis:

Ladenpreis	42,80 DM ≙ 100%		
– Rabatt	21,40 DM ≙ 50%		
= Nettopreis	21,40 DM ≙ 50%	(20 + 1,40)	

Eine Buchhandlung kauft das Buch über Barsortiment und erhält 30% Rabatt vom Ladenpreis:

Ladenpreis	42,80 DM ≙ 100%	
– Rabatt	12,84 DM ≙ 30%	
= Nettopreis	29,96 DM ≙ 70%	(28 + 1,96)

Die Buchhandlung verkauft das Buch an einen Kunden:

Ladenpreis 42,80 DM ≙ 107% (inkl. 7% USt.)

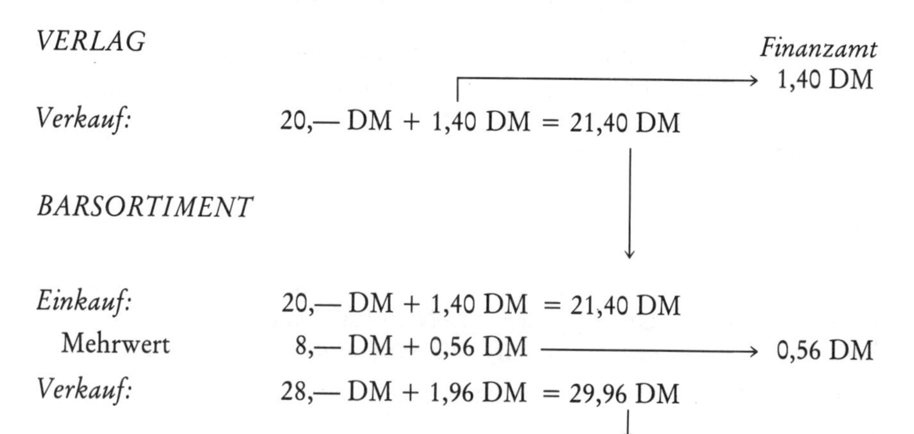

SORTIMENT

Einkauf:	28,— DM + 1,96 DM = 29,96 DM	
Mehrwert	12,— DM + 0,84 DM ⟶	0,84 DM
Verkauf:	40,— DM + 2,80 DM = 42,80 DM	2,80 DM

KUNDE

Einkauf:	40,— DM + 2,80 DM = 42,80 DM

Die gesamte Umsatzsteuer (2,80 DM) bezahlt der Kunde mit dem Erwerb des Buches.

Für den Betrieb ist die *Umsatzsteuer* ein *durchlaufender Posten*, also weder ein Aufwand noch ein Ertrag.

6.3.1 Vorsteuer beim Einkauf

Im Buchhandel (Einzelhandel) wird der Einkauf *netto* (= ohne Umsatzsteuer) gebucht und die Umsatzsteuer wird als *Vorsteuer* sofort gesondert ausgewiesen (gebucht).

Beispiel:

Geschäftsfall: Bucheinkauf auf Rechnung

Ladenpreis	42,80 DM ≙	100%	
– Rabatt	12,84 DM ≙	30%	
= Nettopreis	29,96 DM ≙	70%	107%
– Vorsteuer	1,96 DM ≙		7%
= Steuerl. Entgelt	28,— DM ≙		100%

Der Rabatt wird im Buchhandel üblicherweise nicht gebucht.

Buchungssatz:

30 Wareneinkauf	28,— DM	an	16 Verbindlichkeiten	29,96 DM
154 Vorsteuer	1,96 DM			

Buchung:

S	30 Wareneinkauf		H
(16)	28,—		

S	16 Verbindlichkeiten		H
		(30 + 154)	29,96

S	154 Vorsteuer		H
(16)	1,96		

Das *Vorsteuerkonto* ist seinem Charakter nach ein Forderungskonto, denn die gezahlte Vorsteuer wird als Forderung gegenüber dem Finanzamt geltend gemacht. Es ist ein *aktives Bestandskonto.*

6.3.2 Mehrwertsteuer beim Verkauf

Im Buchhandel wird der Warenverkauf *brutto* (= inklusive der Umsatzsteuer) zu Ladenpreisen (= Bruttoverkaufspreise) gebucht.

Beispiel:

Geschäftsfall: Buchverkauf gegen Bargeld
Ladenpreis 42,80 DM (inkl. 7% USt.)

Buchungssatz: 10 Kasse 42,80 DM an 80 Warenverkauf 42,80 DM

Buchung:

S	10 Kasse		H
(80)	42,80		

S	80 Warenverkauf		H
		(10)	42,80

Bei umsatzsteuerpflichtigen *Anlageverkäufen* wird die Bestandsveränderung *netto* gebucht und die Umsatzsteuer wird als Mehrwertsteuer sofort gesondert ausgewiesen (gebucht).

Beispiel:

Geschäftsfall: Verkauf eines gebrauchten Pkw für 4 000,— DM + 14% Umsatzsteuer gegen Bargeld (Buchwert: 4 000,— DM)

Buchungssatz:

10 Kasse	4 560,— DM	an	02 Fuhrpark	4 000,— DM
			184 Mehrwertsteuer	560,— DM

Buchung:

S	10 Kasse	H
(02 + 184) 4 560,–		

S	184 Mehrwertsteuer	H
	(10)	560,—

S	02 Fuhrpark	H
	(10)	4 000,—

Das *Mehrwertsteuer-Konto* ist seinem Charakter nach ein Verbindlichkeitskonto, es ist ein *passives Bestandskonto.*

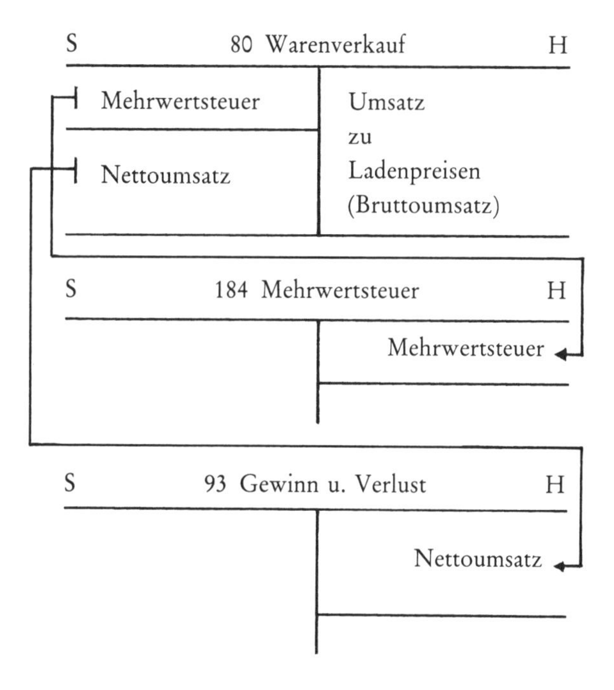

6.3.3 Zahllast

Die an das Finanzamt abzuführende Zahllast muß monatlich errechnet werden.
Während des Abrechnungsmonats wird die Vorsteuer aus allen Einkäufen (Waren, Frachten, Werbung, Büromaterial) im SOLL von Konto 154 Vorsteuer gesondert ausgewiesen.

Die Warenverkäufe werden brutto im HABEN von Konto 80 Warenverkauf gebucht. Am Ende des Abrechnungsmonats wird die Umsatzsteuer aus den gesamten Warenverkäufen (Umsatz) in einem Betrag als Mehrwertsteuer aus- und auf das Konto 184 Mehrwertsteuer umgebucht.
Durch Übertragung des Saldos von Konto 154 Vorsteuer auf Konto 184 Mehrwertsteuer und Abschluß des Kontos 184 Mehrwertsteuer ergibt sich als Saldo von Konto 184 Mehrwertsteuer die Zahllast.

Beispiel:

Geschäftsfälle:

1. Wareneinkauf 3 600,— DM + 7% USt. auf Rechnung
2. Warenverkauf 9 416,— DM (inkl. 7% USt.) auf Rechnung
3. Wareneinkauf 4 708,— DM (inkl. 7% USt.) gegen Wechsel
4. Warenverkauf 8 200,— DM + 7% USt. bar

Buchungssätze:

1.	30 Wareneinkauf	3 600,—	an	16 Verbindlichkeiten	3 852,—
	154 Vorsteuer	252,—			
2.	14 Forderungen	9 416,—	an	80 Warenverkauf	9 416,—
3.	30 Wareneinkauf	4 400,—	an	17 Schuldwechsel	4 708,—
	154 Vorsteuer	308,—			
4.	10 Kasse	8 774,—	an	80 Warenverkauf	8 774,—

Buchungen:

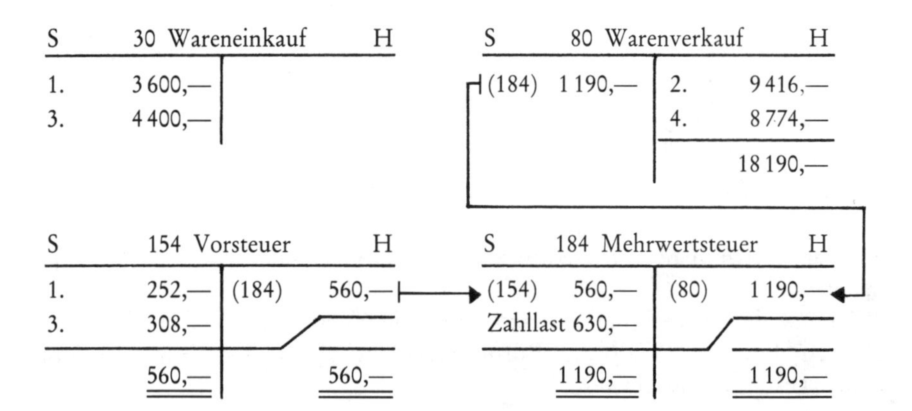

Berechnung der Mehrwertsteuer:

Warenverkäufe:	9 416,— DM
(Umsatz)	+ 8 774,— DM
	18 190,— DM

Umsatz:	107%	≙	18 190,— DM
Mehrwertsteuer:	7%	≙	X DM

$$X = \frac{18\,190,\text{— DM} \cdot 7\%}{107\%}$$

$$X = 1\,190,\text{— DM}$$

Gegenbuchung der Zahllast:

a) Monatsende:
Mit der Berechnung der Zahllast am Monatsende wird die Überweisung an das Finanzamt durchgeführt, denn die Steuerschuld wird bis zum 10. des darauffolgenden Monats fällig.

Buchung: 184 Mehrwertsteuer 630,— an 12 Bank 630,—

b) Jahresende:
Sollte mit dem Jahresabschluß zum 31. 12. die Umsatzsteuerveranlagung noch nicht durchgeführt sein, so wird die errechnete Zahllast in der Schlußbilanz als Verbindlichkeit aufgeführt.

Buchung: 184 Mehrwertsteuer 630,— an 941 SBK 630,—

Sollte während eines Abrechnungsmonats die gezahlte Vorsteuer einmal höher sein als die berechnete Mehrwertsteuer, dann ergibt sich eine Umsatzsteuerrückforderung an das Finanzamt. Das kann z. B. bei Saisoneinkäufen (Weihnachtsgeschäft) oder durch Investitionen ausgelöst werden.

In diesem Fall wird Konto 184 Mehrwertsteuer über Konto 154 Vorsteuer abgeschlossen.

Beispiel:

Geschäftsfälle:

1. Kauf eines Pkw gegen Wechsel für 18 000,— DM
   + 14% Umsatzsteuer

2. Wareneinkauf auf Rechnung 12 000,— DM
   + 7% Umsatzsteuer
3. Warenverkauf bar (inkl. 7% USt.) 14 124,— DM

Buchungssätze:

1.	02 Fuhrpark	18 000,—	an	17 Schuldwechsel	20 520,—
	154 Vorsteuer	2 520,—			
2.	30 Wareneinkauf	12 000,—	an	16 Verbindlichk.	12 840,—
	154 Vorsteuer	840,—			
3.	10 Kasse	14 124,—	an	80 Warenverkauf	14 124,—

Buchungen:

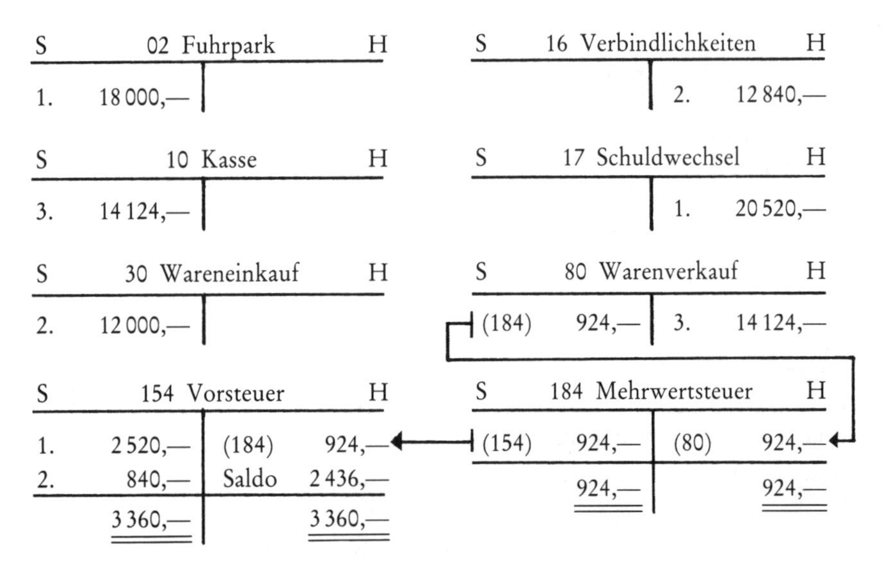

Bei Umsatzsteuerüberzahlung (Rückforderung) von 1 000,— DM und darüber überweist das Finanzamt auf Antrag den zuviel gezahlten Betrag zurück.

Buchung: 12 Bank 2 436,— an 154 Vorsteuer 2 436,—

6.3.4 **Übungsaufgaben** (Lösungen: S. 256)

1. Zu berechnen sind Wareneinsatz, Rohgewinn und Zahllast über die notwendigen Buchungen auf den erforderlichen Konten:

   Warenanfangsbestand 98 000,— DM
   Büchereinkäufe brutto (inkl. 7% USt.) 7 062,— DM

Bücherverkäufe brutto (inkl. 7% USt.)	10 914,— DM
Warenendbestand lt. Inventur	97 800,— DM

2. Zu ermitteln sind Warenendbestand, Rohgewinn, Zahllast:

Warenanfangsbestand	152 300,— DM
Büchereinkäufe brutto (inkl. 7% USt.)	16 692,— DM
Bücherverkäufe brutto (inkl. 7% USt.)	26 536,— DM
Wareneinsatz (Bruttoabschluß)	16 530,— DM

3. Zu ermitteln sind Wareneinsatz, Rohgewinn, Umsatzsteuerüberzahlung:

Warenanfangsbestand	196 800,— DM
Wareneinkäufe brutto (inkl. 7% USt.)	29 532,— DM
Warenverkäufe brutto (inkl. 7% USt.)	22 684,— DM
Warenendbestand lt. Inventur	209 454,— DM

4. Anfangsbestände:

Gebäude 560 000,— DM, Fuhrpark 33 200,— DM, Geschäftseinrichtung 89 200,— DM, Waren 186 700,— DM, Forderungen 4 270,— DM, Kasse 1 940,— DM, Bank 18 300,— DM, Hypotheken 392 000,— DM, Darlehen 45 900,— DM, Verbindlichkeiten 5 160,— DM, Mehrwertsteuer 890,— DM

Kontenplan:

00, 02, 03, 071, 072, 08, 10, 12, 14, 16, 154, 184, 30, 42, 80, 93, 941

Geschäftsfälle:

1.	Verkauf eines gebrauchten Pkw zum Buchwert	6 000,— DM
	+ 14% Umsatzsteuer	840,— DM
	gegen Bargeld	6 840,— DM
2.	Kauf eines neuen Bücherregals	3 200,— DM
	+ 14% Umsatzsteuer	448,— DM
	gegen Bankscheck	3 648,— DM
3.	Bücherverkäufe bar (inkl. 7% USt.)	19 902,— DM
4.	Banküberweisung an Verlage	2 400,— DM
5.	Bareinzahlung auf Bankkonto	25 500,— DM
6.	Büchereinkäufe	6 200,— DM
	+ 7% Umsatzsteuer	434,— DM
	auf Rechnung	6 634,— DM

7.	Banküberweisung der Mehrwertsteuer	890,— DM
8.	Kunde begleicht eine Rechnung bar	570,— DM
9.	Hypothekentilgung und Darlehenstilgung	3 900,— DM 500,— DM
	durch Banküberweisung	4 400,— DM
10.	Heizungsreparatur + 14% Umsatzsteuer	800,— DM 112,— DM
	Barzahlung dafür	912,— DM
	Abschlußangabe: Warenendbestand lt. Inventur	185 450,— DM

6.4 Buchungen beim Warenverkehr

6.4.1 Wareneinkauf

Beim Einkauf von Büchern kann es zu vielfältigen zusätzlichen Buchungen kommen, die dadurch ausgelöst werden, daß zum Beispiel von Verlag fehlerhaft oder falsch gelieferte Bücher zurückgesandt werden müssen, daß Bezugskosten zu bezahlen sind oder daß beim Einkauf Preisnachlässe zu erfassen sind.

6.4.1.1 Rücksendungen

Eine Büchersendung mit Festbezug wird vom Verlag zugestellt. Der Rechnungsbetrag beträgt 214,— DM inkl. 7% USt. Das Zahlungsziel ist 60 Tage.

Geschäftsfall: Wareneinkauf auf Ziel 214,— DM inkl. 7% USt.

Rechnungsbetrag	214,— DM	≙ 107%
– Vorsteuer	14,— DM	≙ 7%
= Steuerliches Entgelt	200,— DM	≙ 100%

Buchungssatz:	30 Wareneinkauf	200,—	an	16 Verblk.	214,—
	154 Vorsteuer	14,—			

Buchung:

S	30 Wareneinkauf		H
(16)	200,—		

S	16 Verbindlichkeiten		H
		(30 + 154)	214,—

S	154 Vorsteuer		H
(16)	14,—		

Einige Tage später wird festgestellt, daß bei einem Teil der Lieferung versteckte Mängel (falsch gebunden, fehlende Bogen, Milchbogen, Bruchstellen o. ä.) vorhanden sind.
Der Rechnungsbetrag dafür beträgt 64,20 DM inkl. 7% USt.

Geschäftsfall: Rücksendung fehlerhaft gelieferter Bücher gegen Gutschrift (Beleg) an den Verlag
Rechnungsbetrag 64,20 DM inkl. 7% USt.

Rechnungsbetrag	64,20 DM ≙	107%
– Umsatzsteuer	4,20 DM ≙	7%
= Warenwert	60,— DM ≙	100%

Buchungssatz: 16 Verbindlk. 64,20 an 30 Wareneinkauf 60,—
154 Vorsteuer 4,20

Buchung:

S	30 Wareneinkauf		H
		(16)	60,—

S	16 Verbindlichkeiten		H
(30 + 154)	64,20		

S	154 Vorsteuer		H
		(16)	4,20

Sollten die Mängel erst festgestellt werden, nachdem die gelieferten Bücher bereits bezahlt wurden, so kommt es zu Forderungen an den Verlag.

Geschäftsfall: Rücksendung fehlerhaft gelieferter und bereits bezahlter Bücher an den Verlag gegen Gutschrift
Rechnungsbetrag 64,20 DM inkl. 7% USt.

Buchungssatz: 15 Sonstige Forderungen 64,20 an 30 Wareneinkauf 60,—
154 Vorsteuer 4,20

Die Kosten der Rücksendung (Porto, Paketgebühr) können mit in Rechnung gestellt werden.

Geschäftsfall: Rücksendung fehlerhaft gelieferter und bereits bezahlter Bücher an den Verlag
Warenwert 120,— DM, USt. 7%, Porto 3,80 DM

Buchungssatz:					
15 Sonstige Forderungen	132,80	an	30 Wareneinkauf	120,—
			154 Vorsteuer	8,40
			21 Außerordentl. Erträge	3,80

In der Praxis werden solche Rücksendungen auch „unfrei" aufgegeben, so daß der empfangende Verlag das Porto nachträglich zu bezahlen hat.

6.4.1.2 *Bezugskosten*

Die Bezugskosten sind Einkaufsnebenkosten, die mit dem Bezug der Waren zusammenhängen. Dazu zählen Frachtkosten, Rollgeld, Porto, Verpackung, Zölle, Transportversicherung, Telefon, Bestellkosten.

Werden die Bezugskosten beim Einkauf gesondert in Rechnung gestellt (z. B. Frachtrechnung des Spediteurs), dann werden sie gesondert auf dem Konto *37 Warenbezugs- und Nebenkosten netto* gebucht und die darin enthaltene Umsatzsteuer wird auf dem Vorsteuerkonto ausgewiesen.

Das Konto *37 Warenbezugs- und Nebenkosten* (kurz: Bezugskosten) ist ein *Unterkonto* des *Wareneinkaufskontos* und wird beim Jahresabschluß über 30 Wareneinkauf abgeschlossen. Die Bezugskosten werden aktiviert.

Geschäftsfälle:

1. Büchereinkauf auf Ziel: Rechnungsbetrag (Nettopreis)*
   428,— DM inkl. 7% Umsatzsteuer
2. Frachtkosten für diese Sendung 30,— DM + 14% USt.
   Die Frachtkosten werden sofort bar bezahlt.

Buchungssätze:

	Soll	Betrag		Haben	Betrag
1.	30 Wareneinkauf	400,— DM	an	16 Verbindlichkeiten	428,— DM
	154 Vorsteuer	28,— DM			
2.	37 Bezugskosten	30,— DM	an	10 Kasse	34,20 DM
	154 Vorsteuer	4,20 DM			

* Nettopreis = Ladenpreis – Rabatt.

Buchungen:

S	30 Wareneinkauf		H
1.	400,—		
(37)	30,—		

S	37 Bezugskosten		H
2.	30,—	(30)	30,—
	30,—		30,—

S	154 Vorsteuer		H
1.	28,—		
2.	4,20		

S	10 Kasse		H
		2.	34,20

S	16 Verbindlichkeiten		H
		1.	428,—

Buchung beim Abschluß:
30 WEK an 37 Bezugskosten

Nettoeinkauf	400,— DM
+ Bezugskosten	30,— DM
= Bezugspreis	430,— DM

Erscheinen dagegen die Bezugskosten auf der Verlagsrechnung (z. B. Porto, Verpackung) und sind damit im Rechnungsbetrag enthalten, dann werden sie in der Praxis häufig nicht gesondert gebucht.

Verlagsrechnung:

Verlag xyz				Rechnung vom .... Nr. 1234/84	
Anzahl	Kurztitel	Ladenpreis	Rabatt	Nettopreis	Summe
10 1	Frieden	42,—	25%	31,50	315,—
				+ Porto + Verpackung	5,— 3,—
Steuerl. Entg.: 301,87	USt.: 21,13			Rechnungsbetrag	323,—

Geschäftsfall:

Büchereinkauf auf Rechnung, Rechnungsbetrag 323,— DM, inkl. Porto, Verpackung und 7% Umsatzsteuer

Buchungssatz:

30 Wareneinkauf	301,87 DM	an	16 Verbindlichkeiten	323,— DM
154 Vorsteuer	21,13 DM			

Zur Ermittlung der günstigsten *Bezugswege* (statistischer Vergleich) empfiehlt es sich, die Bezugskosten gesondert auszuweisen.

6.4.1.3 Preisnachlässe

Zu den Preisnachlässen durch Lieferanten zählen:

Rabatt:	(Mengen-, Treue-, Funktionalrabatt)
Bonus:	(nachträglicher Umsatzrabatt)
Skonto:	(Barzahlungsrabatt)
Preisnachlaß:	aufgrund von Mängelrüge

Rabatt

Beim Buchhandel ist der vom Verlag eingeräumte Rabatt ein Wiederverkäuferrabatt, der für die Übernahme der Handelsfunktion Verkauf gewährt wird. Er wird bereits bei der Ausstellung der Verlagsrechnung abgezogen. Es handelt sich somit um einen *Sofortrabatt*, der deshalb auch nicht gebucht wird.

Geschäftsfall:

Büchereinkauf auf Rechnung:
Ladenpreis 28,— DM, Rabatt 30%, USt. 7%

Ladenpreis	28,— DM ≙	100%	
– Rabatt	8,40 DM ≙	30%	
= Nettopreis	19,60 DM ≙	70%	107%
– Vorsteuer	1,28 DM ≙		7%
= Steuerliches Entgelt	18,32 DM ≙		100%

Buchungssatz:

30 Wareneinkauf	18,32 DM	an	16 Verbindlichkeiten	19,60 DM
154 Vorsteuer	1,28 DM			

Bonus

Es gibt die Möglichkeit, daß Buchhandlungen bei Erreichen eines vereinbarten Umsatzes beim Verlag oder beim Zwischenbuchhandel einen nachträglichen

Rabatt, den Bonus, auf den gesamten Rechnungsbetrag erhalten. Dieser Preisnachlaß muß buchhalterisch ausgewiesen werden.

Die Preisnachlässe werden auf Konto *38 Nachlässe brutto,* d. h. einschließlich der darin enthaltenen Umsatzsteuer, gebucht. Beim Jahresabschluß wird die in den Nachlässen enthaltene Umsatzsteuer auf Konto 154 Vorsteuer umgebucht und Konto 38 Nachlässe als *Unterkonto* von *30 Wareneinkauf* über das Wareneinkaufskonto abgeschlossen.

Geschäftsfall:

Die Buchhandlung „Modernes Wissen" hat im abgelaufenen Rechnungsjahr von einem Verlag Bücher zum Gesamtrechnungsbetrag von 7 490,— DM inkl. 7% USt. bezogen. Als bonus-berechtigter Umsatz waren mindestens 6 000,— DM vereinbart worden. Die Buchhandlung erhält vom Verlag eine Gutschrift (Bonus) von 3%.

$$100\% \triangleq 7\,490{,}\text{— DM}$$
$$3\% \triangleq X \text{ DM}$$

$$X = \frac{7\,490{,}\text{— DM} \cdot 3\%}{100\%} = 224{,}70 \text{ DM}$$

Buchungssatz:

a) Wenn keine Verbindlichkeiten mehr mit dem Verlag bestehen:

15 Sonstige Forderungen 224,70 DM an 38 Nachlässe 224,70 DM

oder

b) Wenn noch Verbindlichkeiten mit dem Verlag bestehen:

16 Verbindlichkeiten 224,70 DM an 38 Nachlässe 224,70 DM

Buchung:

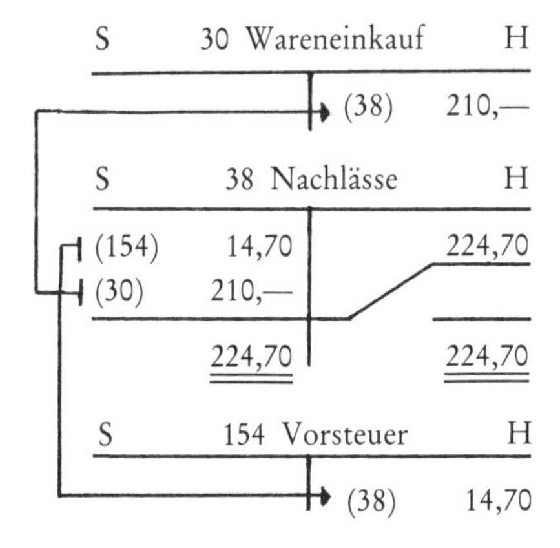

S	16 Verbindlichkeiten	H
224,70		

$$107\% \triangleq 224{,}70 \text{ DM}$$
$$7\% \triangleq X \text{ DM}$$

$$X = \frac{224{,}70 \text{ DM} \cdot 7\%}{107\%}$$

$$X = 14{,}70 \text{ DM}$$

Abschlußbuchungen Konto 38 Nachlässe:

38 Nachlässe	14,70 DM	an	154 Vorsteuer	14,70 DM	(Umsatzsteuerkorrektur)
38 Nachlässe	210,— DM	an	30 Wareneinkauf	210,— DM	(Nettopreisnachlaß)

Skonto

Skonto (Barzahlungsrabatt) gewähren die Lieferanten für umgehende Bezahlung der bezogenen Ware. So können z. B. die Zahlungsbedingungen eines Verlages folgendermaßen lauten:

60 Tage netto (= ohne Abzug) oder
10 Tage mit 2% Skonto

Geschäftsfall:

Der Rechnungsbetrag für eine bezogene Büchersendung lautet über 535,— DM inkl. 7% USt. Das Zahlungsziel beträgt 60 Tage, bei Überweisung innerhalb von 10 Tagen können 2% Skonto abgezogen werden.

Rechnungsbetrag	535,— DM ≙	100%
– Skonto	10,70 DM ≙	2%
= Bruttobareinkaufspreis	524,30 DM ≙	98%

Rechnungsbetrag	535,— DM ≙	107%
– Vorsteuer	35,— DM ≙	7%
= Steuerl. Entgelt	500,— DM ≙	100%

Buchungssatz:

30 Wareneinkauf	500,— DM	an	12 Bank	524,30 DM
154 Vorsteuer	35,— DM		38 Nachlässe	10,70 DM

Wenn der Skontoabzug vom Verlag bereits bei der Rechnungserstellung berücksichtigt wurde, dann wird er nicht mehr gesondert als Nachlaß gebucht, wenn eine Erfassung entbehrlich erscheint.

Verlagsrechnung:

Verlag xyz				Rechnung vom .... Nr. 1237/84	
Anzahl	Kurztitel	Ladenpreis	Rabatt	Nettopreis	Summe
10 1	ABC	24,—	33⅓%	16,—	160,—
				– Skonto	3,20
Steuerl. Entg.: 146,54	USt.: 10,26		Rechnungsbetrag		156,80

Geschäftsfall:

Büchereinkauf mit sofortiger Banküberweisung und 2% Skontoabzug, Rechnungsbetrag 156,80 DM inkl. 7% USt.

Buchungssatz:

30 Wareneinkauf	146,54 DM	an	12 Bank 156,80 DM
154 Vorsteuer	10,26 DM		

Mängelrüge

Führt eine Mängelrüge zu Preisnachlässen durch den Lieferanten, dann werden sie wie die nachträglich gewährten Boni als Nachlässe gebucht.

Zur Ermittlung der günstigsten *Bezugsbedingungen* (statistischer Vergleich) empfiehlt es sich, die Nachlässe gesondert auszuweisen.

6.4.2 Warenverkauf

Auch beim Verkauf von Büchern gibt es eine Reihe von zusätzlich zu berücksichtigenden Vorgängen, die rechnungsmäßig erfaßt werden müssen. Kunden geben gekaufte Bücher zurück, es entstehen Kosten bei der Buchzustellung oder der Buchhändler muß Preisnachlässe einräumen.

6.4.2.1 Warenrückgabe

Geschäftsfall:

Ein Kunde kauft ein Buch zum Ladenpreis von 36,— DM und bezahlt bar.

Buchungssatz:

10 Kasse 36,— DM an 80 Warenverkauf 36,— DM

Buchung:

S	10 Kasse	H	S	80 Warenverkauf	H
(80)	36,—			(10)	36,—

Zwei Tage später will der Kunde das gekaufte Buch zurückgeben, weil er versteckte Mängel festgestellt hat, die den Gebrauch des Buches umöglich machen.

Die Buchhandlung hat folgende Möglichkeiten:

Umtausch
Rücknahme gegen Gutschrift und Ersatzbeschaffung
Rücknahme und Erstattung des Kaufpreises

Umtausch

Der Umtausch wird nicht gebucht.

Rücknahme gegen Gutschrift

Geschäftsfall:

Ein Kunde gibt ein gekauftes Buch zum Ladenpreis von 36,— DM zurück und, da der Ersatz erst besorgt werden muß, erhält er eine Gutschrift über diesen Betrag.

Buchungssatz:

80 Warenverkauf 36,— DM an 18 Sonstige Verbindlichkeiten 36,— DM

Bei Einlösung der Gutschrift und Aushändigung des Buches muß umgekehrt gebucht werden.

Erstattung des Kaufpreises

Der Kunde hat nur in rechtlich begründeten Fällen ein Anrecht auf Erstattung des Kaufpreises, wenn er ein gekauftes Buch zurückgeben will. Dazu zählt beispielsweise die Unmöglichkeit der Ersatzbeschaffung in einer angemessenen Zeit.

Geschäftsfall:

Ein Kunde gibt ein Buch zum Ladenpreis von 36,— DM zurück und erhält den Betrag bar ausbezahlt.

Buchungssatz:

80 Warenverkauf 36,— DM an 10 Kasse 36,— DM

6.4.2.2 *Zustellkosten*

So wie beim Einkauf Bezugskosten anfallen, entstehen beim Verkauf Kosten für Warenabgabe und -zustellung. Dazu zählen Verpackung, Porto, Paketgebühren, Botenlohn, Benachrichtigungskosten.

Geschäftsfall:

Einkauf von Büchertüten für 120,— DM + 14% USt. auf Rechnung

Buchungssatz:

45	Kosten für Warenabgabe und -zustellung	120,— DM	an	16 Verbindlichkeiten	136,80 DM
154	Vorsteuer	16,80 DM			

Werden dem Kunden die Zustellkosten in Rechnung gestellt, dann müssen sie als Forderungen und Erträge gebucht werden.

Geschäftsfall:

Eine Versandbuchhandlung verkauft ein Buch zum Bruttoverkaufspreis von 60,— DM und stellt dem Kunden das ausgelegte Porto von 1,80 DM (Büchersendung) in Rechnung. Der Portobetrag wird der Buchhandlung über den Frankierautomaten durch die Post belastet; dieser Vorgang wurde bereits gebucht (48 Sonstige Geschäftsausgaben an 10 Kasse)

Buchungssatz:

14 Forderungen	61,80 DM	an	80 Warenverkauf	60,— DM
			21 A. o. Erträge	1,80 DM

Die Sonderkosten bei Buchbestellungen und -beschaffungen werden vom Kunden entweder sofort bar bezahlt oder sie werden wie oben mit in Rechnung gestellt.

6.4.2.3 *Erlösschmälerungen*

Laut Sammelrevers darf eine Buchhandlung beim Verkauf bestimmten Kunden Rabatt und u. U. auch Skonto einräumen. Für die Buchhandlung sind Kundenrabatte und -skonti Erlösschmälerungen. Dazu zählen auch Preisnachlässe aufgrund von Mängelrügen der Kunden.

Die Erlösschmälerungen werden auf Konto *89 Erlösschmälerungen,* einem *Unterkonto* des Warenverkaufskontos, gebucht und mit dem Jahresabschluß über *80 Warenverkauf* abgeschlossen.

Die in den Erlösschmälerungen enthaltene Umsatzsteuer wird normalerweise auch erst zum Jahresende korrigiert, es sei denn die Erlösschmälerungen fallen monatlich erheblich an, so daß sich auch eine monatliche Korrektur empfiehlt.

Geschäftsfall:

Eine Buchhandlung verkauft an eine Stadtbücherei Bücher im Gesamtwert (Ladenpreise) von 2 140,— DM auf Rechnung und räumt 10% Rabatt = 214,— DM ein.

Buchungssatz:

14 Forderungen	1 926,— DM	an	80 Warenverkauf	2 140,— DM
89 Erlösschmälerungen	214,— DM			

Buchungen:

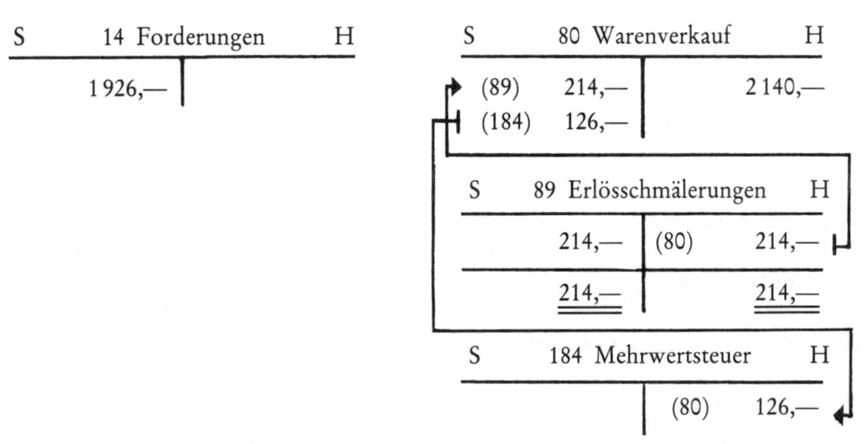

Berechnung der Mehrwertsteuer:

gebuchter Umsatz (brutto)	2 140,— DM
– Erlösschmälerungen	214,— DM
= bereinigter Umsatz (brutto)	1 926,— DM

$$107\% \triangleq 1\,926{,}\text{— DM}$$
$$7\% \triangleq X \text{ DM}$$

$$X = \frac{1\,926{,}\text{— DM} \cdot 7\%}{107\%} = 126{,}\text{— DM}$$

Die Mehrwertsteuer darf nur für den bereinigten Umsatz berechnet werden. Sollte es im Abrechnungszeitraum auch zu Warenrückgaben von Kunden gekommen sein, dann müssen diese bei der Berechnung der Mehrwertsteuer berücksichtigt werden.

gebuchter Umsatz (brutto)
– Warenrückgaben
– Erlösschmälerungen

= bereinigter Umsatz (brutto)

$$\text{Mehrwertsteuer} = \frac{\text{bereinigter Umsatz (brutto)} \cdot 7\%}{107\%}$$

6.4.3 Übungsaufgaben (Lösungen: S. 257)

1. Rücksendung noch nicht bezahlter Bücher an den Verlag gegen Gutschrift
   Warenwert inkl. 7% USt. — 85,60 DM
   Paketgebühr wird mit in Rechnung gestellt — 7,40 DM

2. Wareneinkauf auf Rechnung
   Rechnungsbetrag inkl. 7% USt. — 802,50 DM
   Frachtkosten inkl. 14% USt., Barzahlung — 20,52 DM

3. Wareneinkauf gegen Banküberweisung
   Verlagsrechnung: 5 Exemplare, Ladenpreis/Ex. — 36,— DM
   Rabatt 30%
   Porto (brutto) — 4,40 DM
   Verpackung (brutto) — 3,35 DM
   Umsatzsteuer 7%

4. Wareneinkauf auf Rechnung
   Rechnungsbetrag inkl. 7% USt. — 2 140,— DM
   Zahlungsbedingung: 60 Tage netto oder
   10 Tage mit 2% Skonto
   Aufnahme eines Bankkredits für 50 Tage zur Ausnutzung des Skontoabzugs, p = 8% p.a.
   Buchung: a) Wareneinkauf
   b) Bankkredit mit Zinsaufwand
   c) Banküberweisung an Verlag

5. Wareneinkauf gegen Banküberweisung
   Verlagsrechnung: Partie 11/10
   Ladenpreis/Ex. inkl. 7% USt. — 24,— DM
   Rabatt 30%
   Skonto 2%

6. Wareneinkauf über Barsortiment auf Rechnung
   Rechnungsbetrag inkl. 7% USt. — 674,10 DM
   bonusberechtigter Umsatz — 10 800,— DM
   Bonus 3% v. 10800,— DM wird von der Rechnung abgezogen
7. Warenrückgabe eines Kunden gegen Gutschrift — 64,— DM
8. Warenverkauf an eine Bücherei auf Rechnung
   Rechnungsbetrag inkl. 7% USt. — 2 140,— DM
   Rabatt 5%
9. Barzahlung eines Kunden für Suchgebühren — 20,— DM
10. Anfangsbestände:
    Gebäude 520 000,— DM, Fuhrpark 22 000,— DM, Geschäftseinrichtung 84 000,— DM, Beteiligungen 32 000,— DM, Waren 196 000,— DM, Forderungen 8 600,— DM, Bankguthaben 12 400,— DM, Postgirokonto 5 800,— DM, Kasse 3 500,— DM, Hypotheken 280 000,— DM, Darlehen 193 000,— DM, Verbindlichkeiten 9 300,— DM, Mehrwertsteuer 830,— DM

Kontenplan:

00, 02, 03, 05, 071, 072, 08, 10, 11, 12, 14, 154, 16, 184, 21, 30, 37, 38, 80, 89, 93, 941

Geschäftsfälle:

1. Verkauf eines gebrauchten Pkw für — 5 000,— DM
   Mehrwertsteuer — 700,— DM
   Bareinnahme — 5 700,— DM
2. Bankeingang von 6% Dividende aus den Beteiligungen
3. Wareneinkauf auf Rechnung
   Rechnungsbetrag inkl. 7% USt. — 3 210,— DM
4. Banküberweisung für Rechnung aus Nr. 3 unter Abzug von 2% Skonto
5. Barzahlung einer Frachtrechnung
   Rechnungsbetrag inkl. 14% USt. — 45,60 DM
6. Rücksendung fehlerhafter und noch nicht bezahlter Bücher an den Verlag
   Nettowarenwert — 200,— DM
   Umsatzsteuer 7%

7. Warenverkäufe
   Rechnungsbetrag inkl. 7% USt. — 4 280,— DM
   50% gegen Barzahlung
   50% auf Rechnung mit 10% Rabatt
   und 2% Skonto

8. Bareinzahlung auf Bankkonto — 9 200,— DM

9. Postgiroüberweisung der Zahllast — 830,— DM

10. Banküberweisung für
    Hypothekentilgung — 1 800,— DM
    Darlehenstilgung — 3 000,— DM

11. Postgiroüberweisung an Verlag — 3 100,— DM

12. Warenverkäufe — 21 400,— DM
    10% Barverkauf
    30% Rechnungsverkäufe
    60% Bankgutschriften

Abschlußangabe:
Warenendbestand lt. Inventur — 181 280,— DM

11. Anfangsbestände:
Fuhrpark 32 000,— DM, Geschäftseinrichtung 96 000,— DM, Beteiligungen 30 000,— DM, Waren 162 000,— DM, Forderungen 12 000,— DM, Bank 24 000,— DM, Postgirokonto 18 000,— DM, Kasse 2 500,— DM, Darlehen 43 000,— DM, Verbindlichkeiten 9 600,— DM, Mehrwertsteuer 1 100,— DM

Kontenplan:

02, 03, 05, 072, 08, 10, 11, 12, 14, 15, 154, 16, 17, 184, 21, 220, 23, 24, 30, 37, 38, 400, 430, 44, 80, 89, 93, 941

Geschäftsfälle:

1. Wareneinkäufe:
   Rechnungsbetrag inkl. 7% USt. — 72 760,— DM
   40% Rechnungseinkäufe
   30% gegen Banküberweisung
   20% gegen Postgiroüberweisung
   10% gegen Schuldwechsel

2. Warenverkäufe:
   Rechnungsbetrag inkl. 7% USt. — 132 680,— DM
   70% Barverkäufe
   30% Rechnungsverkäufe

3.	Bezugskosten brutto	1 051,— DM
	davon inkl. 7% USt.	663,40 DM
	davon inkl. 14% USt.	387,60 DM
	Barzahlung	
4.	Rücksendung bereits bezahlter Bücher gegen Gutschrift an den Verlag	
	Warenwert brutto inkl. 7% USt.	321,— DM
5.	Bareinzahlungen auf Bankkonto	84 000,— DM
6.	Banküberweisung an Barsortiment	
	Rechnungsbetrag inkl. 7% USt.	642,— DM
	abzüglich 2% Skonto	
7.	Gutschrift (Bonus) vom Verlag	856,— DM
	brutto, inkl. 7% USt.	
8.	Warenrückgaben von Kunden inkl. 7% USt.	428,— DM
	gegen Bargelderstattung	
9.	Bankeingang für Rechnungen über	14 980,— DM
	inkl. 7% USt. mit Abzug	
	von 5% Bibliotheksrabatt	
10.	Verkauf eines gebrauchten Pkw bar	9 120,— DM
	inkl. 14% USt., Buchwert	6 000,— DM
11.	Gehaltszahlung über Bank	7 000,— DM
12.	Barzahlung für Zeitungsanzeige	300,— DM
	+ 14% USt.	42,— DM
13.	Erhöhung einer Beteiligung um	5 000,— DM
	durch Eigenkapitalerhöhung	
14.	Kauf einer Ladenkasse für netto	3 500,— DM
	+ 14% USt. mit Banküberweisung	
15.	Banküberweisung für Gewerbesteuer	800,— DM
16.	Bankeingang von Zinserträgen	1 200,— DM
17.	Gebäudereparatur wird bar bezahlt	600,— DM
18.	Banküberweisung für:	
	Darlehenstilgung	4 000,— DM
	Darlehenszinsen	400,— DM
19.	Banküberweisung für MwSt.-Zahllast	1 100,— DM
20.	Bareinzahlung auf Postgirokonto	15 600,— DM
21.	Banküberweisungen an Verlage	32 400,— DM

Abschlußangabe:
Warenendbestand lt. Inventur 149 400,— DM

6.4.4 Warenabschlußkonto

In der Praxis führen die meisten Betriebe mehrere Wareneinkaufs- und -verkaufskonten. Die Notwendigkeit dafür ergibt sich einmal aus der Warengruppensystematik und zum anderen aus den unterschiedlichen Umsatzsteuersätzen.
Um die Gewinn- und Verlustrechnung nicht zu unübersichtlich zu gestalten, empfiehlt es sich, die Warenkonten vor dem endgültigen Abschluß über ein gemeinsames Warenabschlußkonto, Konto *90 Warenabschlußkonto*, abzuschließen.

1. Netto-Abschlußverfahren

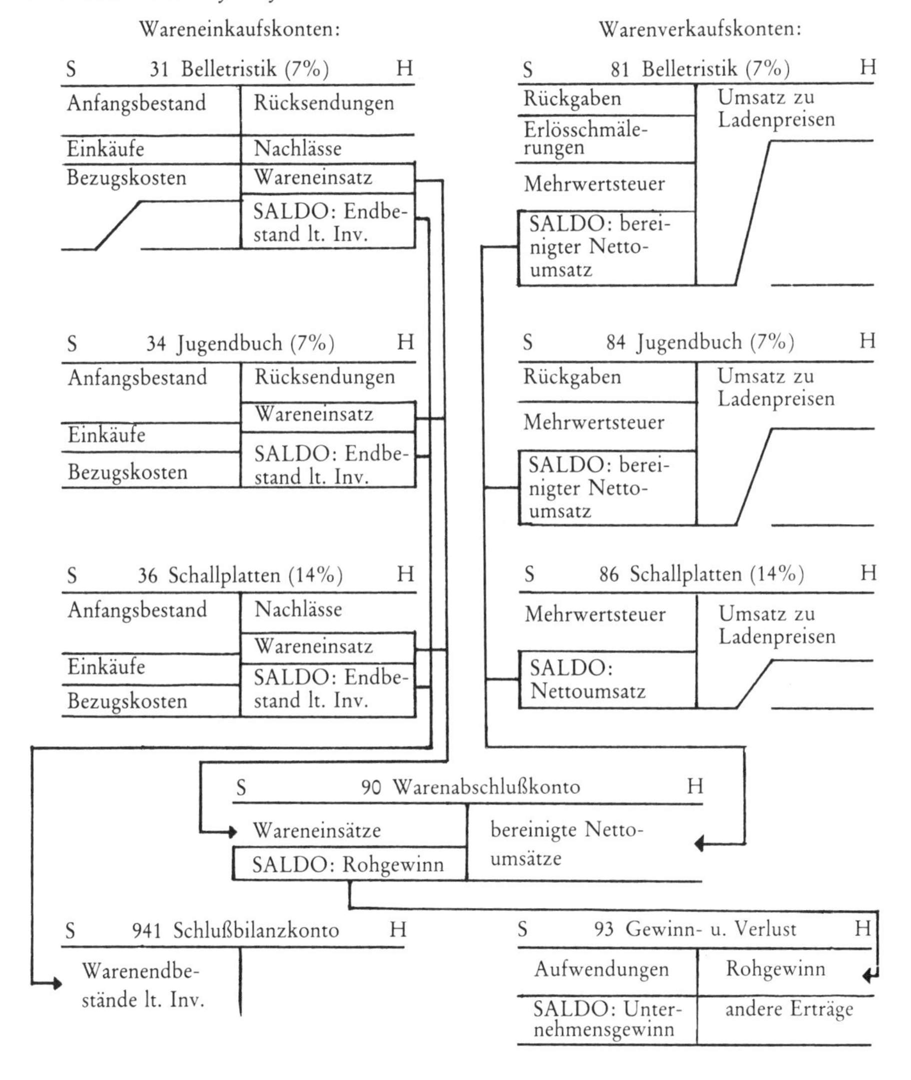

Buchungssätze:

Wareneinsätze:	90 Warenabschluß-konto	an	Wareneinkaufskonten
bereinigte Nettoumsätze:	Warenverkaufskonten	an	90 Warenabschluß-konto
Rohgewinn:	90 Warenabschluß-konto	an	93 Gewinn u. Verlust
Rohverlust:	93 Gewinn u. Verlust	an	90 Warenabschluß-konto.
Warenendbestände:	941 Schlußbilanzkonto	an	Wareneinkaufskonten

2. Brutto-Abschlußverfahren

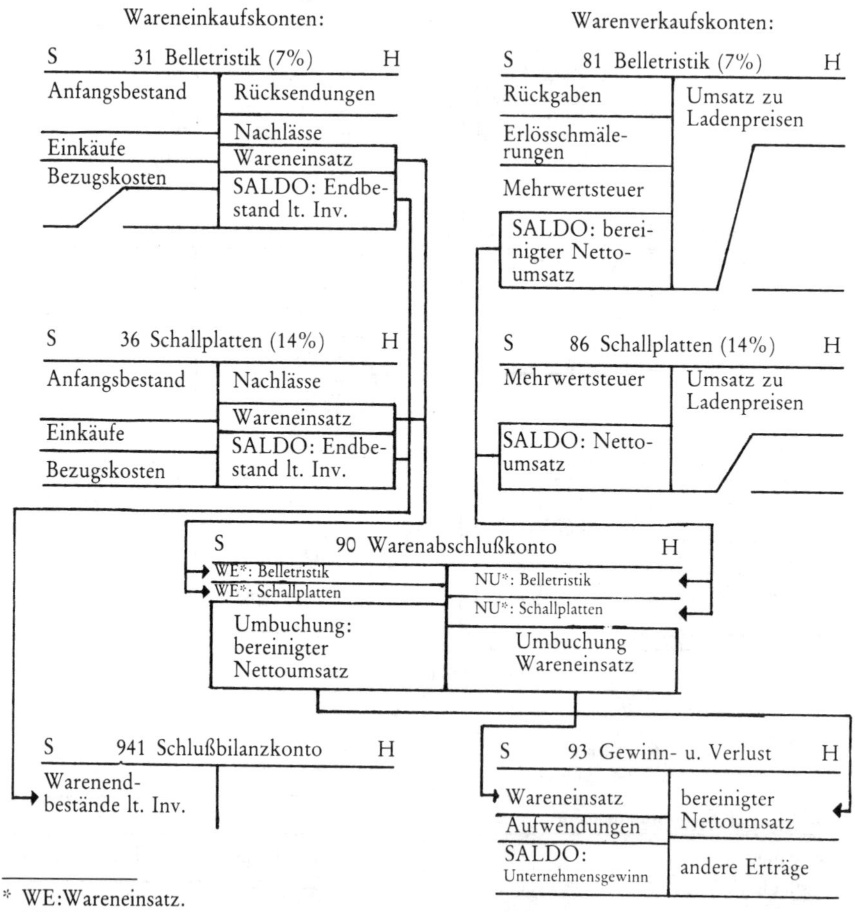

* WE:Wareneinsatz.
NU:Nettoumsatz.

Buchungssätze:			
Wareneinsätze:	90 Warenabschlußkonto	an	Wareneinkaufskonten
bereinigte Nettoumsätze:	Warenverkaufskonten	an	90 Warenabschlußkto.
Umbuchungen:	93 Gewinn u. Verlust (gesamter Wareneinsatz)	an	90 Warenabschlußkto.
	90 Warenabschlußkonto (bereinigter Nettoumsatz)	an	93 Gewinn u. Verlust
Warenendbestände:	941 Schlußbilanzkonto	an	Wareneinkaufskonten

6.5 Buchhändler-Abrechnungs-Gesellschaft (BAG)

Die Buchhändler-Abrechnungs-Gesellschaft mbH (BAG) ist eine Gemeinschaftseinrichtung des Buchhandels zur Vereinfachung des Zahlungsverkehrs zwischen Verlagen und Sortimenten.
Die BAG-Abrechnung komprimiert und vereinfacht die Buchungsvorgänge.
Die BAG ist für den Verlag ein Schuldner (Debitor) wie jeder andere Sortimenter und für den Sortimenter ein Gläubiger (Kreditor) wie jeder andere Verlag.
Die BAG-Abrechnung ist eine Sammelabrechnung und bedeutet für die Verlage die Zusammenfassung vieler Einzelrechnungen an die Buchhandlungen zu einer Gesamtrechnung. Für die einzelne Buchhandlung bedeutet die BAG-Abrechnung die Zusammenfassung vieler Einzelverbindlichkeiten zu einer Gesamtschuld. Verlagen und Buchhandlungen werden jährlich 24 Abrechnungen von der BAG erstellt.
Der Zeitpunkt der Buchung erfolgt jeweils mit der BAG-Abrechnung, diese dient also als Buchungsbeleg.
Im folgenden werden bei den Verlagsbuchungen keine Kontennummern angegeben, weil die Verlage nicht nach dem Einzelhandelskontenrahmen buchen.

1. Buchung beim Verlag

Schematisiertes Beispiel einer BAG-Abrechnung: (siehe nächste Seite)

Aufschlüsselung der Kosten/Gebühren:

53,— DM Beitrag an Börsenverein

Postengebühr: 0,215 DM/Posten + 14% USt.

Umsatzprovision: 0,33% vom Bruttoumsatz (1796,—) + 14% USt.

Schematisiertes Beispiel einer BAG-Abrechnung:

Kurzname der Buchhndl.	Verkehrs-nummer	Rechnungs-datum	Rechnungs-betrag	USt. %	Skonto durch BAG	Abrechnungs-betrag	S/H
(A) Einzugsaufträge							
Dom	21216	12. 07.	539,80	7	10,80	529,—	H
Müller	28703	13. 07.	647,20	7	12,94	634,26	H
Vogt	29368	05. 07.	430,10	14		430,10	H
Braun	34709	12. 07.	178,90	7	3,58	175,32	H
			1796,—		27,32	1768,68	H
(G) Kosten/Gebühren							
Börsenverein	02510	01. 07.	53,—	0		53,—	S
BAG	02053	17. 07.	4 Posten	14		0,98	S
BAG	02054	17. 07.	Ums. Prov.	14		6,82	S
						60,80	S

Zur Bruttobuchung	USt. %	Ware	Kosten	Betrag	1707,88	H
	0		53,—			
	7	1338,58				
	14	430,10	7,80			
		1768,68	60,80			

Zur Nettobuchung	Gruppe	Bruttowert	enthaltene MwSt.	Nettowert
	A	1338,58	87,57	1251,01
	A	430,10	52,82	377,28
	G	60,80	0,96	59,84

Der Verlag bucht:

a) Bruttobuchung mit Erlösschmälerungen:

Verrechnungskonto BAG	1 707,88 DM	an	Warenverkauf (7%)	1 365,90 DM
Sonstige Geschäftsausgaben (0%)	53,— DM		Warenverkauf (14%)	430,10 DM
Kosten für Warenabgabe (14%)	7,80 DM			
Erlösschmälerungen (7%)	27,32 DM			
Erlösschmälerungen (14%)	—,— DM			1 796,— DM

b) Bruttobuchung ohne Erlösschmälerungen:

Verrechnungskonto BAG	1 707,88 DM	an	Warenverkauf (7%) 1 338,58 DM
Sonstige Geschäftsausgaben (0%)	53,— DM		Warenverkauf (14%) 430,10 DM
Kosten für Warenabgabe (14%)	7,80 DM		
			1 768,68 DM

c) Nettobuchung mit Erlösschmälerungen:

Verrechnungskonto BAG	1 707,88 DM	an	Warenverkauf (7%) 1 276,54 DM
Sonstige Geschäftsausgaben (0%)	53,— DM		+ Mehrwertsteuer 89,36 DM
Kosten für Warenabgabe netto	6,84 DM		Warenverkauf (14%) 377,28 DM
+ Vorsteuer (14%)	0,96 DM		+ Mehrwertsteuer 52,82 DM
Erlösschmälerungen netto	25,53 DM		
+ Mehrwertsteuer (7%)	1,79 DM		
			1 796,— DM

d) Nettobuchung ohne Erlösschmälerungen:

Verrechnungskonto BAG	1 707,88 DM	an	Warenverkauf (7%) 1 251,01 DM
Sonstige Geschäftsausgaben (0%)	53,— DM		+ Mehrwertsteuer 87,57 DM
Kosten für Warenabgabe netto	6,84 DM		Warenverkauf (14%) 377,28 DM
+ Vorsteuer (14%)	0,96 DM		+ Mehrwertsteuer 52,82 DM
			1 768,68 DM

2. *Buchung im Sortiment*

Schematisiertes Beispiel einer BAG-Abrechnung:
(siehe nächste Seite)

Die Kosten/Gebühren setzen sich beispielsweise zusammen:

20,— DM Jahresbeitrag an den Verein für buchhändlerischen Abrechnungsverkehr

79,80 DM für Werbe- und Verpackungsmaterial an den Börsenverein

Schematisiertes Beispiel einer BAG-Abrechnung:

Kurzname des Verlages	Verkehrs-nummer	Rechnungs-datum	Rechnungs-betrag	USt. %	Skonto durch BAG	Abrechnungs-betrag	S/H
(C) Einzugsaufträge							
Bauer	10303	07. 06.	1040,80	7	20,80	1020,—	S
Müller	12314	08. 06.	1400,—	7		1400,—	S
Kaiser	14508	08. 06.	2870,60	7	86,12	2784,48	S
Sauer	15119	09. 06.	2373,—	14	47,46	2325,84	S
			7684,40		154,38	7530,02	S
(G) Kosten/Gebühren							
Buchver.	02500	01. 06.	20,—	0		20,—	S
Börsenv.	02510	30. 05.	79,80	14		79,80	S
						99,80	S
					Betrag	7629,82	S

Zur Bruttobuchung

USt. %	Ware	Kosten
0		20,—
7	5204,48	
14	2325,54	79,80
	7530,02	99,80

Zur Nettobuchung

Gruppe	Bruttowert	enthaltene MwSt.	Nettowert
C	5204,48	340,48	4864,—
C	2325,54	285,59	2039,95
G	99,80	9,80	90,—

Das Sortiment bucht:

a) Bruttobuchung mit Nachlässen:

Soll		an	Haben	
31 Wareneinkauf (7%)	5 311,40 DM	an	189 Verrechnungskonto BAG	7 629,82 DM
36 Wareneinkauf (14%)	2 373,— DM		381 Nachlässe (7%)	106,92 DM
45 Kosten für Warenabgabe	79,80 DM		382 Nachlässe (14%)	47,46 DM
48 Sonstige Geschäftsausgaben	20,— DM			
				7 784,20 DM

b) Bruttobuchung ohne Nachlässe:

Soll		Betrag		Haben		Betrag
31	Wareneinkauf (7%)	5 204,48 DM	an	189	Verrechnungskonto BAG	7 629,82 DM
36	Wareneinkauf (14%)	2 325,54 DM				
45	Kosten für Warenabgabe	79,80 DM				
48	Sonstige Geschäftsausgaben	20,— DM				

c) Nettobuchung mit Nachlässen:

Soll		Betrag		Haben		Betrag
31	Wareneinkauf (7%)	4 963,93 DM	an	189	Verrechnungskonto BAG	7 629,82 DM
154	Vorsteuer (7%)	347,47 DM		381	Nachlässe (7%)	106,92 DM
36	Wareneinkauf (14%)	2 081,58 DM		382	Nachlässe (14%)	47,46 DM
154	Vorsteuer (14%)	291,42 DM				7 784,20 DM
45	Kosten für Warenabgabe netto	70,— DM				
154	Vorsteuer (14%)	9,80 DM				
48	Sonstige Geschäftsausgaben	20,— DM				

d) Nettobuchung ohne Nachlässe:

Soll		Betrag		Haben		Betrag
31	Wareneinkauf (7%)	4 864,— DM	an	189	Verrechnungskonto BAG	7 629,82 DM
154	Vorsteuer (7%)	340,48 DM				
36	Wareneinkauf (14%)	2 039,95 DM				
154	Vorsteuer (14%)	285,59 DM				
45	Kosten für Warenabgabe netto	70,— DM				
154	Vorsteuer (14%)	9,80 DM				
48	Sonstige Geschäftsausgaben	20,— DM				

Für den Buchführungsunterricht empfiehlt sich die letzte Buchungsart, weil sie am ehesten in den allgemeinen Rahmen der Buchführungspraxis für den Einzelhandel paßt. Außerdem kann man die Zahlen aus der BAG-Abrechnung mühelos übertragen (Belegbuchung), da man sie nur abzulesen braucht. In allen anderen Fällen muß noch zusätzlich gerechnet werden.

6.6 Buch-Schenk-Service (BSS)

Der Buch-Schenk-Service ist ein zusätzliches buchhändlerisches Verkaufsangebot, bei dem Buchhandlungen über Bücherscheckverkäufe an unentschlossene Kunden im Reihengeschäft den Buchumsatz steigern können.

Dabei gibt es zwei Möglichkeiten:

1. Scheckverkaufende und -einlösende Buchhandlung sind identisch:

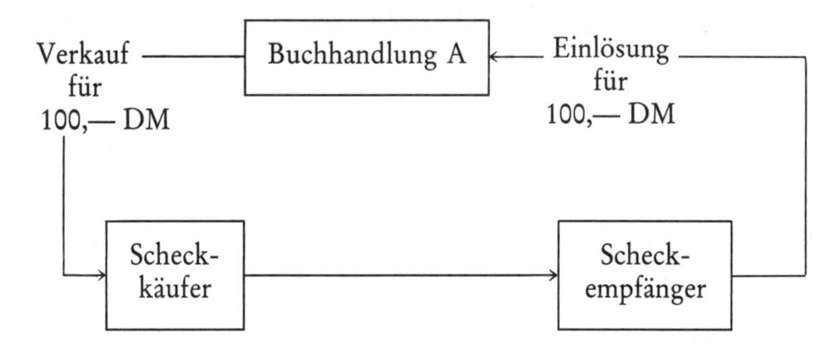

Hierbei entstehen Buchhandlung A keine Verrechnungskosten, der Erlös beträgt 100,— DM ≙ 100%.

2. Scheckverkaufende und -einlösende Buchhandlung sind nicht identisch:

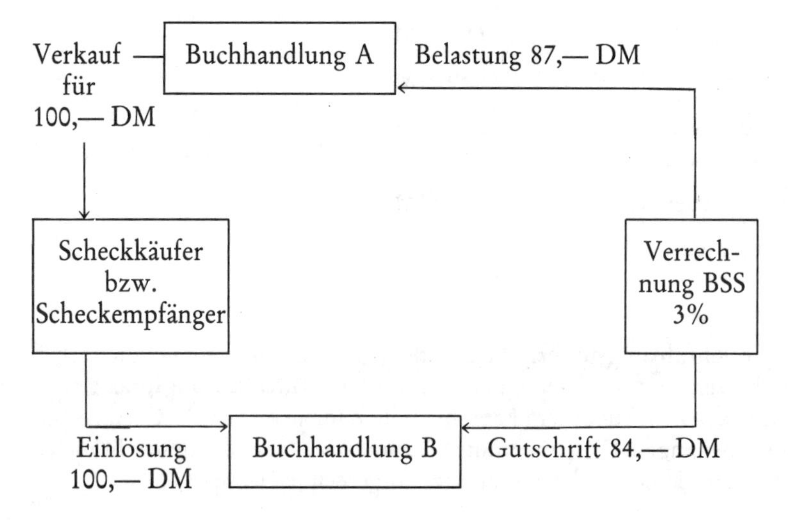

Buchungsvorgänge

1. Scheckverkaufende und -einlösende Buchhandlung sind identisch:

   a) Buchhandlung A bezieht vom Buch-Schenk-Service (BSS) eine Grundausstattung Bücherschecks mit Werbematerial für 80,— DM inkl. 14% USt.

   Stückelung: 25 Schecks à 10,— DM
   25 Schecks à 25,— DM
   25 Schecks à 50,— DM

   Zur Kontrolle trägt sie die Schecks in eine Bestandsliste ein, von der die verkauften Schecks abgestrichen werden können. In dieser Bestandsliste kann auch festgehalten werden, wieviel Schecks selbst, über eine andere Buchhandlung oder gar nicht eingelöst werden.

   Die Kosten werden gebucht:

45	Kosten für Warenabgabe	70,18 DM	an	188 Verrechnungskonto BSS	80,— DM
154	Vorsteuer	9,82 DM			

   b) Buchhandlung A verkauft Bücherschecks für 100,— DM bar. Der Scheckverkauf stellt einen umsatzsteuerrechtlichen Erlös dar.

   Buchungssatz:

   10 Kasse 100,— DM an 808 Erlöse aus Scheckverkäufen 100,— DM

   Sollte Rechnungsverkauf stattfinden (z. B. Großkunden), dann erfolgt die SOLL-Buchung auf Konto 148 Forderungen aus Scheckverkäufen.

   Am Monatsende wird aus den Scheckerlösen die Umsatzsteuer (7%) auf Konto 184 Mehrwertsteuer umgebucht.

   Buchungssatz:

   808 Erlöse aus Scheckverkäufen 6,54 DM an 184 Mehrwertsteuer 6,54 DM

   c) Buchhandlung A löst Bücherschecks im Wert von 100,— DM ein, die sie selbst verkauft hat. In diesem Fall erübrigt sich eine Buchung. Die Schecks werden aber zur statistischen Auswertung an BSS weitergeleitet.

d) Buchhandlung A löst Büscherschecks im Wert von 100,— DM ein, die sie selbst verkauft hat. Der Kunde kauft aber für insgesamt 120,— DM und entrichtet den Differenzbetrag bar.

Buchungssatz:

10 Kasse 20,— DM an 80 Warenverkäufe 20,— DM.

Die Schecks werden dann wie unter c) behandelt.

Sollte der Scheckeinlöser Bücher unter Schecknennwert einlösen wollen, so ist es eine Frage der Kulanz, ob ihm der Differenzbetrag ausbezahlt oder gutgeschrieben wird.

2. Scheckverkaufende und einlösende Buchhandlung sind nicht identisch:

Buchhandlung B löst Bücherschecks im Wert von 100,— DM ein, die von Buchhandlung A verkauft wurden. Sie gibt die Bücherschecks zur Verrechnung und Gutschrift an den BSS weiter und bucht vorläufig noch nicht.

Buchhandlung B (= einlösende Buchhandlung) erhält vom BSS folgende Abrechnung: (siehe nächste Seite)

a) Buchhandlung B löste Bücherschecks für insgesamt 100,— DM ein, die von Buchhandlung A ausgegeben wurden. Buchhandlung B hat damit einen Warenumsatz von 100,— DM. Sie hat aber nach den BSS-Vertragsbedingungen nur einen Anspruch auf 84% der eingelösten Scheckwerte.

Buchhandlung B bucht bei Eingang der BSS-Abrechnung:

188 Verrechnungskonto BSS 84,— DM an 80 Warenverkauf 100,— DM
89 Erlösschmälerungen 16,— DM

b) Buchhandlung B löst Bücherschecks von Buchhandlung A im Wert von 100,— DM ein, der Kunde kauft aber Bücher für 120,— DM und bezahlt den Rest bar.

Der Barumsatz wird sofort gebucht:

10 Kasse 20,— DM an 80 Warenverkauf 20,— DM

Die übrigen Buchungen erfolgen mit der Gutschrift von BSS wie unter a).

c) Bei Bankscheckeingang von BSS bucht Buchhandlung B:

12 Bank 84,— DM an 188 Verrechnungskonto BSS 84,— DM

Abrechnung der bis zum 15. 12. 19.. eingereichten Bücher-Schecks:

Eingangs-Nr.	Bücher-Scheck-Nr.	Verkehrs-Nr. des Partners	Scheckwerte DM Pf	BSS-Verrechnungs-betrag DM Pf	S/H	Buchungszeilen		
						MwSt. %	MwSt.-Betrag DM Pf	Netto-Betrag DM Pf
A. Gutgeschriebene Bücherschecks								
00228	1010048451	22318	50 00	42 00	H	7		
00351	1010013456		50 00	42 00	H	7		
			100 00	84 00	H	7	5 50	78 50
B. Belastete Bücherschecks								
			0 00	0 00				
C. Eingereiche eigene Bücher-Schecks								
			0 00	0 00				
D. BBS-Abrechnungskosten (3% Summe B)								
			0 00	0 00				
Der Betrag wird am 10. 2. per Scheck ausgezahlt. (BAG = 2.2.)				BSS-Verechnungs-betrag DM 84 00	H			

d) Bei BAG-Abrechnung bucht Buchhandlung B:

189 Verrechnungskonto BAG	84,— DM	an 188 Verrechnungskonto BSS	84,— DM

3. Abrechnung über Buch-Schenk-Service

a) Der BSS belastet Buchhandlung A für die verkauften und von Buchhandlung B eingelösten Bücherschecks im Nennwert von 100,— DM mit 87%.
Die Belastung setzt sich aus 84% Gutschrift für Buchhandlung B und 3% Abrechnungskosten für den BSS zusammen.
Da die Abrechnungskosten für eine Dienstleistung bestimmt sind, enthalten sie 14% Umsatzsteuer.
Buchhandlung A hatte beim Scheckverkauf folgendermaßen gebucht:

S	10 Kasse		H
(808)	100,—		

S	808 Scheckverkäufe		H
(184)	6,54	(10)	100,—

S	184 Mehrwertsteuer		H
		(808)	6,54

Buchhandlung A erhält vom BSS folgende Abrechnung: (siehe Seite 103)

Die Belastung durch den BSS bedeutet für Buchhandlung A eine Erlösschmälerung, für die sie die Mehrwertsteuer korrigieren muß.
Die Korrektur erfolgt mit 7% für 84,— DM Gutschrift an Buchhandlung B und mit 14% für 3,— DM Abrechnungskosten des BSS.

Buchhandlung A bucht:

808 Erlöse aus Scheckverkäufen	78,50 DM	an 188 Verrechnungskonto BSS	87,— DM
184 Mehrwertsteuer (7%)	5,50 DM		
46 Nebenkosten des Geldverkehrs	2,63 DM		
184 Mehrwertsteuer (14%)	0,37 DM		

b) Bei Banküberweisung an BSS bucht Buchhandlung A:

188 Verrechnungskonto BSS 87,— DM an 12 Bank 87,— DM

c) Bei BAG-Abrechnung bucht Buchhandlung A:

188 Verrechnungskonto BSS	87,— DM	an 189 Verrechnungskonto BAG	87,— DM

Abrechnung der bis zum 15. 12. 19.. eingereichten Bücher-Schecks:

Eingangs-Nr.	Bücher-Scheck-Nr.	Verkehrs-Nr. des Partners	Scheckwerte DM Pf	BSS-Verrechnungsbetrag DM Pf	S/H	Buchungszeilen		
						MwSt. %	MwSt.-Betrag DM Pf	Netto-Betrag DM Pf
A. Gutgeschriebene Bücherschecks								
			0 00	0 00				
B. Belastete Bücherschecks								
00228	1010048451	23118	50 00	42 00	S	7		
00351	1010013456	23118	50 00	42 00	S	7		
			100 00	84 00	S	7	5 50	78 50
C. Eingereichte eigene Bücher-Schecks								
			0 00	0 00				
D. BBS-Abrechnungskosten (3% Summe B)								
				3 00	S	14	0 37	2 63
Fälligkeit: 10. 1. BAG-Abrechnung: 2. 2.				BSS-Verrechnungsbetrag DM 87 00	S			

Das Konto 188 Verrechnungskonto BSS ist ein *gemischtes Konto*, auf dem im SOLL die Forderungen und im HABEN die Verbindlichkeiten an den Buch-Schenk-Service gebucht werden. Da Schuldner und Gläubiger in diesem Fall identisch sind, ist die Aufrechnung von Forderungen und Verbindlichkeiten statthaft, die ansonsten gegen den Grundsatz der Bilanzklarheit verstößt.

S	188 Verrechnungskonto BSS	H
Forderungen an BSS		Verbindlichkeiten an BSS

4. Ermittlung des Ertrages

a) Buchhandlung A verkauft Bücher-Schecks für 100,— DM und wird mit 87% belastet.

S	46 Nebenkosten Geldverkehr		H
(188)	2,63		

S	808 Scheckverkäufe		H
(184)	6,54	(10)	100,—
(188)	78,50		

Nettoerlös Scheckverkäufe	93,46 DM	
– Nettobelastung	78,50 DM	
= Rohgewinn	14,96 DM	≙ 15% v. Bruttoumsatz
– Nebenkosten netto	2,63 DM	
= Reingewinn (ohne Berücksichtigung anderer Kosten)	12,33 DM	≙ 12,3% v. Bruttoumsatz

b) Buchhandlung B löst Bücher-Schecks für 100,— DM ein und erhält eine Gutschrift über 84%.

Gebuchter Umsatz	100,— DM			
– Erlösschmälerungen	16,— DM			
= tatsächlicher Umsatz	84,— DM			
– Mehrwertsteuer	5,50 DM			
= Nettoumsatz	78,50 DM	≙ 100%		berechneter Rohgewinn
– Ø Rabatt	23,55 DM	≙ 30%		
= berechneter Wareneinsatz	54,95 DM	≙ 70%		
Wareneinkauf brutto	100,— DM	≙ 100%		
– Ø Rabatt	30,— DM	≙ 30%		
= Nettopreis	70,— DM	≙ 70%	107%	
– Vorsteuer	4,58 DM	≙	7%	
= tatsächlicher Wareneinsatz	64,42 DM	≙	100%	

tatsächlicher Wareneinsatz	64,42 DM
– berechneter Wareneinsatz	54,95 DM
= Erlösminderung	9,47 DM

Berechneter Rohgewinn	23,55 DM	
– Erlösminderung	9,47 DM	
= tatsächlicher Rohgewinn	14,08 DM	≙ 14% v. Bruttoumsatz

6.7 Kommissionsware

Kommissionsware sind Bücher, die der Verlag dem Sortiment bedingt (à condition = ac.) liefert. Die Kommissionsware bleibt bis zur vollständigen Bezahlung Eigentum des Verlages. Der Verlag liefert dem Sortiment mit Rückgaberecht für die Dauer einer bestimmten Rechnungszeit. Die Rechnungszeit ist in der Regel das Kalenderjahr, ausnahmsweise auch das Kalenderhalbjahr. Die Abrechnung erfolgt bis zum 31. März des nächsten Jahres, bei halbjährlicher Abrechnung auch zum 30. September. Die Bezahlung muß jeweils 14 Tage später erfolgen.
Bei diesem Vorgang wird der Buchhändler zum Kommissionär. Nach § 383 HGB ist Kommissionär, „wer es gewerbsmäßig unternimmt, Waren oder Wertpapiere für Rechnung eines anderen im eigenen Namen zu kaufen oder zu verkaufen".
Der Vorteil für den Buchhandel liegt in der Verfügbarkeit von Waren, ohne sie bezahlen zu müssen, der Nachteil in der vergleichsweise niedrigen Rabattierung.
Der Vorteil für den Verlag besteht in der Auslagerung der Waren und der damit verbundenen Senkung der Lagerkosten, der Nachteil in den langen Zahlungsfristen.

1. Geschäftsfall:

Buchhandlung X bezieht am 1. Februar ac.-Waren von einem Verlag zum Rechnungsbetrag (Nettopreis) von 800,— DM inkl. 7% USt.
Die Buchung muß brutto (= inkl. der USt.) erfolgen, da es sich nicht um einen festen Wareneinkauf handelt und auch keine Bezahlung stattfindet.

Buchungssatz:

39 Kommissionsware 800,— DM an 169 Verbindlichkeiten aus
ac.-Lieferung 800,— DM

In der Praxis verzichtet man häufig auf diese Buchung und streicht lediglich in einer Bestandsliste die verkaufte Kommissionsware ab.

2. Geschäftsfall:

Buchhandlung X verkauft aus dem ac.-Bestand ein Buch zum Ladenpreis von 48,— DM bar. Der Nettopreis beträgt 36,— DM.

Buchungssätze:

a) Der ac.-Bestand muß korrigiert werden:

30 Wareneinkauf	33,64 DM	an	39 Kommissionsware	36,—DM
154 Vorsteuer	2,36 DM			

b) Der Warenverkauf wird gebucht:

10 Kasse 48,— DM an 80 Warenverkauf 48,— DM

3. Geschäftsfall:

Im Laufe des Kalenderjahres hatte die Buchhandlung X aus dem ac.-Bestand für insgesamt 656,— DM (Nettopreise) Bücher verkauft und als Wareneingänge gebucht. Am 31. 3. des nächsten Jahres erfolgt die Gesamtabrechnung mit dem Verlag. Der Restbestand wird remittiert und die Banküberweisung erledigt.

Buchungssatz:

169 Verbindlichkeiten aus ac.-Lieferung	800,– DM	an	39 Kommissionsware	114,— DM
			12 Bank	656,— DM

6.8 Übungsaufgaben
(Lösungen: S. 262)

1. Wareneinkauf auf Ziel:	
Rechnungsbetrag inkl. 7% USt.	1 080,— DM
2. Warenverkäufe auf Rechnung	1 800,— DM
3. Warenrücksendung an Verlag gegen Gutschrift	
Nettowarenwert	89,72 DM
Umsatzsteuer (7%)	6,28 DM
4. Barzahlung für Frachtkosten inkl. 14% USt.	17,67 DM
5. Wareneinkauf gegen Banküberweisung:	
Rechnungsbetrag inkl. 7% USt.	640,— DM
Skontoabzug 2%	12,80 DM

6.	Buchumtausch eines Kunden:	
	Ladenpreis (Rückgabe)	32,— DM
	Neuerwerb zum Ladenpreis	48,— DM
	Differenzbetrag wird bar bezahlt	16,— DM
7.	Warenverkauf auf Rechnung	2 140,— DM
	abzüglich 10% Bibliotheksrabatt	214,— DM
8.	Botenlohn wird bar bezahlt	30,— DM
9.	Banküberweisung der MwSt.-Zahllast	856,— DM
10.	BAG-Abrechnung:	
	Abrechnungsbetrag inkl. 7% USt.: SOLL	3 846,65 DM
	Kosten für Warenabgabe inkl. 14% USt.	136,80 DM
	Jahresbeitrag	20,— DM
11.	BSS-Abrechnung:	
	Belastete Bücher-Schecks (Scheckwerte)	860,— DM
	Belastung: 84% für Gutschrift Partner	722,40 DM
	3% Abrechnungskosten BSS	25,80 DM
	(84% inkl. 7% USt., 3% inkl. 14% USt.)	
12.	Abrechnung der Kommissionsware:	
	Gelieferte Bücher (Nettopreise)	1 284,— DM
	Verkaufte Bücher (Nettopreise)	1 027,20 DM
	Remittierte Bücher (Nettopreise)	128,40 DM
	Rest wird fest übernommen (inkl. 7%)	128,40 DM

7 Privatkonto

Wie das Gewinn- und Verlustkonto für die betrieblichen, so ist das *Privatkonto* das *Eigenkapitalunterkonto* für alle privaten Eigenkapitalveränderungen. Es sammelt im Laufe des Rechnungsjahres alle *Privatentnahmen* und *Privateinlagen* der Inhaber.

Bei der Buchung gelten die Regeln des Eigenkapitalkontos (*Passivkonto*).

Privatentnahmen mindern das Eigenkapital ⟶ *SOLL-Buchung*
Privateinlagen erhöhen das Eigenkapital ⟶ *HABEN-Buchung*

7.1 Privatentnahmen

Zur Sicherung seines Lebensunterhaltes entnimmt der Geschäftsinhaber Geld aus der Kasse oder vom Bankkonto seines Betriebes. Zu solchen Geldentnahmen zählen auch Überweisungen an Dritte, z. B. für private Versicherungen (Lebens-, Kranken-, Hausrat- oder Haftpflichtversicherung) oder private Steuern (Einkommens-, Vermögens-, Kirchensteuer).
Außerdem gehören zu den Privatentnahmen alle Wirtschaftsgüter, die der Unternehmer aus seinem Betrieb für sich, für seinen Haushalt oder für andere betriebsfremde Zwecke entnimmt. Dazu zählen Warenentnahmen oder auch die private Nutzung von Anlagegütern, die als *steuerpflichtiger Eigenverbrauch* (§ 1, Abs. 1 Umsatzsteuergesetz) anzusetzen sind (z. B. private Nutzung des firmeneigenen Pkw).
Durch die Besteuerung des Eigenverbrauchs soll verhindert werden, daß der Geschäftsinhaber Vorteile gegenüber anderen Verbrauchern bekommt, die z. B. beim Bücherkauf die Umsatzsteuer mitbezahlen müssen.

Gebucht werden die *Privatentnahmen* im *SOLL* von Konto *19 Privatkonto*.

Geschäftsfälle und Buchungssätze:

1. Privatentnahme aus der Kasse 800,— DM

   19 Privatkonto 800,— DM an 10 Kasse 800,— DM

2. Privatentnahme vom Bankkonto 1 000,— DM

   19 Privatkonto 1000,— DM an 12 Bank 1 000,— DM

3. Privatentnahme von Büchern

Nettopreis inkl. 7% USt. 214,— DM

19 Privatkonto 214,— DM an 80 Warenverkauf 214,— DM

Die private Warenentnahme wird umsatzsteuerrechtlich wie ein Verkauf an Dritte behandelt, aus diesem Grund muß sie als Warenverkauf gebucht werden, damit am Monatsende die Mehrwertsteuer aus den Verkäufen richtig berechnet werden kann.

4. Banküberweisung der Kraftfahrzeug-Versicherung für den firmeneigenen Pkw 800,— DM
Der Pkw wird zu 20% privat genutzt.

49 Kraftfahrzeugkosten	640,— DM	an	12 Bank	800,— DM
19 Privatkonto	160,— DM			

5. Postgiroüberweisung der Heizölrechnung:

Rechnungsbetrag (netto) 3 800,— DM
Umsatzsteuer 14% 532,— DM
(70% für Betrieb, 30% für Privatwohnung)

42 Sachkosten für Geschäftsräume	2 660,— DM	an	11 Postgirokonto	4 332,— DM
154 Vorsteuer	372,40 DM			
19 Privatkonto	1 299,60 DM			

6. Privatentnahme einer gebrauchten firmeneigenen Schreibmaschine, Buchwert 1 200,— DM
Umsatzsteuer 14% 168,— DM

19 Privatkonto	1 368,— DM	an	03 Geschäftseinrichtung	1 200,— DM
			184 Mehrwertsteuer	168,— DM

7.2 Privateinlagen

Zu den Privateinlagen zählen Geldeinlagen in die Kasse, auf Bank- oder Postgirokonto. Außerdem gibt es Sacheinlagen, die die Bestände des Anlage- und Umlaufvermögens erhöhen (Einbringung von Grundstücken oder Gebäuden, Gegenstände zur Geschäftseinrichtung, Fahrzeuge, Lizenzen oder antiquarische Bücher aus dem Privatbesitz).

Gebucht werden die *Privateinlagen* im *HABEN* von Konto *19 Privatkonto.*

Geschäftsfälle und Buchungssätze:

1. Privateinlage in die Kasse 3 000,— DM

   10 Kasse 3 000,— DM an 19 Privatkonto 3 000,— DM

2. Privateinlage auf Bankkonto 5 000,— DM

   12 Bank 5 000,— DM an 19 Privatkonto 5 000,— DM

3. Einbringung antiquarischer Bücher aus Privatbesitz
   Vermögenswert 600,— DM

   30 Wareneinkauf 600,— DM an 19 Privatkonto 600,— DM

4. Einbringung eines Gebäudes in das Betriebsvermögen
   Verkehrswert 280 000,— DM

   00 Gebäude 280 000,— DM an 19 Privatkonto 280 000,— DM

7.3 Kontenabschluß

S 19 Privatkonto	H
Privatentnahmen 1. *Geldentnahmen* Kasse Bankkonto Postgirokonto 2. *Eigenverbrauch* Warenentnahmen Nutzung von Anlagegütern	*Privateinlagen* 1. *Geldeinlagen* Kasse Bankkonto Postgirokonto 2. *Vermögenseinlagen* Grundstücke Gebäude Fuhrpark Geschäftseinrichtung Waren
SALDO: Privateinlagen sind größer als Privatentnahmen = *Eigenkapitalerhöhung*	SALDO: Privatentnahmen sind größer als Privateinlagen = *Eigenkapitalminderung*

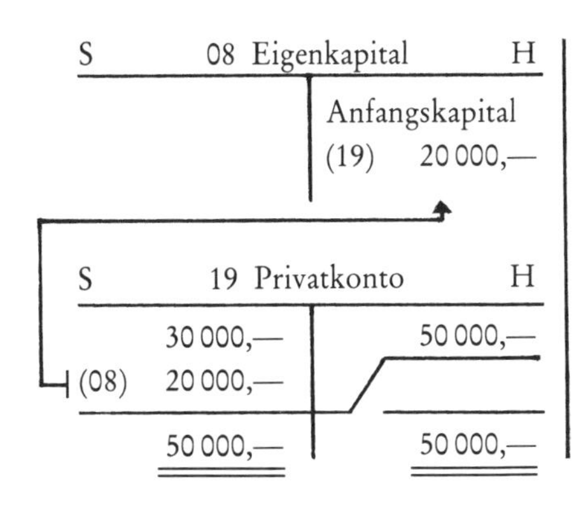

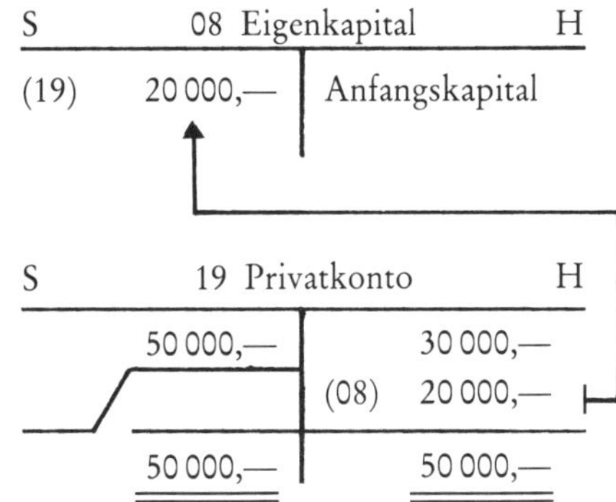

Buchungssätze:

Kapitalminderung:	08 Eigenkapital	an	19 Privatkonto
Kapitalerhöhung:	19 Privatkonto	an	08 Eigenkapital

7.4 Übungsaufgaben

(Lösungen: S. 263)

1.	Privatentnahme von Büchern: Nettopreis inkl. 7% USt.	 214,— DM
2.	Banküberweisung für Geschäftsmiete Wohnungsmiete des Inhabers	 2 400,— DM 1 000,— DM
3.	Postgiroüberweisung für Lebensversicherung (Inhaber) Glasversicherung (Geschäft) Hausratversicherung (Inhaber)	 200,— DM 120,— DM 80,— DM
4.	Geschäftseinlagen des Inhabers: Bankkonto Postgirokonto Kasse	 4 000,— DM 2 000,— DM 1 000,— DM
5.	Privatentnahme aus der Kasse	600,— DM
6.	Banküberweisung der Kfz.-Versicherung (20% private Nutzung)	800,— DM
7.	Postgiroüberweisung für Heizölrechnung: Rechnungsbetrag inkl. 14% USt. (30% für Wohnung des Inhabers)	 16 530,— DM

8. Sacheinlagen des Geschäftsinhabers:

Grundstück, Wert	50 000,— DM
Schreibmaschine, Wert	2 000,— DM
antiquarische Bücher, Wert	3 000,— DM

8 Personalkosten

Für ihre Arbeitsleistung erhalten Arbeiter *Löhne* und Angestellte *Gehälter.* Löhne oder Gehälter sind für die Arbeitnehmer Einkommen, für die Arbeitgeber sind es *betriebliche Aufwendungen* = Kosten.
Jeder Arbeitgeber ist verpflichtet, für jeden seiner Angestellten eine Lohn- oder Gehaltsabrechnung vorzunehmen. In dieser Abrechnung ist zu berücksichtigen, daß der Arbeitgeber gesetzlich verpflichtet ist, Lohn-, Kirchensteuer und Sozialversicherungsbeiträge vom Bruttogehalt des Angestellten einzubehalten und abzuführen.

8.1 Abzüge und Zuschüsse

8.1.1 Lohnsteuer

Einkommen aus nichtselbständiger Arbeit unterliegen der Einkommenssteuer, die durch Abzug vom Arbeitslohn (daher: Lohnsteuer) berechnet wird.

Die Lohnsteuerabzüge richten sich nach:

a) der Höhe des Bruttoentgeltes,
b) der Steuerklasse (Familienstand, Zahl der Kinder, Alter, Doppelverdiener),
c) den Freibeträgen (Werbungskosten, Sonderausgaben, außergewöhnlichen Belastungen, Weihnachtsfreibetrag im Dezember).

Die Ermittlung des Lohnsteuerabzuges erfolgt nach Lohnsteuertabellen, in denen die Abzüge der einzelnen Steuerklassen unter Berücksichtigung allgemeiner Freibeträge ausgewiesen sind.
In der vorliegenden Darstellung (siehe S. 114) wird von der Lohnsteuertabelle für das Jahr 1984 ausgegangen. Sich ändernde Zahlen in anderen Jahren haben keinen Einfluß auf den Buchungsgang.

8.1.2 Kirchensteuer

Die Kirchensteuer beträgt 8% oder 9% von der errechneten Lohnsteuer. Der Satz richtet sich nach dem Bundesland, in dem der Betrieb angesiedelt ist. Die Prozentsätze reduzieren sich effektiv durch Anrechnung der Kinderfreibeträge. Die Zahlen sind ebenfalls der Lohnsteuertabelle zu entnehmen.

Steuer-klassen	Personenkreis
I	Ledige, geschiedene und vor 1974 verwitwete Arbeitnehmer unter 50 Jahren ohne Kinder
II	Ledige, geschiedene und vor 1974 verwitwete Arbeitnehmer vom 50. Lebensjahr an und unverheiratete Arbeitnehmer mit mindestens einem Kind
III	Verheiratete, wenn der Ehegatte nicht in einem Arbeitsverhältnis steht oder in die Steuerklasse V eingereiht ist.
IV	Verheiratete, wenn beide Ehegatten in einem Arbeitsverhältnis stehen.
V	Verheiratete (auf Antrag) mit geringem Einkommen, deren Ehegatte die Steuerklasse III hat.
VI	Alle Arbeitnehmer für Einkommen aus zweiten oder weiteren Dienstverhältnissen (ohne Freibeträge)

8.1.3 Sozialversicherungsbeiträge

Die Sozialversicherung besteht aus Kranken-, Renten- und Arbeitslosenversicherung, deren Beiträge Arbeitgeber und Arbeitnehmer je zur Hälfte zu bezahlen haben. Die Sozialversicherung wird vom Bruttoentgelt berechnet und beträgt zur Zeit (1984):

Krankenversicherung: 10,8% – 12,7%
Beitragsgrenze: 3 900,— DM monatlich

Rentenversicherung: 18,5%
Beitragsgrenze: 5 200,— DM monatlich

Arbeitslosenversicherung: 4,6%
Beitragsgrenze: 5 200,— DM monatlich

Die Beiträge ermittelt man aus den Sozialversicherungstabellen der jeweiligen Krankenkasse des Arbeitnehmers.
Bei der Krankenversicherung ist der Arbeitgeber allerdings nur verpflichtet, die Hälfte des zutreffenden AOK-Beitragssatzes (Allgemeine Ortskrankenkasse) zu übernehmen, wenn der jeweilige Beitrag zu einer anderen Krankenkasse, der der Arbeitnehmer angehört, höher liegt.

Beispiel:

Krankenkasse	Beitragssatz monatlich	Arbeitnehmer-anteil	Arbeitgeber-anteil
AOK	160,— DM	80,— DM	80,— DM
Ersatzkasse	170,— DM	90,— DM	80,— DM

8.1.4 Lohn- und Gehaltsvorschüsse

Lohn- und Gehaltsvorschüsse sind Anweisungen auf zukünftige Arbeitsleistungen. Sie haben daher Kreditcharakter. Bis zur Gehaltsabrechnung müssen sie als „Sonstige Forderungen" behandelt werden.

8.1.5 Vermögenswirksame Leistungen

Nach dem 3. Vermögensbildungsgesetz vom 27. 6. 1970 können Arbeitnehmer in einem vertraglich bestehenden Arbeitsverhältnis jährlich 624,— DM (daher: 624,— DM-Gesetz) vermögenswirksam sparen, das sind 52,— DM im Monat.
Seit dem 1. 1. 1984 besteht als Ergänzung das 4. Vermögensbildungsgesetz, nach dem die jährliche vermögenswirksame Leistung auf 936,— DM heraufgesetzt werden kann, wenn der Arbeitnehmer als Anlageform eine Betriebsbeteiligung oder das Darlehen an seinen Arbeitgeber wählt.

Die vermögenswirksame Leistung (vwL) muß zweckgebunden angelegt werden und zwar:
Bausparvertrag oder
Lebensversicherung oder
Banksparvertrag oder
Wertpapier-/Immobilienfonds

Dabei können die Anlageformen durch den Arbeitnehmer auch kombiniert werden.

Als Anreiz zum vermögenswirksamen Sparen bezahlt der Staat einen steuerfreien Zuschuß zu der Arbeitnehmersparleistung, die *Arbeitnehmer-Sparzulage* (ANSpZl). Sie beträgt (z. Z. 1984):

23% der vermögenswirksamen Leistung bis 2 Kinder und 33% der vermögenswirksamen Leistung ab dem 3. Kind.	für Bausparverträge u. Produktivbeteiligungen

16% bzw. 26% für die anderen Anlageformen.

Die Sparzulage wird allerdings nur bis zu einem zu versteuernden Einkommen von

24 000,— DM (Alleinstehende) im Jahr bzw.
48 000,— DM (Verheiratete) im Jahr gewährt.

Der Arbeitgeber zahlt die Arbeitnehmer-Sparzulage mit der Gehaltsabrechnung an den Arbeitnehmer aus und verrechnet sie mit der an das Finanzamt abzuführenden Lohnsteuer. Er muß den Betrag also vorher als „Sonstige Forderungen" buchen.
Außerdem beteiligen sich die meisten Arbeitgeber durch tarifvertragliche oder betriebliche Vereinbarung an der vermögenswirksamen Leistung, indem sie einen Teil davon oder den Gesamtbetrag als „Tarifvertragliche Leistung" (TVL) übernehmen.

Arbeitnehmer spart monatlich	Arbeitgeber gibt dazu (TVL)	Summe (vwL)
52,— DM	–	52,— DM
39,— DM	13,— DM	52,— DM
26,— DM	26,— DM	52,— DM
13,— DM	39,— DM	52,— DM
–	52,— DM	52,— DM

8.1.6 Sonstige Zuschüsse

Alle zusätzlich zum Bruttogehalt gezahlten Leistungen des Arbeitgebers sind ganz oder zum Teil lohnsteuer- bzw. sozialversicherungspflichtig. Dazu zählen Beiträge zu Firmenwohnungen, Essensgeld, Fahrtkosten, Urlaubsgeld, Weihnachtsgeld, Erstattung von Kontoführungsgebühren. Zuschüsse zum Essen bis 1,50 DM täglich und zur Kontoführung bis 2,50 DM monatlich sind lohnsteuer- und sozialversicherungsfrei.

8.2 Gehaltsabrechnung

Die Gehaltsabrechnung umfaßt:

a) die Berechnung des *lohnsteuerpflichtigen Entgelts* zur Ermittlung der Lohnsteuer und der Kirchensteuer,
b) die Berechnung des *sozialversicherungspflichtigen Entgelts* zur Ermittlung der Sozialversicherungsbeiträge und
c) die Berechnung des *Auszahlungsbetrages.*

8.2.1 Lohnsteuerpflichtiges Entgelt

Auszug aus einer Lohnsteuertabelle:

Steuerpflichtiges Entgelt bis DM	Klasse	Lohnsteuer	Kirchensteuer 8%	Kirchensteuer 9%	Klasse	0 Kinder Lohnsteuer	0 Kinder Kirchensteuer 8%	0 Kinder Kirchensteuer 9%	1 Kind Lohnsteuer	1 Kind Kirchensteuer 8%	1 Kind Kirchensteuer 9%	2 Kinder Lohnsteuer	2 Kinder Kirchensteuer 8%	2 Kinder Kirchensteuer 9%
1630,49	I	203,—	16,39	18,44	II	—	15,12	17,01	112,80	7,56	8,50	99,—	0,68	0,76
	V	366,80	29,34	33,01	III	109,—	8,72	9,81	101,—	4,72	5,31	93,10	Min.	Min.
	VI	401,30	32,10	36,11	IV	203,—	16,39	18,44	196,—	14,24	16,02	190,—	10,80	12,15
1702,49	I	217,80	17,58	19,78	II	—	16,31	18,35	126,70	8,67	9,75	113,80	1,88	2,11
	V	395,60	31,64	35,60	III	122,80	9,82	11,05	114,80	5,82	6,55	107,—	Min.	Min.
	VI	432,50	34,60	38,92	IV	217,80	17,58	19,78	210,90	15,34	17,26	203,90	11,90	13,39

Beispiel:

Bruttogehalt 1 578,49 DM, Steuerklasse III/0, Kirchensteuer 9%, Tarifvertragliche Leistung 26,— DM, Essensgeld 2,50 DM/Tag (25 Tage), Kontoführungszuschuß 3,50 DM

Abrechnung:

1 578,49 DM	Bruttogehalt
+ 26,— DM	TVL des Arbeitgebers
+ 25,— DM	Essensgeld (25 · 1,— DM lohnsteuerpflichtig)
+ 1,— DM	Kontoführungszuschuß (lohnsteuerpflichtig)
1 630,49 DM	lohnsteuerpflichtiges Entgelt
109,— DM	Lohnsteuer III/0: lt. Tabelle
9,81 DM	Kirchensteuer: lt. Tabelle

Allgemeine Berechnung:

Bruttogehalt
+ Tarifvertragliche Leistung Arbeitgeber
+ lohnsteuerpflichtige Zuschüsse
– Lohnsteuerfreibeträge (lt. Lohnsteuerkarte)
– 600,— DM Weihnachtsfreibetrag (nur Dezember)

= *lohnsteuerpflichtiges Entgelt*

8.2.2 Sozialversicherungspflichtiges Entgelt

Auszug aus einer Sozialversicherungstabelle:

G = Krankenversicherung
K/L = Rentenversicherung
M = Arbeitslosenversicherung

Die Beiträge in der Tabelle sind bereits halbiert.

Sozialversicherungspflichtiges Entgelt DM	Beitragsgruppe		
	G	K/L	M
1 598,99	91,94	147,91	36,78
1 630,49	93,75	150,82	37,50
1 688,99	97,12	156,23	38,85
1 702,49	97,89	157,48	39,16

	1 578,49 DM	Bruttogehalt
+	26,— DM	TVL des Arbeitgebers
+	25,— DM	Essensgeld (25 · 1,— DM sozialvers.pflichtig)
+	1,— DM	Kontoführungszuschuß (sozialvers.pflichtig)
	1 630,49 DM	sozialversicherungspflichtiges Entgelt

93,75 DM	Krankenkasse: lt. Tabelle
150,82 DM	Rentenversicherung: lt. Tabelle
37,50 DM	Arbeitslosenversicherung: lt. Tabelle
282,07 DM	Sozialversicherung ≙ 50%

Allgemeine Berechnung:

Bruttogehalt
+ Tarifvertragliche Leistung Arbeitgeber
+ sozialversicherungspflichtige Zuschüsse
− 100,— DM Weihnachtsfreibetrag (nur Dezember)

= *sozialversicherungspflichtiges Entgelt*

8.2.3 Auszahlungsbetrag

Allgemeine Berechnung:

Bruttogehalt
+ sonstige Zuschüsse
− Lohn- und Kirchensteuer
− Sozialversicherung Arbeitnehmer

= Nettogehalt
− vermögenswirksame Leistung
− sonstige Abzüge
+ Arbeitnehmer-Sparzulage

= *Auszahlungsbetrag*

Beispiel:

Bruttogehalt 1 578,49 DM, Steuerklasse III/0, Kirchensteuer 9%, Krankenkasse 11,5%, Rentenversicherung 18,5%, Arbeitslosenversicherung 4,6%, vwL 52,— DM, TVL 26,— DM, Essensgeld 2,50 DM/Tag (25 Tage), Kontoführungszuschuß 3,50 DM monatlich, ANSpZl 23%

	1 578,49 DM	Bruttogehalt
+	26,— DM	TVL Arbeitgeber
+	62,50 DM	Essensgeld
+	3,50 DM	Kontoführungszuschuß
–	109,— DM	Lohnsteuer
–	9,81 DM	Kirchensteuer
–	282,07 DM	Sozialversicherung Arbeitnehmer
=	1 269,61 DM	Nettogehalt
–	52,— DM	vwL Arbeitnehmer
+	11,96 DM	(23% v. 52,— DM ANSpZl)
=	1 229,57 DM	Auszahlungsbetrag

8.3 Gehaltsbuchung

Für den Arbeitgeber stellen Bruttogehalt, Tarifvertragliche Leistung, Sozialversicherungsbeitrag, Essensgeld, Kontoführungszuschuß und sonstige Leistungen betriebliche Kosten dar. Sie werden auf Konten der Kontenklasse 4 im SOLL gebucht.
Die Arbeitnehmer-Sparzulage ist eine Vorleistung des Arbeitgebers für den Staat, die er als Forderung zu buchen hat.
Die Gehaltsabrechnung und -buchung findet bei den meisten Betrieben etwa am 20. des laufenden Monats statt, damit der Arbeitnehmer am Monatsletzten über den ihm auszuzahlenden Gehaltsbetrag auf seinem Bankkonto verfügen kann.
Lohnsteuer, Kirchensteuer, Sozialversicherungsbeiträge und vermögenswirksame Leistungen müssen bis zum 10. des nächsten Monats bei den entsprechenden Empfängern sein. Solange werden diese Beträge auf dem Konto *183 Noch abzuführende Abgaben* im HABEN gebucht.

Buchungssatz lt. Rechenbeispiel:

400 Gehälter	1 578,49 DM	an	12 Bank	1 229,57 DM	
402 Soziale Aufwendungen	282,07 DM		183 NaA	282,07 DM	
	26,— DM			282,07 DM	
	62,50 DM			109,— DM	
	3,50 DM			9,81 DM	
152 Sonstige kurzfristige Forderungen	11,96 DM			52,— DM	

Zusammenfassung:

400	Gehälter	1 578,49 DM	an	12	Bank	1 229,57 DM
402	Soziale Aufwendungen	374,07 DM		183	NaA	734,95 DM
152	Sonst. kfr. Forderungen	11,96 DM				

Buchung:

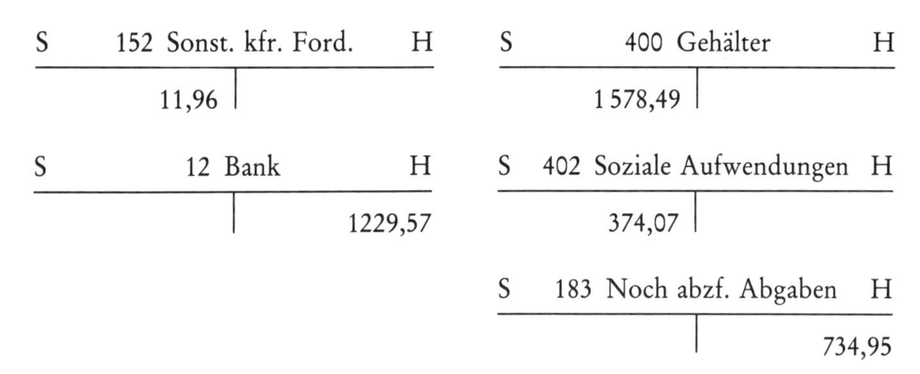

Die Überweisung der „Noch abzuführenden Abgaben“ im nächsten Monat setzt sich folgendermaßen zusammen:

564,14 DM Sozialversicherungsbeiträge (2 · 282,07 DM) von Arbeitgeber und Arbeitnehmer müssen an die Krankenkasse abgeführt werden, die ihrerseits den Rentenversicherungsbeitrag an die Bundesversicherungsanstalt für Angestellte und den Arbeitslosenversicherungsbeitrag an die Bundesanstalt für Arbeit weiterleitet.

109,— DM Lohnsteuer wird an das zuständige Finanzamt überwiesen, wobei die ausbezahlte Arbeitnehmer-Sparzulage von 11,96 DM einbehalten wird.

9,81 DM Kirchensteuer wird ebenfalls an das zuständige Finanzamt überwiesen.

52,— DM vermögenswirksame Leistung des Arbeitnehmers muß an die vom Arbeitnehmer angegebene gesetzlich vorgeschriebene Anlageform abgeführt werden.

Buchungssatz (am 10. des nächsten Monats):

183	Noch abzf. Abgaben	734,95 DM	an	12	Bank	564,14 DM
				12	Bank	106,85 DM
				12	Bank	52,— DM
				152	Sonst. kfr. Forderungen	11,96 DM

Buchung:

S 152 Sonst. kfr. Forderungen H	
	11,96

S 183 Noch abzf. Abgaben H	
734,95	

S 12 Bank H	
	564,14
	106,85
	52,—

Das Konto *183 Noch abzuführende Abgaben* hat lediglich Durchgangscharakter für die noch nicht abgeführten „Verbindlichkeiten". Es ist somit ein kurzfristiges *passives Bestandskonto.* Sollten am Bilanzstichtag die Beträge noch nicht bezahlt sein, so wird Konto 183 über Konto 941 Schlußbilanzkonto abgeschlossen.

8.3.1 Buchung bei gezahlten Vorschüssen

Ein Angestellter hatte vor der Gehaltsabrechnung einen Vorschuß von 160,— DM beantragt, der ihm bar ausgezahlt wurde.

Buchungssatz:

152 Sonstige kurzfristige Forderungen	160,— DM	an	10 Kasse	160,— DM

Bei der Gehaltsabrechnung am 20. des Monats wird der Vorschuß verrechnet. Bruttogehalt 1 700,— DM, Lohn- und Kirchensteuer 220,— DM, Sozialversicherung 550,— DM (100%), Vorschuß 160,— DM (gerundete Zahlen).

Gehaltsabrechnung:

1 700,— DM	Bruttogehalt
– 220,— DM	Lohn- und Kirchensteuer
– 275,— DM	Sozialversicherung Arbeitnehmer
1 205,— DM	Nettogehalt
– 160,— DM	Vorschuß
1 045,— DM	Auszahlungsbetrag

Buchungssatz:

400 Gehälter	1 700,— DM	an	12 Bank	1 045,— DM
402 Soziale Aufwendungen	275,— DM		183 NaA	770,— DM
			152 SkF	160,— DM

8.3.2 Buchung nach Gehaltslisten

Für alle Arbeitnehmer eines Betriebes muß jeweils ein Lohn- oder Gehaltskonto geführt werden. Darauf werden Bruttoentgelte, Abzüge, Zuschüsse, Nettoentgelte und Arbeitgeberanteile eingetragen.
Die Beträge der einzelnen Konten werden auf einer Lohn- oder Gehaltsliste (Sammelrechnung) und einer Gehaltsstreifenliste (Durchschreibeverfahren) oder einem EDV-Ausdruck zusammengegestellt. Die Lohn- oder Gehaltslisten sind Sammelbelege für die Buchhaltung. (siehe S. 124 und 125)

8.4 Übungsaufgaben
(Lösungen: S. 263)

Gehaltsabrechnungen über Bankkonto:

1. Bruttogehalt 1 200,— DM, Lohn- u. Kirchensteuer 130,— DM, Sozialversicherung 190,— DM (50%)
2. Bruttogehalt 1 400,— DM, Lohnsteuer 160,— DM, Sozialversicherung 450,— DM (100%), Vorschuß 120,— DM
3. Nettogehalt 1 126,— DM, Lohn- u. Kirchensteuer 216,— DM, Sozialversicherung 258,— DM (50%)
4. Bruttogehalt 1 700,— DM, Lohnsteuer 123,— DM, Kirchensteuer 11,— DM, Krankenkasse 92,— DM, Rentenversicherung 153,— DM, Arbeitslosenversicherung 39,10 DM, vwL 52,— DM, TVL 13,— DM, ANSpZl 23%
5. Abrechnung und Überweisung der noch abzuführenden Abgaben aus Aufgabe 4 (Einzelabrechnung)
6. Bruttogehalt 1 680,— DM, Steuern 234,— DM, Sozialversicherung 270,— DM (50%), vwL 52,— DM, TVL 26,— DM, ANSpZl 33%
7. Bruttogehalt 1 780,— DM, Steuern 160,— DM, Sozialversicherung 580,— DM (100%), vwL 52,— DM, TVL 39,— DM, ANSpZl 23%
8. Bruttogehalt 1 560,— DM, Steuern 210,— DM, Sozialversicherung 250,— DM (50%), vwL 52,— DM, TVL 52,— DM, ANSpZl 23%

9. Buchungsaufgabe:

   Anfangsbestände:

   Gebäude 720 000,— DM, Grundstücke 84 000,— DM, Fuhrpark 36 000,— DM, Geschäftseinrichtung 180 000,— DM, Lizenzen 35 000,— DM, Waren 310 000,— DM, Forderungen 28 000,— DM, Bank

Gehaltsliste für August 19..

Name	Familien-stand	Konfession	Steuer-klasse	Brutto-gehalt	Lohnsteuer	Kirchen-steuer	Sozialvers.	Abzüge Vorsch.	Gesamt-abzüge	Auszahlung	Arbeit-geberanteil
Amann	led.	ev.	I	1650,—	210,—	18,90	268,—	-	496,90	1153,10	268,—
Befroue	verh.	kath.	III/0	1980,—	170,—	13,60	319,—	-	502,60	1477,40	319,—
Eskint	verh.	-	III/2	2760,—	318,—	-	445,—	-	763,—	1997,—	445,—
Fronkel	gesch.	kath.	II	2200,—	314,—	28,30	355,—	160,—	857,30	1342,70	355,—
Gänkel	led.	ev.	I	1750,—	230,—	18,40	284,—	-	532,40	1217,60	284,—
Jungel	verh.	kath.	VI/1	750,—	164,—	14,80	121,—	-	299,80	450,20	121,—
Pomach	led.	kath.	II/1	1570,—	133,—	6,60	254,—	120,—	513,60	1056,40	254,—
Ranten	verh.	ev.	IV	1860,—	251,—	22,60	299,—	-	572,60	1287,40	299,—
Sopahl	verh.	ev.	V	1240,—	252,—	20,20	199,—	-	471,20	768,80	199,—
				15760,—	2042,—	143,40	2544,—	280,—	5009,40	10750,60	2544,—

Die Zahlen sind gerundet.

Noch abzuführende Abgaben

Buchung:					
	400 Gehälter	15760,— DM	an	12 Bank	10750,60 DM
	402 Soziale Aufwendungen	2544,— DM		183 Noch abzuführende Abgaben	7273,40 DM
				152 Sonstige kurzfristige Forderungen	280,— DM

Gehaltsliste für September 19..

Name	Steuerklasse	Brutto-gehalt	TVL	Lohnsteuer	Kirchen-steuer	Sozialvers.	vwL	Abzüge Vorsch.	ANSpZl	Auszahlung	Arbeit-geberanteil
Debach	III/3	3700,—	26,—	507,—	18,—	579,—	52,—	–	17,16	2587,16	579,—
Hasse	I	1600,—	–	199,—	16,—	258,—	–	130,—	–	997,—	258,—
Kabus	II/1	2100,—	26,—	244,—	17,—	343,—	52,—	–	11,96	1481,96	343,—
Lehan	IV/2	1900,—	26,—	260,—	15,—	311,—	52,—	–	11,96	1299,96	311,—
		9300,—	78,—	1210,—	66,—	1491,—	156,—	130,—	41,08	6366,08	1491,—

Die Zahlen sind gerundet.

↓ Noch abzuführende Abgaben

Buchung:			an		
	400 Gehälter	9300,— DM	an	12 Bank	6366,08 DM
	402 Soziale Aufwendungen	1569,— DM		152 Sonst. kfr. Forderungen	130,— DM
	152 Sonst. kfr. Forderungen	41,08 DM		183 Noch abzuführende Abgaben	4414,— DM

92 000,— DM, Postgirokonto 31 000,— DM, Kasse 5 600,— DM, Hypotheken 482 000,— DM, Darlehen 95 000,— DM, BAG-Verbindlichkeiten 2 800,— DM, BSS-Verbindlichkeiten 750,— DM, Lieferantenverbindlichkeiten 19 000,— DM, Schuldwechsel 4 600,— DM

Kontenplan:

00, 01, 02, 03, 04, 071, 072, 08, 10, 11, 12, 14, 152, 154, 16, 17, 183, 184, 188, 189, 19, 20, 21, 220, 23, 30, 37, 38, 400, 402, 42, 430, 49, 80, 89, 90, 91, 92, 93, 941

Geschäftsfälle:

1. Wareneinkäufe:
   Rechnungsbeträge inkl. 7% USt. — 117 700,— DM
   60% wurden auf Rechnung bezogen
   25% wurden durch Banküberweisung unter Abzug von 2% Skonto bezahlt
   10% wurden über BAG belastet
   5% Wechselakzeptierung
2. Warenverkäufe:
   Rechnungsbeträge inkl. 7% USt. — 449 400,— DM
   60% waren Barverkäufe
   30% waren Rechnungsverkäufe
   10% waren Verkäufe an Büchereien auf Ziel unter Abzug von 5% Rabatt
3. Bareinzahlungen auf Bankkonto — 248 000,— DM
   und auf Postgirokonto — 23 240,— DM
4. Gehaltszahlungen über Bank:
   Bruttogehälter — 96 000,— DM
   Lohn- u. Kirchensteuer — 11 200,— DM
   Sozialversicherung (100%) — 35 200,— DM
   vermögenswirksame Leistungen — 2 496,— DM
   Tarifvertragliche Leistungen — 1 872,— DM
   Arbeitnehmer-Sparzulagen — 576,— DM
5. Banküberweisungen für die noch abzuführenden Abgaben aus Aufg. 4 — 48 896,— DM
   Arbeitnehmer-Sparzulage wird verrechnet
6. Postschecküberweisungen an BAG — 10 800,— DM
   und an BSS — 750,— DM
7. Verkauf eines gebrauchten Pkw
   Barverkauf inkl. 14% USt. für — 9 120,— DM
   Buchwert — 6 200,— DM

8.	Banküberweisungen für:	
	Gewerbesteuer	2 000,— DM
	Heizkosten	1 800,— DM
	Hypothekenzinsen	1 200,— DM
	Darlehenszinsen	900,— DM
9.	Privatentnahme vom Postgirokonto	5 800,— DM
	und von Waren	856,— DM
10.	Warendiebstahl	800,— DM
11.	Frachtkosten inkl. 14% USt. bar	1 254,— DM
12.	Banküberweisung der Kfz.-Versicherung (25% private Nutzung)	1 200,— DM
13.	Bankeingänge für Rechnungsverkäufe	176 800,— DM
14.	Banküberweisungen an Lieferanten	58 600,— DM
15.	Bareinlösung von Schuldwechseln	7 100,— DM
16.	Banküberweisungen für:	
	Hypothekentilgung	24 000,— DM
	Darlehenstilgung	15 000,— DM
	Abschlußangabe:	
	Warenendbestand lt. Inventur	292 000 ,— DM

9 Abschreibungen

Abschreibungen sind die wert- und buchmäßigen Erfassungen der Wertverluste von Anlage- und Umlaufvermögensteilen. Steuerrechtlich bezeichnet man die Abschreibung des Wertverlustes als *Absetzung für Abnutzung* (= AfA). Abnutzungen, Nachfrageverschiebungen, Veralterung, technischer Fortschritt oder Lagerung führt zu Wertminderungen, die in der Bilanz erfaßt werden müssen. Die Abschreibungen entsprechen diesem Wertverlust und werden deshalb als *Kosten* aufgefaßt.

9.1 Abschreibungen auf Anlagevermögen

Alle Wirtschaftsgüter, die dem Betrieb auf Dauer dienen sollen, gehören zum Anlagevermögen. Dazu können *abnutzbare* und *nichtabnutzbare Wirtschaftsgüter* zählen.
Abnutzbare Anlagegüter sind Gebäude, Maschinen, Kraftfahrzeuge oder Einrichtungsgegenstände. Ihre Nutzung ist zeitlich eingeschränkt, deshalb sind planmäßige Abschreibungen während der Nutzungsdauer vorzunehmen.

Zu den *nichtabnutzbaren Anlagegütern* zählen unbebaute Grundstücke, Beteiligungen oder anerkannte Kunstwerke. Für diese Güter ist die Abschreibung nicht erlaubt.

9.1.1 Berechnungsmethoden

Die abnutzbaren Wirtschaftsgüter des Anlagevermögens sind mit den Anschaffungswerten, vermindert um die Abschreibung, in der Bilanz anzusetzen (§ 7 Einkommensteuergesetz).

a) *Lineare Abschreibung* (Berechnung)

Jedes Jahr wird vom Anschaffungswert ein fester Prozentsatz abgeschrieben (= als Wertverlust abgezogen). Damit werden die Anschaffungskosten gleichmäßig auf die Nutzungsdauer verteilt.

$$\text{Abschreibungsbetrag (DM)} = \frac{\text{Anschaffungswert}}{\text{Nutzungsdauer}}$$

$$\text{Abschreibungssatz (\%)} = \frac{100\%}{\text{Nutzungsdauer}}$$

Beispiel:

Der Anschaffungswert für ein Kraftfahrzeug beträgt 20 000,— DM. Die Nutzungsdauer ist 4 Jahre.

$$\text{Abschreibungsbetrag} = \frac{20\,000,\text{— DM}}{4} = 5\,000,\text{— DM jährlich}$$

$$\text{Abschreibungssatz} = \frac{100\%}{4} = 25\%\ \text{jährlich}$$

Daraus ergibt sich folgender Abschreibungsplan:

Anschaffungswert	20 000,— DM
– AfA nach dem 1. Jahr	5 000,— DM
= Buchwert für 2. Jahr	15 000,— DM
– AfA nach dem 2. Jahr	5 000,— DM
= Buchwert für 3. Jahr	10 000,— DM
– AfA nach dem 3. Jahr	5 000,— DM
= Buchwert für 4. Jahr	5 000,— DM
– AfA nach den 4. Jahr	5 000,— DM
= Buchwert	0,— DM

Sollte der Anlagegegenstand trotz vollständiger Abschreibung noch weiter betrieblich genutzt werden, dann erhält er als Buchwert den sogenannten Erinnerungswert von 1,— DM, zu dem er bis zum Ausscheiden auch in der Bilanz geführt wird.

b) *Geometrisch-degressive Abschreibung* (Berechnung)

Jedes Jahr wird ein fester Prozentsatz vom Restbuchwert abgeschrieben.

$$\text{Abschreibungsbetrag (DM)} = \frac{\text{Buchwert} \cdot \text{Abschreibungssatz}}{100\%}$$

Nach § 7 Einkommensteuergesetz darf der degressive Abschreibungssatz nicht höher sein als der 3-fache Prozentsatz, der sich bei linearer Abschreibung ergibt, und er darf insgesamt nicht höher sein als 30%.

Die folgende Aufstellung zeigt die zulässigen Prozentsätze bei verschiedenen Nutzungsdauern:

Nutzungsdauer	Lineare AfA	Degressive AfA
Jahre	%	%
4–10	25–10	30
11	9,09	27,27
12	8,33	25
13	7,69	23,08
14	7,14	21,43
15	6,67	20
16	6,25	18,75
17	5,88	17,65
18	5,56	16,67
19	5,26	15,79
20	5,00	15
30	3,33	10
40	2,50	7,50
50	2,00	6

Beispiel:

Der Anschaffungswert für einen Buchungsautomaten beträgt 30 000,— DM. Bei einer geschätzten Nutzungsdauer von 12 Jahren beträgt der höchstzulässige geometrisch-degressive Abschreibungssatz 25% jährlich vom Buchwert.

Daraus ergibt sich folgender Abschreibungsplan:

Jahr	Buchwert (DM)	Abschreibungsbetrag (DM)	Restwert (DM)
1	30 000,—	7 500,—	22 500,—
2	22 500,—	5 625,—	16 875,—
3	16 875,—	4 218,75	12 656,25
4	12 656,25	3 164,06	9 492,19
5	9 492,19	2 373,05	7 119,14
6	7 119,14	1 779,79	5 339,36
7	5 339,36	1 334,84	4 004,52
8	4 004,52	1 001,13	3 003,39
9	3 003,39	750,85	2 252,54
10	2 252,54	563,14	1 689,40
11	1 689,40	422,35	1 267,05
12	1 267,05	316,76	950,29

Das Gesetz (§ 7 Abs. 4 EStG) gestattet den einmaligen Wechsel von der degressiven Abschreibungsmethode zur linearen. Dieser Wechsel ist dann empfehlenswert, wenn der Abschreibungsbetrag bei geometrisch-degressiver Abschreibung niedriger wird als bei linearer. In dem gewählten Beispiel ist das ab dem 5. Jahr der Fall, denn bei linearer Abschreibung ergibt sich als jährlicher Abschreibungsbetrag 2 500,— DM (30 000 : 12).

c) *Leistungsabschreibung*

Jedes Jahr wird derjenige Wertverlust abgeschrieben, der sich aufgrund der tatsächlich erbrachten Leistung des Anlagegutes ergibt.

Beispiel:

Der Anschaffungswert eines Kraftfahrzeuges beträgt 21 000,— DM. Man schätzt, daß die Gesamtleistung des Pkw 150 000 km (Erfahrungswert) betragen wird.

$$\text{Abschreibungsbetrag/km} = \frac{21000,\text{— DM}}{150000} = 0{,}14 \text{ DM/km}$$

Laut km-Zähler erbrachte der Pkw folgende jährliche km-Leistungen:

1. Jahr:	30 000 km
2. Jahr:	45 000 km
3. Jahr:	52 000 km
4. Jahr:	23 000 km
	150 000 km

Daraus ergibt sich folgender Abschreibungsplan:

Jahr	km-Leistung	× 0,14 DM	= Abschreibungsbetrag
1	30 000	× 0,14	= 4 200,— DM
2	45 000	× 0,14	= 6 300,— DM
3	52 000	× 0,14	= 7 280,— DM
4	23 000	× 0,14	= 3 220,— DM
	150 000		21 000,— DM

$$\text{Abschreibungsbetrag} = \frac{\text{Anschaffungswert} \cdot \text{IST-Leistung/Jahr}}{\text{geschätzte Gesamtleistung}}$$

Das Steuerrecht (§ 7 EStG) setzt bei Anwendung dieser Methode zwei Bedingungen:

1. Sie muß wirtschaftlich begründet sein, d. h., daß sie nur bei solchen beweglichen Gütern anzuwenden ist, deren Leistung und deren Verschleiß starken Schwankungen unterliegt.

2. Der auf das einzelne Wirtschaftsgut entfallende Leistungsumfang muß jährlich nachgewiesen werden (Zählwerk, Fahrtenbuch, Produktionsmenge).

9.1.2 Buchungsformen

a) *Direkte Abschreibung* (Buchung)

Der errechnete jährliche Abschreibungsbetrag (linear, degressiv, Leistung) wird auf Konto *470 Abschreibung auf Anlagen* im SOLL gebucht. Die Gegenbuchung erfolgt *direkt* auf dem entsprechenden Anlagekonto im HABEN.

Buchungssatz:

470 Abschreibung auf Anlagen an Anlagekonto

Geschäftsfall:

Anschaffungswert eines Pkw 20 000,— DM, Nutzungsdauer 4 Jahre, Abschreibung 25% linear direkt

Buchungssatz:

470 Abschreibung auf Anlagen 5 000,— DM an 02 Fuhrpark 5 000,— DM

Buchung:

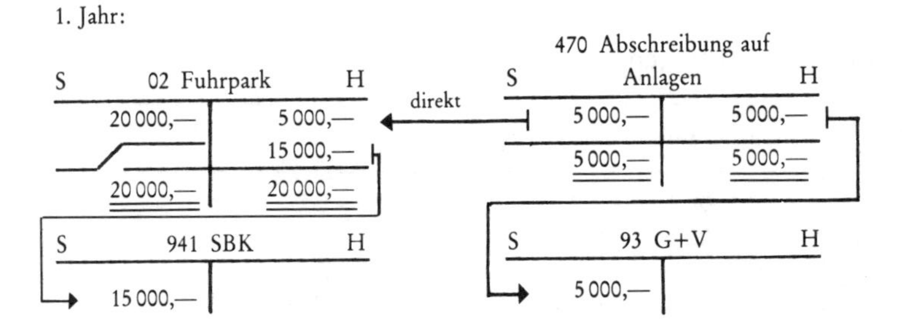

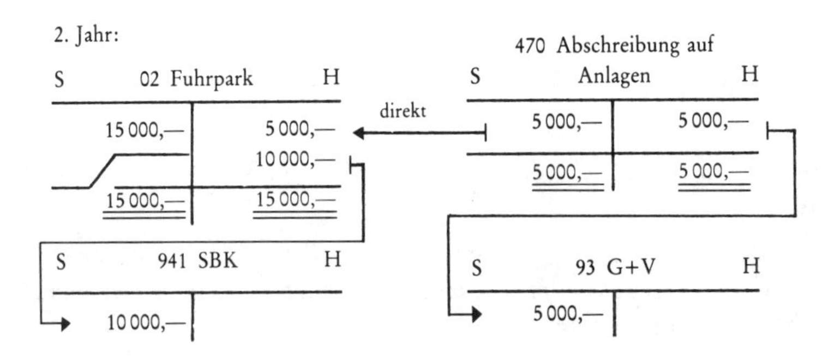

Ausnahme:

Die *Abschreibung* auf *Gebäude* bzw. *bebaute Grundstücke* stellt keine betrieblichen Kosten dar, sie wird als *Haus- und Grundstücksaufwendungen* gebucht.

Buchungssatz:

220	Haus- u. Grundstücks- aufwendungen	an	00	Bebaute Grundstücke (Gebäude)

b) *Indirekte Abschreibung* (Buchung)

Der errechnete Abschreibungsbetrag (linear, degressiv, Leistung) wird auch bei dieser Buchungsform auf dem Konto *470 Abschreibung auf Anlagen* im SOLL gebucht. Die *Gegenbuchung* erfolgt allerdings nicht auf dem betreffenden Anlagekonto sondern auf dem *passiven Bestandskonto 0900 Wertberichtigung auf Anlagen* in HABEN.

Dadurch weist das Anlagekonto während der gesamten Nutzungsdauer den Anschaffungswert aus, der damit in der Bilanz erhalten bleibt. Das Wertberichtigungskonto sammelt von Jahr zu Jahr die Abschreibungsbeträge, die dann summiert auf der Passivseite der Bilanz erscheinen. Die Wertberichtigung wird somit zum Korrekturposten eines Vermögenswertes auf der Aktivseite der Bilanz.

Geschäftsfall:

Anschaffungswert eines Pkw 20 000,— DM, Nutzungsdauer 4 Jahre, Abschreibung 25% linear indirekt

Buchungssatz:

470	Abschreibung auf Anlagen	5 000,— DM	an	0900	Wertberichtigung auf Anlagen	 5 000,— DM

Buchung:

1. Jahr:

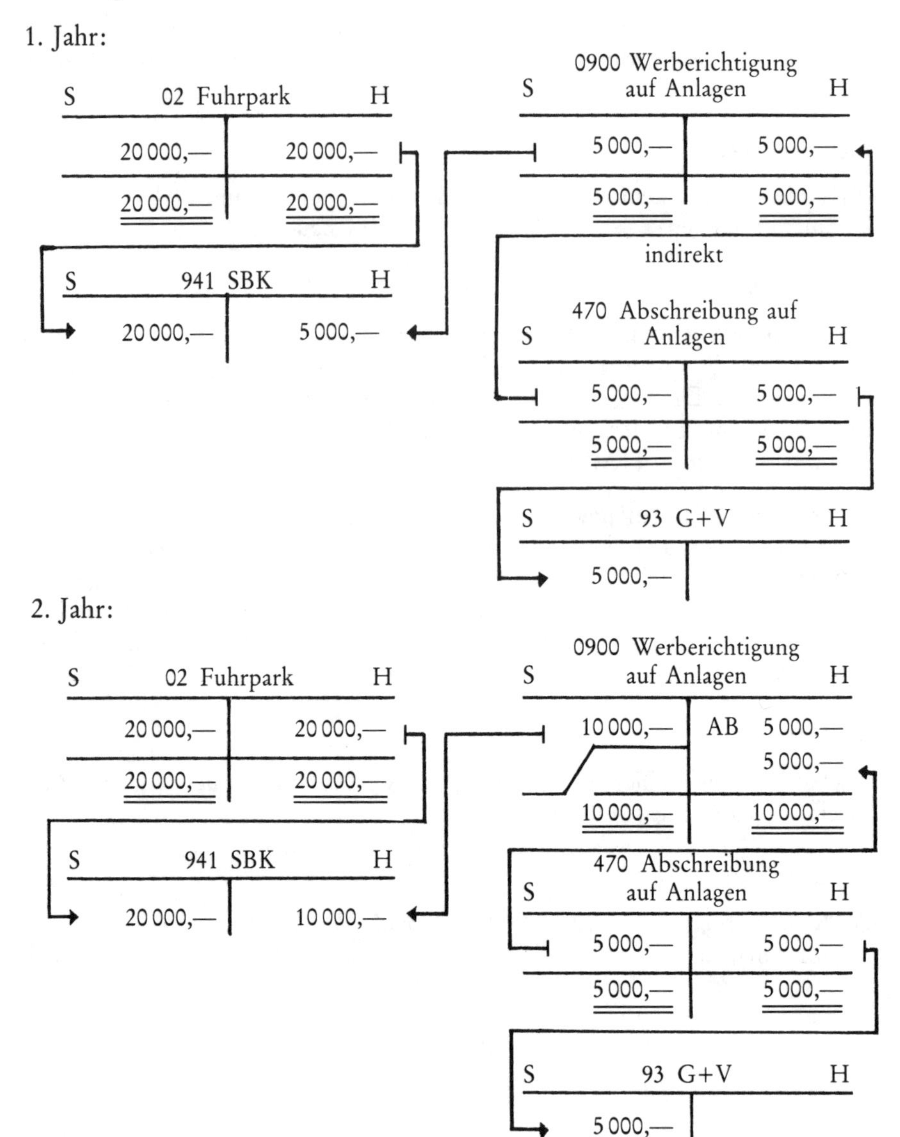

Das Wertberichtigungskonto muß nach Ablauf der Nutzungsdauer oder bei Ausscheiden des Anlagegutes über das betreffende Anlagekonto aufgelöst (abgeschlossen) werden.

Buchungssatz:

0900 Wertberichtigung auf Anlagen an Anlagekonto

9.1.3 Verkauf von Anlagegütern

In der betrieblichen Praxis kommt es oft vor, daß Gegenstände des Anlagevermögens verkauft werden, um entweder liquide Mittel zu erhalten (Finanzierung) oder um betriebsnotwendige Investitionen durchführen zu können; die alte Anlage wird durch eine neue ersetzt. Außerdem gibt es Notverkäufe bei Vergleichen oder Konkursen.
Der Erlös aus den Anlageverkäufen kann dabei höher oder niedriger als der Buchwert des Anlagegutes sein, da es sich aber um einen Verkauf handelt, ist dieser umsatzsteuerpflichtig. Die Umsatzsteuerpflicht ergibt sich auch als Korrektur der Vorsteuer, die bei Anschaffung des Anlagegutes von der abzuführenden Mehrwertsteuer abgesetzt wurde.

1. Geschäftsfall:

Verkauf eines gebrauchten Pkw:

Barverkauf inkl. 14% USt.	6 840,— DM
Buchwert	6 000,— DM

Buchungssatz:

10 Kasse	6 840,— DM	an	02	Fuhrpark	6 000,— DM
			184	Mehrwertsteuer	840,— DM

2. Geschäftsfall:

Verkauf eines gebrauchten Pkw:

Barverkauf inkl. 14% USt.	6 840,— DM
Buchwert	4 500,— DM

Buchungssatz:

10 Kasse	6 840,— DM	an	02	Fuhrpark	4 500,— DM
			21	Außerordentliche Erträge	1 500,— DM
			184	Mehrwertsteuer	840,— DM

3. Geschäftsfall:

Verkauf eines gebrauchten Pkw:

Barverkauf inkl. 14% USt.	6 840,— DM
Buchwert	7 500,— DM

Buchungssatz:

10 Kasse	6 840,— DM	an	02	Fuhrpark	7 500,— DM
20 Außerordentliche Aufwendungen	1 500,— DM		184	Mehrwertsteuer	840,— DM

4. Geschäftsfall:

Verkauf eines gebrauchten Pkw:

Barverkauf inkl. 14% USt.	13 680,— DM
Anschaffungswert	26 000,— DM
Wertberichtigung	15 600,— DM

Buchungssatz:

0900	Wertberichtigung auf Anlagen	15 600,—DM	an	02	Fuhrpark	15 600,—DM
10	Kasse	13 680,—DM		02	Fuhrpark	10 400,—DM
				21	Außerordentliche Erträge	1 600,—DM
				184	Mehrwertsteuer	1 680,—DM

9.1.4 Übungsaufgaben (Lösungen: S. 266)

1. Zu berechnen ist der günstigste Übergang von der geometrisch-degressiven Abschreibung zur linearen Abschreibung:
   Anschaffungswert eines Anlagegutes 50 000,— DM
   Nutzungsdauer: 8 Jahre (höchstmöglicher degressiver Abschreibungssatz)

2. Anschaffung einer Maschine für (netto) 60 000,— DM
   Nutzungsdauer: 10 Jahre, lineare AfA.
   Im Laufe des 5. Jahres wird nur noch eine restliche Nutzungsdauer von 3 Jahren angenommen. Dafür ist ein neuer Abschreibungsplan aufzustellen.

3. Ein Kopiergerät kostet netto 20 000,— DM
   Geschätzte Gesamtleistung: 500 000 Kopien

Leistung:	1. Jahr:	80 000 Kopien
	2. Jahr:	65 000 Kopien
	3. Jahr:	115 000 Kopien
	4. Jahr:	75 000 Kopien
	5. Jahr:	105 000 Kopien
	6. Jahr:	60 000 Kopien

   Welcher Abschreibungsplan ergibt sich?

4. Wie lautet die Abschreibungsbuchung für die Geschäftseinrichtung bei direkter Buchungsform?

5. Wie lautet die Abschreibungsbuchung für den Fuhrpark bei indirekter Buchungsform?

6. Wie lauten die Abschlußbuchungen für
   a) Konto 470 Abschreibung auf Anlagen,
   b) Konto 02 Fuhrpark,
   c) 0900 Wertberichtigung auf Anlagen

7. Der Anschaffungswert eines Pkw beträgt 18 000,— DM
   Abschreibung: 25% degressiv indirekt
   Wie lautet die Abschreibungsbuchung am Ende des 3. Jahres?

8. Wie lautet die Auflösungsbuchung des Kontos Wertberichtigung auf Fuhrpark?

9. Verkauf einer gebrauchten Ladenkasse:

Buchwert	400,— DM
Verkauf gegen Bankscheck inkl. 14% USt.	456,— DM

10. Verkauf einer gebrauchten Regalwand netto 2 000,— DM

Buchwert	1 800,— DM
Umsatzsteuer 14%	
Verkauf gegen Postgiroüberweisung	

11. Verkauf eines gebrauchten Pkw netto 8 000,— DM

Umsatzsteuer 14%	
Anschaffungswert	24 000,— DM
Abschreibung: 25% linear direkt, 3 Jahre (= 3 ×)	
Verkauf gegen Wechsel	

12. Verkauf einer kompletten Geschäftseinrichtung gegen Bankscheck (netto) 25 000,— DM

Umsatzsteuer 14%	
Anschaffungswert	80 000,— DM
Abschreibung: 10% linear indirekt, 7 Jahre (= 7 ×)	

13. Verkauf eines gebrauchten Buchungsautomaten bar für netto 10 000,— DM

Umsatzsteuer 14%	
Anschaffungswert	40 000,— DM
Abschreibung: 15% degressiv indirekt, 8 Jahre (= 8 ×)	

14. Verkauf eines gebrauchten Lieferwagens:
    Verkauf gegen Wechsel inkl. 14% USt. — 10 260,— DM
    Anschaffungswert — 28 000,— DM
    Geschätzte km-Leistung: 200 000 km
    IST-Leistung: 1. Jahr: 45 000 km
    2. Jahr: 30 000 km
    3. Jahr: 52 000 km

15. Verkauf einer gebrauchten elektrischen Schreibmaschine bar für — 250,— DM
    Buchwert (Erinnerungswert) — 1,— DM
    Umsatzsteuer 14% trägt der Verkäufer.

16. Kauf eines Pkw für netto — 25 000,— DM
    Umsatzsteuer 14%
    Finanzierung:

    a) Alter Pkw wird für netto in Zahlung gegeben. — 9 500,—DM
       Anschaffungswert — 20 000,— DM
       Abschreibung: 25% degressiv indirekt, 3 Jahre (= 3×)

    b) Restzahlung:
       50% mit Banküberweisung
       20% über Wechsel
       20% Postgiroüberweisung
       10% bar
       Die Mehrwertsteuer für den alten Pkw übernimmt der Autohändler: 14%

17. Anfangsbestände:

    Geschäftseinrichtung 120 000,— DM, Fuhrpark 30 000,— DM, Waren 200 000,— DM, Forderungen 11 000,— DM, Bank 25 000,— DM, Postgirokonto 8 500,— DM, Kasse 1 500,— DM, Darlehen 40 000,— DM, Verbindlichkeiten 20 000,— DM, Mehrwertsteuer 3 200,— DM

    Kontenplan:

    02, 03, 072, 08, 10, 11, 12, 14, 152, 154, 16, 183, 184, 20, 30, 400, 402, 41, 45, 470, 80, 93, 941

    Geschäftsfälle:

    1. Wareneinkauf auf Rechnung:
       Ladenpreise inkl. 7% USt. — 4 280,— DM
       Rabatt 30%

2.	Banküberweisung an Verlag	3 500,— DM
3.	Warenverkäufe zu Ladenpreisen inkl. 7% USt.:	
	bar:	25 510,— DM
	auf Ziel:	38 262,— DM
4.	Gehaltszahlung über Bank:	
	Bruttogehalt	1 800,— DM
	Steuern	220,— DM
	Sozialversicherung (50%)	300,— DM
	vwL 52,— DM, TVL 39,— DM, ANSpZl. 23%	
5.	Kauf einer Rechenmaschine bar + 14% USt.	200,— DM
6.	Verkauf eines gebrauchten Pkw netto bar + 14% USt.	4 000,— DM
	Anschaffungswert:	16 000,— DM
	Abschreibung: 20% linear direkt, 3 Jahre (= 3 ×)	
7.	Bareinzahlung auf Bankkonto	22 000,— DM
8.	Kauf von Verpackungsmaterial bar:	
	Nettoeinkaufswert	500,— DM
	Mehrwertsteuer 14%	
9.	Banküberweisung der Ladenmiete	1 000,— DM
10.	Warenverkäufe auf Ziel inkl. 14% USt.	95 658,— DM
11.	Warenrücksendung an Verlag (RR):	
	Warenwert netto	400,— DM
	Umsatzsteuer	28,— DM
12.	Banküberweisung der Mehrwertsteuer	3 200,— DM
13.	Zahlungseingänge für Rechnungsverkäufe:	
	Bankkonto	75 000,— DM
	Postgirokonto	45 000,— DM

Abschlußangaben:

Warenendbestand lt. Inventur	112 860,— DM
Abschreibung auf Geschäftseinrichtung 10% direkt	

9.2 Abschreibung auf Umlaufvermögen

Der Wertverlust von Umlaufvermögensteilen bezieht sich im wesentlichen auf Veralterung von Lagerbeständen und auf Verluste bei Forderungen.

9.2.1 Abschreibung auf Bücher

Die Lagerung von Büchern beinhaltet ein weitaus größeres Risiko als die Lagerung von Waren in vielen anderen Handelsbereichen. Die Absetzbarkeit von Büchern schwindet überproportional zu deren Lagerdauer. Diesem Umstand hat die Finanzverwaltung Rechnung getragen und Abschreibungsmethoden erlaubt, die für andere Branchen unzulässig sind.

Die Lagerbestandsbewertung kann über zwei Methoden vorgenommen werden:

a) *Einzelbewertung*

In der Inventurliste werden die einzelnen Titel nach Einkaufsjahren geordnet mit dem Ladenpreis eingetragen. Die Abschreibung erfolgt dann vom Ladenpreis ohne Mehrwertsteuer (= Nettoladenpreis) nach folgenden Prozentsätzen:

Einkaufsjahr	%
letztes	50
2.letztes	70
3.letztes	90
älter	100

Für Reihen und Kleinschriften kann ein Pauschalsatz von 70% abgeschrieben werden.

In die Abschreibungssätze ist ein durchschnittlicher Rabattsatz von 30% mit eingearbeitet. Das ist notwendig, weil der Büchereinkauf zu Nettoeinkaufspreisen gebucht wird, die Bestandsaufnahme aber zu Ladenpreisen erfolgt.

Ausschnitt aus einer Inventurliste:

Inventurliste	Stichtag: 28. 12. 19..	Regal-Nr. 18	Sachgebiet: Schulbuch	Nr.: 3	Blatt: 41	

Verfasser, Titel, ISBN, WE-Nr., Foto	Anzahl	Ladenpreis	Einkaufsjahr				Reihen und Kleinschriften
			letztes	2.letztes	3.letztes	älter	
1	5	16,80	84,—				
2	4	28,—	112,—				
3	7	42,—		294,—			
4	1	86,—			86,—		
5	32	4,80					153,60
6	27	3,80					102,60
7	11	34,—	374,—				
8	3	9,80				29,40	
9	12	18,80		225,60			
Angesagt:	Geschrieben:	Gerechnet:	570,—	519,60	86,—	29,40	256,20

Berechnung des Bilanzwertes:

Einkaufsjahr	Ladenpreise	MwSt. 7%	Nettoladen-preise	Abschrei-bung	Bilanzwert
letztes	570,—	37,29	532,71	266,36	266,35
2.letztes	519,60	33,99	485,61	339,93	145,68
3.letztes	86,—	5,63	80,37	72,33	8,04
älter	29,40	1,92	27,48	27,48	–
Reihen und Kleinschriften	256,20	16,76	239,44	167,61	71,83
Summen	1 461,20	95,59	1 365,61	873,71	491,90

Der *Bilanzwert* wird als *Warenendbestand* lt. Inventur im HABEN vom Wareneinkaufskonto gebucht. Die Gegenbuchung erfolgt im SOLL von 941 Schlußbilanzkonto.

Buchungssatz: 941 Schlußbilanzkonto an 30 Wareneinkauf

b) *Pauschalbewertung*

Bei der Inventuraufnahme werden alle Titel mit dem Ladenpreis ohne Rücksicht auf das Einkaufsjahr und ohne gesonderten Ausweis der Reihen und Kleinschriften erfaßt. Aus der Summe der Ladenpreise wird die Mehrwertsteuer herausgezogen und von der so ermittelten Summe der Nettoladenpreise wird die *Pauschalabschreibung* mit *60%* vorgenommen.

Beispiel:

Summe der Ladenpreise	180 830,— DM ≙	107%
– Mehrwertsteuer	11 830,— DM ≙	7%
= Summe der Nettoladenpreise	169 000,— DM ≙	100%
– Pauschalabschreibung	101 400,— DM ≙	60%
= Bilanzwert (Endbestand)	67 600,— DM ≙	40%

Die Abschreibung auf Bücher dient der richtigen Bewertung des Lagerbestandes und ist somit eine Bilanzbewertung und keine kalkulatorische Abschreibung.
Die *Abschreibungsbeträge* werden im Gegensatz zur Abschreibung auf Anlagegüter *nicht gebucht*. Ihre Erfolgswirksamkeit ergibt sich über die Erhöhung des Wareneinsatzes, der in der Gewinn- und Verlustrechnung zunächst den Rohgewinn und schließlich den Reingewinn mindert.

Je niedriger der Bilanzwert des Warenlagers angesetzt wird, desto höher wird der Wareneinsatz und um so niedriger der Gewinn.

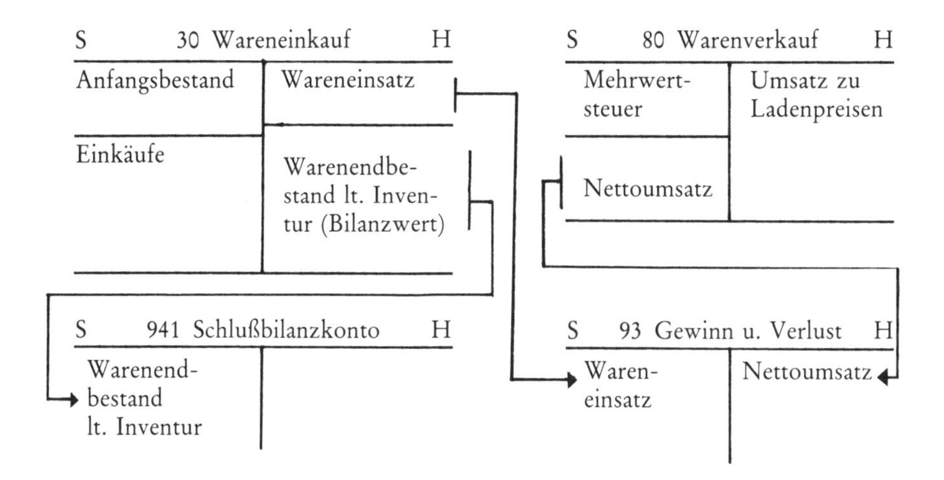

9.2.2 Abschreibung auf Forderungen

Forderungen aus Warenlieferungen können an Wert verlieren, wenn beim Schuldner Zahlungsschwierigkeiten auftreten oder wenn über dessen Vermögen ein Vergleichs- oder Konkursverfahren eröffnet wurde.

Man unterscheidet:

a) *Einwandfreie Forderungen*, für die der Zahlungseingang als sicher gilt.

b) *Zweifelhafte Forderungen*, bei denen sich der Schuldner im Zahlungsverzug befindet, Mahnungen und Mahnbescheide nicht beachtet oder ein Vergleichs- oder Konkursverfahren gegen ihn eröffnet wurde.

c) *Uneinbringliche Forderungen*, bei denen die Konkursmasse des Schuldners nicht zur Deckung ausreicht oder der Schuldner eine Eidesstattliche Versicherung über seine Vermögenslage abgegeben hat (alte Bez.: Offenbarungseid).

1. *Direkte Abschreibung* auf Forderungen (Einzelbewertung)

Die Buchhandlung „Modernes Wissen" hat Bücher auf Rechnung im Gesamtwert von 385,20 DM inkl. 7% USt. verkauft. Der Kunde hat ein Zahlungsziel von 30 Tagen.

Buchungssatz:

14 Forderungen 385,20 DM an 80 Warenverkauf 385,20 DM

Buchung:

S	14 Forderungen	H
(80) 385,20		

S	80 Warenverkauf	H
		(14) 385,20

Am Ende des Monats wird aus den Warenverkäufen die Mehrwertsteuer (7%) herausgezogen:

Buchungssatz:

80 Warenverkauf 25,20 DM an 184 Mehrwertsteuer 25,20 DM

Buchung:

S	14 Forderungen		H
	385,20		

S	80 Warenverkauf		H
(184)	25,20		385,20

S	184 Mehrwertsteuer		H
		(80)	25,20

Da der Zahlungseingang ausbleibt, Mahnungen und der Mahnbescheid erfolglos blieben, muß die ursprünglich einwandfreie Forderung berichtigt werden. Der zweifelhaft gewordene Zahlungseingang wird in den Büchern festgehalten:

Buchungssatz:

141 Zweifelhafte Forderungen 385,20 DM an 14 Forderungen 385,20 DM

Buchung:

S	14 Forderungen		H
(80)	385,20	(141)	385,20
	385,20		385,20

S	141 Zweifelhafte Forderungen		H
(14)	385,20		

Nachdem die gerichtliche Klage gegen den Schuldner ebenfalls erfolglos blieb, ist aus der zweifelhaften Forderung eine uneinbringliche Forderung geworden. Rechtlich bleibt die Forderung gegen den Schuldner zwar 30 Jahre erhalten, für die Erfolgsrechnung der laufenden Rechnungsperiode ist sie aber verloren. Da die Mehrwertsteuer aus diesem Vorgang bereits an das Finanzamt abgeführt wurde, muß neben der Abschreibung auf die Forderung auch eine Mehrwertsteuerkorrektur erfolgen.

Buchungssatz:

471 Abschreibung auf Forderungen	360,— DM	an	141 Zweifelhafte Forderungen	385,20 DM
184 Mehrwertsteuer	25,20 DM			

Buchung:

S 141 Zweifelhafte Forderungen H

(14)	385,20	(184 + 471)	385,20
	385,20		385,20

S 471 Abschreibung auf Forderungen H

(141)	360,—	

S 184 Mehrwertsteuer H

(141)	25,20	

Konto *471 Abschreibung auf Forderungen* wird am Jahresende als betriebliches Aufwandskonto über die Gewinn- und Verlustrechnung abgeschlossen. In der betrieblichen Praxis gibt es aber sehr oft für ganz oder teilweise abgeschriebene Forderungen doch noch Zahlungseingänge, die entweder unter oder über dem abgeschriebenen Forderungsbetrag liegen können. In diesen Fällen kommt es dann zu außerordentlichen Aufwendungen oder Erträgen.

1. Beispiel:

Eine zweifelhafte Forderung über 428,— DM wird teilweise mit 214,— DM (50%) abgeschrieben. Der Zahlungseingang auf dem Bankkonto beträgt 107,— DM (25%). Da der Zahlungseingang zum Zeitpunkt der Abschreibung noch nicht feststeht, erfolgt die Abschreibung inklusive der Mehrwertsteuer, um eine zweimalige Korrektur zu vermeiden.

Buchungssätze:

1.	14 Forderungen	428,— DM	an	80 Warenverkauf	428,— DM
2.	80 Warenverkauf	28,— DM	an	184 Mehrwertsteuer	28,— DM
3.	141 Zweifelhafte Forderungen	428,— DM	an	14 Forderungen	428,— DM
4.	471 Abschreibung auf Forderungen	214,— DM	an	141 Zweifelhafte Forderungen	214,— DM
5.	12 Bank	107,— DM	an	141 Zweifelhafte Forderungen	214,— DM
	20 Außerord. Aufwendungen	107,— DM			

Mehrwertsteuerkorrektur:

Berechnung:

ursprüngliche Forderungen	428,— DM
– Zahlungseingang	107,— DM
= endgültiger Ausfall	321,— DM

$$107\% \triangleq 321{,}\text{— DM}$$
$$7\% \triangleq X \text{ DM}$$

$$X = \frac{321{,}\text{— DM} \cdot 7\%}{107\%} = 21{,}\text{— DM Korrektur}$$

6. 184 Mehrwertsteuer 21,— DM an 21 Außerord. Erträge 21,— DM

Buchungen:

S	14 Forderungen		H
1.	428,—	3.	428,—
	428,—		428,—

S	141 Zweifelhafte Forderungen		H
3.	428,—	4.	214,—
		5.	214,—
	428,—		428,—

S	12 Bank		H
5.	107,—		

S	80 Warenverkauf		H
2.	28,—	1.	428,—

S	184 Mehrwertsteuer		H
6.	21,—	2.	28,—

S	471 Abschreibung auf Forderungen		H
4.	214,—	(93)	214,—
	214,—		214,—

S	20 Außerordentl. Aufwendungen		H
5.	107,—	(93)	107,—
	107,—		107,—

S	21 Außerordentl. Erträge		H
(93)	21,—	6.	21,—
	21,—		21,—

S	93 Gewinn u. Verlust		H
(471)	214,—	(21)	21,—
(20)	107,—		

Der *tatsächliche Ausfall* bei diesem Vorgang ergibt sich aus folgender Rechnung:

	100%		7%		107%
ursprüngliche Forderung:	400,— DM	+	28,— DM	=	428,— DM
– Zahlungseingang:	100,— DM	+	7,— DM	=	107,— DM
= tatsächlicher Ausfall:	300,— DM	+	21,— DM	=	321,— DM

Die Mehrwertsteuer ist als durchlaufender Posten kein Aufwand, deshalb beträgt der *tatsächliche Verlust* nur 300,— DM. Dieser Betrag ergibt sich als Differenz auf Konto 93 Gewinn- und Verlust.

2. Beispiel:

Eine zweifelhafte Forderung über 535,— DM wird teilweise mit 321,— DM (60%) abgeschrieben. Der Zahlungseingang auf dem Bankkonto beträgt 374,50 DM.

Buchungssätze:

1.	14	Forderungen	535,— DM	an	80	Warenverkauf	535,— DM
2.	80	Warenverkauf	35,— DM	an	184	Mehrwertsteuer	35,— DM
3.	141	Zweifelhafte Forderungen	535,— DM	an	14	Forderungen	535,— DM
4.	471	Abschreibung auf Forderungen	321,— DM	an	141	Zweifelhafte Forderungen	321,— DM
5.	12	Bank	374,50 DM	an	141	Zweifelhafte Forderungen	214,— DM
					21	Außerordentl. Erträge	160,50 DM

Mehrwertsteuerkorrektur:

Berechnung:		
	ursprüngliche Forderung	535,— DM
	– Zahlungseingang	374,50 DM
	= endgültiger Ausfall	160,50 DM

$$107\% \triangleq 160{,}50 \text{ DM}$$
$$7\% \triangleq X \text{ DM}$$

$$X = \frac{160{,}50 \text{ DM} \cdot 7\%}{107\%} = 10{,}50 \text{ DM Korrektur}$$

6. 184 Mehrwertsteuer 10,50 DM an 21 Außerord. Erträge 10,50 DM

Buchungen:

S — 14 Forderungen — H

S			H
1.	535,—	3.	535,—
	535,—		535,—

S — 141 Zweifelhafte Forderungen — H

S			H
3.	535,—	4.	321,—
		5.	214,—
	535,—		535,—

S — 12 Bank — H

S			H
5.	374,50		

S — 80 Warenverkauf — H

S			H
2.	35,—	1.	535,—

S — 184 Mehrwertsteuer — H

S			H
6.	10,50	2.	35,—

S — 471 Abschreibung auf Forderungen — H

S			H
4.	321,—	(93)	321,—
	321,—		321,—

S — 21 Außerordentl. Erträge — H

S			H
(93)	171,—	5.	160,50
		6.	10,50
	171,—		171,—

S — 93 Gewinn u. Verlust — H

S			H
(471)	321,—	(21)	171,—

Der *tatsächliche Ausfall* ergibt sich aus:

	100%		7%		107%
ursprüngliche Forderung:	500,— DM	+	35,— DM	=	535,— DM
– Zahlungseingang:	350,— DM	+	24,50 DM	=	374,50 DM
= tatsächlicher Ausfall:	150,— DM	+	10,50 DM	=	160,50 DM

Der *tatsächliche Verlust* ergibt sich als Differenz auf dem Konto 93 Gewinn und Verlust: 150,— DM

Die Einzelbewertung wird nur bei den Einzelforderungen durchgeführt, bei denen die Wertminderung der Höhe nach feststeht, eingetreten ist oder amtlich geschätzt wurde.

2. *Indirekte Abschreibung* auf Forderungen (Pauschalbewertung)

Der Gesetzgeber gestattet wegen des allgemeinen Kreditrisikos (Ausfallrisiko) die *Pauschalabschreibung* auf den Nettobestand derjenigen Forderungen, die nicht unter die Einzelbewertung fallen. Die Höhe des Abschreibungssatzes ergibt sich aus dem Durchschnittswert uneinbringlicher Forderungen vergangener Jahre. Der steuerlich zulässige *Höchstsatz* beträgt 5% des Forderungsbestandes am Bilanzstichtag. Eine Mehrwertsteuerkorrektur ist bei dieser Abschreibungsform nicht möglich, weil der tatsächliche Ausfall nicht feststeht.
Pauschalabschreibungen müssen indirekt gebucht und jeweils am Geschäftsjahresende vorgenommen werden. Zuvor müssen alle bereits einzeln bewerteten Forderungen abgezogen werden, damit sie nicht doppelt abgeschrieben werden.

Beispiel:

Von einem gesamten Forderungsbestand über 6420,— DM (inkl. 7% USt.) wurden zunächst 428,— DM als uneinbringlich direkt abgeschrieben. Für den Restbestand wird eine Pauschalwertberichtigung von 3% durchgeführt.

Berechnung:

Gesamtforderung brutto:	6420,— DM	
– Einzelabschreibung:	428,— DM	
= Restforderungsbestand:	5992,— DM	≙ 107%
– Mehrwertsteuer	392,— DM	≙ 7%
= Nettoforderungsbestand:	5600,— DM	≙ 100%

Abschreibungsbetrag: 3% v. 5600,— DM = 168,— DM

Buchungssatz:

471	Abschreibung auf Forderungen	168,— DM	an	0901	Wertberichtigung auf Forderungen 168,— DM

Das Konto *0901 Wertberichtigung auf Forderungen* ist ein passives Bestandskonto und wird beim Jahresabschluß über 941 Schlußbilanzkonto abgeschlossen.

Gehen für Forderungen, für die eine Pauschalwertberichtigung gebildet wurde, während des nächsten Jahres Zahlungen ein, dann wird das Konto 0901 Wertberichtigung auf Forderungen über Konto 14 Forderungen aufgelöst (berichtigt) und die Mehrwertsteuer wird korrigiert. Die Differenz zwischen Zahlungseingang und Restbuchwert der Forderungen wird als außerordentlicher Aufwand oder Ertrag gebucht.

9.2.3 Übungsaufgaben (Lösungen: S. 270)

1. Eine zweifelhafte Forderung über 749,— DM inkl. 7% USt. war zu 40% direkt abgeschrieben worden. Zahlungseingang auf dem Postgirokonto 60%.

   Buchung: Zahlungseingang
   Mehrwertsteuerkorrektur

2. Eine zweifelhafte Forderung über 642,— DM inkl. 7% USt. war zu 50% direkt abgeschrieben worden. Zahlungseingang auf dem Bankkonto 70%

   Buchung: Zahlungseingang
   Mehrwertsteuerkorrektur

3. Eine zweifelhafte Forderung über 856,— DM inkl. 7% USt. war zu 60% direkt abgeschrieben worden. Zahlungseingang auf dem Bankkonto 30%

   Buchung: Zahlungseingang
   Mehrwertsteuerkorrektur

4. Von einem Forderungsbestand über 2 280,— DM inkl. 14% USt. waren 5% netto pauschal indirekt abgeschrieben worden. Der Zahlungseingang für eine darin enthaltene Forderung über 228,— DM auf dem Bankkonto beträgt 171,— DM.

   Buchung: Korrektur der Wertberichtigung
   Zahlungseingang
   Mehrwertsteuerkorrektur

5. Von einem gesamten Forderungsbestand über 2 850,— DM inkl. 14% USt. waren 5% netto indirekt pauschal abgeschrieben worden. Der Zahlungseingang für eine darin enthaltene Forderung über 285,— DM auf dem Postgirokonto beträgt 114,— DM.

   Buchung: Korrektur der Wertberichtigung
   Zahlungseingang
   Mehrwertsteuerkorrektur

6. Buchungsgang:

   Anfangsbestände:

   Gebäude 380 000,— DM, Geschäftseinrichtung 100 000,— DM, Waren 160 000,— DM, Forderungen 8 520,— DM, Bankguthaben 12 000,— DM,

Kasse 2 300,— DM, Hypotheken 200 000,— DM, Darlehen 120 000,— DM, Verbindlichkeiten 5 400,— DM, BAG-Verbindlichkeiten 3 408,— DM, BSS-Verbindlichkeiten 1 278,— DM,

Kontenplan:

00, 03, 071, 072, 08, 10, 12, 14, 141, 152, 154, 16, 18, 183, 184, 188, 189, 21, 30, 400, 402, 43, 430, 44, 471, 48, 80, 89, 93, 941

Geschäftsfälle:

1.	Warenverkäufe bar inkl. 7% USt.	26 750,— DM
2.	Wareneinkäufe auf Ziel:	
	Warenwert netto	7 000,— DM
	Umsatzsteuer	490,— DM
3.	Warenverkäufe auf Ziel brutto (7%)	2 140,— DM
	abzüglich 10% Rabatt	214,— DM
4.	Warenrückgabe eines Kunden gegen Gutschrift,	
	Ladenpreis	21,40 DM
5.	Bareinzahlung auf Bankkonto	26 000,— DM
6.	Banküberweisungen:	
	IHK-Beitrag	200,— DM
	Gewerbesteuer	800,— DM
	BAG-Abrechnung	3 210,— DM
7.	Barzahlung für eine Annonce netto	400,— DM
	Umsatzsteuer	56,— DM
8.	Banküberweisungen:	
	Bilderkauf von Privat für Betrieb	300,— DM
	BSS-Abrechnung	1 070,— DM
9.	Gehaltsvorschuß bar	150,— DM
10.	Gehaltszahlung über Bank:	
	Bruttogehalt	1 600,— DM
	Steuern	180,— DM
	Sozialversicherung (100%)	600,— DM
	Vorschußverrechnung	150,— DM
11.	Zahlungseingang einer Forderung über	642,— DM
	wird zweifelhaft	
12.	Direkte Abschreibung der zweifelhaften Forderung	
	mit 33⅓%	214,— DM

13.	Zahlungseingang für die zweifelhafte Forderung auf Bankkonto (MwSt.-Korrektur 7%)	428,— DM
14.	Banküberweisung der noch abzuführenden Abgaben aus der Gehaltsabrechnung	780,— DM

Abschlußangabe:
Warenendbestand lt. Inventur 150 455,— DM

10 Steuern

Steuern sind Abgaben an den Staat (Bund, Land, Gemeinde) ohne direkte Gegenleistung.
Bei der ordnungsmäßigen Erfassung der Steuern kommt es darauf an, sie in der richtigen Kontenklasse zu buchen. Dabei ist zu berücksichtigen, ob es sich um Steuern handelt, die in der betrieblichen *Kostenrechnung* zu erfassen sind oder um Steuern, die als *betriebsfremde* oder *außerordentliche Aufwendungen* den Gewinn (neben den Kostensteuern) mit beeinflussen oder ob sie als *durchlaufende Posten* oder als *Privatentnahmen* zu behandeln sind.

10.1 Aktivierungspflichtige Steuern

Aktivierungspflichtige Steuern erhöhen den Vermögensbestand auf der Aktivseite der Bilanz, sie stellen also keinen Aufwand dar. Sie werden auf Konten der *Kontenklasse 0* gebucht:

Grunderwerbssteuer

Geschäftsfall:

Kauf eines Grundstücks	120 000,— DM
+ 2% Grunderwerbssteuer	2 400,— DM
Banküberweisung	122 400,— DM

Buchungssatz:

01 Unbebaute Grundstücke 122 400,— DM an 12 Bank 122 400,— DM

10.2 Betriebliche Kostensteuern

Diejenigen Steuern, die den Betriebszweck direkt kostenmäßig belasten, werden auf Konten der *Kontenklasse 4* gebucht:

Gewerbesteuer, Vermögenssteuer auf Betriebsvermögen, Wechselsteuer, Kraftfahrzeugsteuer

Geschäftsfall:

Banküberweisung der Gewerbesteuer 3 000,— DM

Buchungssatz:

43 Steuern 3 000,— DM an 12 Bank 3 000,— DM

10.3 Betriebsneutrale Steuern

Sie müssen unabhängig vom Betriebszweck entrichtet werden, sie stellen aber Aufwendungen dar, die als außerordentliche oder betriebsfremde Vorgänge den Gewinn beeinflussen. Sie werden auf Konten der *Kontenklasse 2* gebucht:

Körperschaftssteuer, Grundsteuer

Geschäftsfall:

Banküberweisung der Grundsteuer 2 000,— DM

Buchungssatz:

220 Haus- und Grundstücks-Aufwendungen 2 000,— DM an 12 Bank 2 000,— DM

10.4 Privatsteuern

Privatsteuern werden vom Geschäftsinhaber erhoben, aber über Zahlkonten des Betriebes an das Finanzamt abgeführt: (Kap. 7)
Einkommenssteuer, Kirchensteuer, Erbschaftssteuer, Vermögenssteuer auf Privatvermögen, Hundesteuer

Sie werden als Privatentnahmen auf Konto *19 Privat* gebucht.

Geschäftsfall:

Banküberweisung der Einkommenssteuer 8 000,— DM

Buchungssatz:

19 Privatkonto 8 000,— DM an 12 Bank 8 000,— DM

10.5 Durchlaufende Posten

Steuern sind dann als durchlaufende Posten zu erfassen, wenn sie die Erfolgsrechnung des Betriebes nicht beeinflussen und nur im Auftrag des Finanzamtes verwaltet werden. Sie werden vorübergehend auf Konten der *Kontenklasse 1* gebucht und zum Fälligkeitstermin in einem Betrag an das Finanzamt abgeführt:

Umsatzsteuer = Vorsteuer und Mehrwertsteuer
Lohn- und Kirchensteuer der Arbeitnehmer

Geschäftsfall:

Banküberweisung der MwSt.-Zahllast 5 000,— DM

Buchungssatz:

184 Mehrwertsteuer 5 000,— DM an 12 Bank 5 000,— DM

10.6 Steuermatrix

(siehe S. 156 u. 157)

10.7 Übungsaufgaben

(Lösungen: S. 271)

1.	Wareneinkauf auf Ziel (inkl. 7% USt.)	428,— DM
2.	Barzahlung der Benzinrechnung (inkl. 14%)	91,20 DM
3.	Banküberweisung der MwSt.-Zahllast	1 600,— DM
4.	Banküberweisung der Lohn- und Kirchensteuer	946,— DM
5.	Rückerstattung zuviel gezahlter Umsatzsteuer auf Bankkonto	1 320,— DM
6.	Banküberweisung für:	
	Einkommenssteuer des Inhabers	1 000,— DM
	Gewerbesteuer	400,— DM
	Grundsteuer	300,— DM
	Körperschaftssteuer	800,— DM
	Kraftfahrzeugsteuer	600,— DM
	Grunderwerbsteuer	2 000,— DM

Steuerart	Steuerträger	Steuer pflichtiger	Steuergrundlage	Betriebliche Auswirkung	Konten-klasse	Buchungssatz
Grunderwerb-steuer	Betrieb	Betrieb	Grunderwerb	Vermögens-zuwachs	0	00 Bebaute Grundstücke 01 Unbebaute Grundstücke an Zahlstelle
Umsatzsteuer	Verbraucher	Betrieb	Wert von Waren und Leistung	durchlaufender Posten	1	*Wareneinkauf:* 30 Wareneinkauf 154 Vorsteuer an Zahlstelle *Warenverkauf:* Zahlstelle an 80 WVK *Umsatzsteuervoranmeldung* 80 Warenverkauf an 184 MwSt. 184 MwSt. an 154 Vorsteuer *Bezahlung der MwSt.-Zahllast:* 184 MwSt. an Zahlstelle
Lohnsteuer Kirchensteuer v. Arbeitnehmer	Arbeit-nehmer	Betrieb	Einkünfte aus nichtselbstän-diger Arbeit	durchlaufender Posten	1	*Gehaltsabrechnung:* Betriebliche Aufwendungen an 183 Noch ab-zuführen-de Ab-gaben *Überweisung an das Finanzamt:* 183 Noch abzufüh-rende Abgaben an Zahlstelle

Einkommensteuer Kirchensteuer Vermögensteuer vom Inhaber	Betriebsinhaber	Betriebsinhaber	Einkünfte aus selbständiger Arbeit Privatvermögen	Privatentnahmen	1	19 Privatkonto an Zahlstelle
Körperschaftssteuer	Juristische Personen	Betrieb	Steuerlicher Unternehmensgewinn	Außerordentlicher Aufwand	2	20 Außerordentliche Aufwendungen an Zahlstelle
Grundsteuer	Betrieb	Betrieb	Grundstückwert	Betriebsfremder Aufwand	2	220 Haus- und Grundstücks-Aufwendungen an Zahlstelle
Gewerbesteuer	Betrieb	Betrieb	Gewerbeertrag Gewerbekapital	Betrieblicher Aufwand (Kosten)	4	430 Gewerbesteuer an Zahlstelle
Kraftfahrzeugsteuer	Betrieb	Betrieb	Hubraum	Betrieblicher Aufwand (Kosten)	4	431 Kraftfahrzeugsteuer an Zahlstelle
Wechselsteuer	Betrieb	Betrieb	Wechselsumme	Betrieblicher Aufwand (Kosten)	4	432 Wechselsteuer an Zahlstelle
Vermögensteuer des Betriebes	Betrieb	Betrieb	Betriebsvermögen	Betrieblicher Aufwand (Kosten)	4	433 Vermögensteuer an Zahlstelle

7.	Banküberweisung für:	
	Vermögenssteuer des Betriebes	840,— DM
	Vermögenssteuer des Inhabers	260,— DM
8.	Postgiroüberweisung für Kfz.-Steuer	800,— DM
	(20% private Nutzung)	
9.	Verkauf eines gebrauchten Pkw bar für	6 000,— DM
	+ 14% Umsatzsteuer	840,— DM
	Anschaffungswert: 22400,— DM	
	Abschreibung: 25% linear direkt, 3 Jahre (= 3 ×)	
10.	Privatentnahme von Büchern:	
	Nettopreis inkl. 7% USt.	321,— DM

11 Wechsel

Der Wechsel ist eine Urkunde im Zahlungsverkehr. Man unterscheidet *eigene* Wechsel (Solawechsel) und *gezogene* Wechsel (Tratte).
Der Solawechsel ist eine Urkunde, in der sich der Aussteller selbst verpflichtet, zu einem bestimmten Zeitpunkt an eine bestimmte Person einen festgelegten Betrag zu zahlen (Zahlungsversprechen).
Der gezogene Wechsel ist eine Urkunde, durch die der Aussteller eine bestimmte Person (den Bezogenen) auffordert, an ihn oder an Dritte zu einem bestimmten Zeitpunkt einen festgelegten Betrag zu zahlen (Zahlungsaufforderung). Akzeptiert der Bezogene diese Aufforderung mit seiner Unterschrift auf dem Wechselformular, so wird aus der ursprünglichen Tratte das *Akzept* (Zahlungsverpflichtung).
In der Praxis spielt der Solawechsel eine untergeordnete Rolle, deshalb bezieht sich die Darstellung ausschließlich auf den gezogenen Wechsel, dem ein Handelsgeschäft zugrunde liegt (*Handelswechsel*).
Der Finanzwechsel, dem kein Handelsgeschäft zugrunde liegt, wird ebenfalls nicht behandelt.
Im buchhändlerischen Abrechnungsverkehr kommen Wechselgeschäfte nur zwischen Verlag (Aussteller) und Buchhandlung (Bezogener) zustande. Der Verlag verkauft an eine Buchhandlung Bücher (Handelsgeschäft) mit Zahlungsziel. Zur Absicherung dieses Kredites zieht er sofort oder später (vor Fälligkeit der Schuld) einen Wechsel auf die Buchhandlung.

Zur Darstellung wird in den folgenden Beispielen der Einzelhandelskontenrahmen verwendet.

Buch- und bilanzmäßig unterscheidet man *Besitzwechsel* und *Schuldwechsel.*

Das *Besitzwechselkonto* erfaßt die *Wechselforderungen*, es ist also ein *aktives Bestandskonto.*

Das *Schuldwechselkonto* bucht die *Wechselverbindlichkeiten*, es ist ein *passives Bestandskonto.*

Um einen ständigen Überblick über alle Wechsel zu haben, die ein Betrieb erhält oder akzeptiert, führt er ein *Wechselkopierbuch*, das in ein Besitzwechselbuch und ein Schuldwechselbuch aufgeteilt wird.

11.1 Besitzwechsel

1. Geschäftsfall:

Ein Verlag verkauft am 15. 8. an eine Buchhandlung Bücher zum Rechnungsbetrag von 3 210,— DM inkl. 7% USt. Zahlungsziel ist der 15. 10. Der Verlag stellt einen Wechsel über den Betrag aus, der von der Buchhandlung sofort akzeptiert wird.

Der Verlag bucht:

Buchungssatz:

13 Besitzwechsel 3 210,— DM an 80 Warenverkauf 3 210,— DM

Buchung:

S	13 Besitzwechsel		H
(80)	3 210,—		

S	80 Warenverkauf		H
		(13)	3 210,—

2. Geschäftsfall:

Ein Verlag hatte am 15. 8. an eine Buchhandlung Bücher zum Rechnungsbetrag von 3 210,— DM inkl. 7% USt. mit 60 Tagen Ziel geliefert. Einen Monat später zieht der Verlag einen Wechsel über den Rechnungsbetrag, den die Buchhandlung akzeptiert.

Der Verlag bucht:

Buchungssätze:

15. 8.: 14 Forderungen 3 210,— DM an 80 Warenverkauf 3 210,— DM
15. 9.: 13 Besitzwechsel 3 210,— DM an 14 Forderungen 3 210,— DM

Buchungen:

S	14 Forderungen		H
(80)	3 210,—	(13)	3 210,—

S	80 Warenverkauf		H
		(14)	3 210,—

S	13 Besitzwechsel		H
(14)	3 210,—		

Der Besitzwechsel kann folgendermaßen verwendet werden:

1. Aufbewahren bis zum Verfalltag und Einzug der Wechselsumme beim Bezogenen
2. Weitergabe als Zahlungsmittel
3. Diskontierung bei einer Geschäftsbank zur Erlangung liquider Mittel

11.1.1 Einzug am Verfalltag

1. Geschäftsfall:

Ein Verlag zieht am 15. 10. bei einer Buchhandlung die fällig gewordenen Wechselschulden von 3 210,— DM bar ein.
(Wechselschulden sind Holschulden)

Der Verlag bucht:

Buchungssatz:

10 Kasse	3 210,— DM	an	13 Besitzwechsel	3 210,—DM

2. Geschäftsfall:

Ein Verlag läßt von seiner Bank am Verfalltag (15. 10.) einen Besitzwechsel über 3 210,— DM vom Bankkonto des Bezogenen einziehen. Die Bank berechnet 1‰ Inkassobebühr und schreibt den Restbetrag gut.

Der Verlag bucht:

Buchungssatz:

12 Bank	3 206,79 DM	an	13 Besitzwechsel	3 210,— DM
46 Nebenkosten des Geldverkehrs	3,21 DM			

11.1.2 Weitergabe als Zahlungsmittel

1. Geschäftsfall:

Ein Verlag kauft einen Einrichtungsgegenstand zum Rechnungsbetrag von 3 210,— DM inkl. 14% USt. und begleicht die Rechnung durch Weitergabe eines Besitzwechsels über 3 210,— DM.

Buchungssatz:

03 Geschäftseinrichtung	2 815,79 DM	an	13 Besitzwechsel 3 210,— DM
154 Vorsteuer	394,21 DM		

Die Weitergabe erfolgt durch Indossament des Wechselnehmers (Remittent).

2. Geschäftsfall:

Ein Verlag begleicht eine Lieferantenrechnung teilweise durch Weitergabe eines Besitzwechsels über 3 210,— DM.

Buchungssatz:

16 Verbindlichkeiten 3 210,— DM an 13 Besitzwechsel 3 210,— DM

11.1.3 Diskontierung bei einer Geschäftsbank

Ein Verlag hat aufgrund eines Handelsgeschäfts am 15. 8. auf eine Buchhandlung einen Wechsel über 3 210,— DM (inkl. 7% USt.) gezogen und als Besitzwechsel gebucht.
Da der Verlag selbst flüssige Mittel benötigt, „verkauft" er den Wechsel am 15. 9. an eine Geschäftsbank. Die Bank verfügt aber erst am 15. 10. (Verfalltag) über die 3 210,— DM, sie gewährt somit dem Verlag einen Kredit für 30 Tage (Restlaufzeit des Wechsels). Für diesen Kredit berechnet sie Zinsen, die sie sofort in Abzug bringt, den *Diskont.*
Der Diskont ist für die Bank nicht umsatzsteuerpflichtig, deshalb bekommt der Einreicher (Verlag) keinen Vorsteuerausweis.
Der *Diskontabzug* stellt aber für den Einreicher eine *Entgeltsminderung* dar, er kann daher die darin enthaltene Umsatzsteuer bei seiner Mehrwertsteuerschuld korrigieren. Die Mehrwertsteuerkorrektur muß er aber dem Bezogenen mitteilen, damit dieser seine Vorsteuer um den gleichen Betrag vermindert, weil sonst das Finanzamt einen Umsatzsteuerausfall hätte.

1. Geschäftsfall:

Ein Verlag reicht einen Besitzwechsel über 3 210,— DM am 15. 9. bei seiner Bank zur Diskontierung ein, das Verfalldatum ist der 15. 10. Die Bank berechnet 9% p.a. Diskont (30 Tage = 0,75%).

$$\text{Diskont} = \frac{3\,210,\text{— DM} \cdot 9\% \cdot 30 \text{ Tage}}{100\% \cdot 360 \text{ Tage}} = 24{,}075 \text{ DM}$$

$$\text{Diskont} = 24{,}08 \text{ DM}$$

Die Bankabrechnung lautet:

Wechselsumme, f. a. 15. 10. :	3 210,— DM
– Diskont 9%/30 Tage:	24,08 DM
= Barwert (Gutschrift):	3 185,92 DM

a) *Buchung* (Verlag)

Der Verlag trägt den Diskontabzug selbst. Er korrigiert seine Mehrwertsteuerschuld und teilt diese Korrektur dem Bezogenen (Buchhandlung) mit, damit dieser seine Vorsteuer vermindert.

$$107\% = 24{,}08 \text{ DM}$$
$$7\% = X \text{ DM}$$

$$X = \frac{24{,}08 \text{ DM} \cdot 7\%}{107\%} = 1{,}58 \text{ DM}$$

Buchungssatz:

12 Bank	3 185,92 DM	an	13 Besitzwechsel	3 210,— DM
23 Zinsaufwendungen	22,50 DM			
184 Mehrwertsteuer	1,58 DM			

Häufig wird in der Praxis bei Annahme eines Wechsels vereinbart, daß die Wechselkosten zu Lasten des Bezogenen gehen sollen. Man bezeichnet solche Wechsel als *spesenfreie Papiere.* In solchen Fällen belastet der Wechselgläubiger seinen Geschäftspartner nachträglich mit den entstandenen Wechselkosten.

b) *Buchung* (Verlag)

Der Verlag stellt dem Bezogenen den Diskontabzug in Rechnung. Dieser Vorgang ist umsatzsteuerpflichtig.

Wechselsumme, f. a. 15. 10. :	3 210,— DM
– Diskont 9%/30 Tage:	24,08 DM
= Barwert am 15. 9.:	3 185,92 DM

Buchungssatz:

12 Bank	3 185,92 DM	an	13 Besitzwechsel	3 210,— DM
23 Zinsaufwendungen	24,08 DM			

Der Zinsabzug wird dem Schuldner in Rechnung gestellt:

Diskont	24,08 DM ≙	100%
+ Mehrwertsteuer	3,37 DM ≙	14%
= Forderung	27,45 DM ≙	114%

Buchungssatz:

14 Forderungen	27,45 DM	an	24 Zinserträge	24,08 DM
			184 Mehrwertsteuer	3,37 DM

Wechselsteuer

Die Wechselsteuer wird normalerweise fällig, wenn der Wechsel in Umlauf gesetzt wird oder sobald er akzeptiert wird. Spätestens bei der Diskontierung werden noch nicht versteuerte Wechsel von der Bank zu Lasten des Einreichers nachversteuert. Die Wechselsteuer beträgt 0,15 DM pro angefangene 100,— DM der Wechselsumme.
Außerdem berechnen die Banken bei der Wechseldiskontierung noch Spesen für Inkasso, Porto oder Auskünfte.

2. Geschäftsfall:

Ein Verlag reicht am 15. 9. seiner Bank einen Besitzwechsel zur Diskontierung ein, der am 15. 10. fällig ist. Die Wechselsumme beträgt 3210,— DM. Die Bank berechnet 9% p.a. Diskont, die Wechselsteuer, 1 ‰ Inkassogebühr von der Wechselsumme und 4,76 DM Spesen.

Die Abrechnung der Bank lautet:

Wechselsumme, f. a. 15. 10.:	3210,— DM
– Diskont 9%/30 Tage:	24,08 DM
= Barwert am 15. 9.:	3185,92 DM
– Wechselsteuer (33 · 0,15):	4,95 DM
– Inkassogebühr 1‰:	3,21 DM
– Spesen	4,76 DM
= Auszahlung am 15. 9.: (Gutschrift)	3173,— DM

a) *Buchung* (Verlag)

Der Verlag trägt den gesamten Abzug selbst. Da lt. § 17 Umsatzsteuergesetz die Wechselsteuer und die Spesen keine Entgeltminderungen sind, kann die Mehrwertsteuer nur für den Diskontabzug korrigiert werden.

Buchungssatz:

12	Bank	3 173,— DM	an	13 Besitzwechsel	3 210,— DM
23	Zinsaufwendungen	22,50 DM			
184	Mehrwertsteuer	1,58 DM			
432	Wechselsteuer	4,95 DM			
46	Nebenkosten des Geldverkehrs	{ 3,21 DM 4,76 DM			

Die Mehrwertsteuerkorrektur wird dem Bezogenen mitgeteilt.

b) *Buchung* (Verlag)

Der Verlag stellt dem Bezogenen vereinbarungsgemäß den gesamten Bankabzug in Rechnung. In diesem Fall sind Diskont und Abzüge umsatzsteuerpflichtig.

Wechselsumme:	3 210,— DM
– Diskont:	24,08 DM
– Wechselsteuer + Spesen:	12,92 DM
= Auszahlung:	3 173,— DM

Der Verlag bucht:

12	Bank	3 173,— DM	an	13 Besitzwechsel	3 210,— DM
23	Zinsaufwendungen	24,08 DM			
46	Nebenkosten des Geldverkehrs	7,97 DM			
432	Wechselsteuer	4,95 DM			

Der Gesamtabzug wird dem Schuldner in Rechnung gestellt:

Diskont	24,08 DM	
+ Wechselsteuer + Spesen	12,92 DM	
= Wechselabzug	37,— DM	≙ 100%
+ Mehrwertsteuer	5,18 DM	≙ 14%
= Forderung	42,18 DM	≙ 114%

Buchungssatz:

14 Forderungen	42,18 DM	an	24 Zinserträge	37,— DM
			184 Mehrwertsteuer	5,18 DM

11.2 Schuldwechsel

1. Geschäftsfall:

Eine Buchhandlung kauft bei einem Verlag am 15. 8. Bücher zum Rechnungsbetrag von 3 210,— DM inkl. 7% USt. Das Zahlungsziel beträgt 60 Tage. Sie akzeptiert einen Schuldwechsel über den Rechnungsbetrag.

Die Buchhandlung bucht:

30 Wareneinkauf	3 000,— DM	an	17 Schuldwechsel	3 210,— DM
154 Vorsteuer	210,— DM			

2. Geschäftsfall:

Ein Verlag zieht nachträglich am 15. 9. einen Wechsel auf eine Buchhandlung über den Rechnungsbetrag von 3 210,— DM inkl. 7% USt., der am 15. 8. von der Buchhandlung als Verbindlichkeit gebucht wurde und der am 15. 10. fällig ist.

Buchungssätze:

15. 8.:

30 Wareneinkauf	3 000,— DM	an	16 Verbindlichkeiten	3 210,— DM
154 Vorsteuer	210,— DM			

15. 9.:

16 Verbindlichkeiten	3 210,— DM	an	17 Schuldwechsel	3 210,— DM

11.2.1 Einlösung des Schuldwechsels

1. Geschäftsfall:

Die Buchhandlung (Wechselschuldner) löst am Verfalltag den Wechsel vom Verlag bar ein.

Buchungssatz:

17 Schuldwechsel	3 210,— DM	an	10 Kasse	3 210,— DM

2. Geschäftsfall:

Der Wechselgläubiger (Verlag) läßt am Verfalltag die Wechselsumme über Bank einziehen.

Die Buchhandlung bucht:

17 Schuldwechsel	3 210,— DM	an	12 Bank	3 210,— DM

11.2.2 Belastung mit Wechselabzug

1. Geschäftsfall:

Der Wechselgläubiger läßt seinen Besitzwechsel über 3 210,— DM diskontieren und teilt die vorgenommene Mehrwertsteuerkorrektur (7%) von 1,58 DM der Buchhandlung mit.

Die Buchhandlung bucht:

46 Nebenkosten des Geldverkehrs	1,58 DM	an	154 Vorsteuer	1,58 DM

2. Geschäftsfall:

Der Wechselgläubiger läßt seinen Besitzwechsel über 3 210,— DM diskontieren und fordert Diskontabzug 24,08 DM, Wechselsteuer 4,95 DM, Inkassogebühr 3,21 DM und Spesen 4,76 DM vereinbarungsgemäß mit 14% USt. = 5,18 DM zurück.

Die Buchhandlung bucht:

23 Zinsaufwendungen	24,08 DM	an	16 Verbindlichkeiten	42,18 DM
432 Wechselsteuer	4,95 DM			
46 Nebenkosten des Geldverkehrs	7,97 DM			
154 Vorsteuer	5,18 DM			

11.2.3 Umwandlung von Verbindlichkeiten in Schuldwechsel

In der Praxis werden Diskontabzug, Wechselsteuer, Spesen und die Umsatzsteuer davon sehr häufig mit in die Wechselsumme eingerechnet. Der Wechselgläubiger läßt dann den Wechsel diskontieren und die Bank zahlt den Forderungsbetrag aus.

Beispiel:

Eine Buchhandlung hat zum 15. 10. 3 210,— DM inkl. 7% USt. an einen Verlag zu bezahlen. Da sie erst 30 Tage später zahlen kann, bittet sie den Verlag, einen Wechsel auf sie zu ziehen, der 30 Tage später fällig ist und den

der Verlag am 15. 10. bei einer Geschäftsbank diskontieren läßt.
Die Geschäftsbank berechnet 9% p.a. Diskont, die Wechselsteuer, 1‰ Inkassogebühr und 4,76 DM Spesen. In den Wechselbetrag muß die Mehrwertsteuer von 14% für die Abzüge miteingerechnet werden.

Berechnung der Wechselsumme

↑ Wechselsumme, f. a. 15. 11.:	3 252,59 DM	≙	100,000%
– Diskont 9%/30 Tage:	24,39 DM	≙	0,750%
– USt. v. Diskont:	3,42 DM	≙	0,105%
– Inkassogebühr 1‰:	3,25 DM	≙	0,100%
– USt. v. Inkassogebühr:	0,46 DM	≙	0,114%
= verminderter Barwert:	3 221,07 DM	≙	99,031%
– Wechselsteuer (33 · 0,15):	4,95 DM		
– USt. v. Wechselsteuer:	0,69 DM		
– Spesen:	4,76 DM		
– USt. v. Spesen:	0,67 DM		
= Forderung am 15. 10.:	3 210,— DM	Bankgutschrift	

Die Buchhandlung bucht am 15. 10.:

16	Verbindlichkeiten	3 210,— DM	an	17 Schuldwechsel	3 252,59 DM
23	Zinsaufwendungen	24,39 DM			
432	Wechselsteuer	4,95 DM			
46	Nebenkosten des Geldverkehrs	8,01 DM			
154	Vorsteuer	5,24 DM			

Der Verlag bucht:

a) nach Erhalt des Wechsels:

13	Besitzwechsel	3 252,59 DM	an	14 Forderungen	3 210,— DM
				24 Zinserträge	37,35 DM
				184 Mehrwertsteuer	5,24 DM

b) nach Diskontierung:

12	Bank	3 215,24 DM	an	13 Besitzwechsel	3 252,59 DM
23	Zinsaufwendungen	24,39 DM			
432	Wechselsteuer	4,95 DM			
46	Nebenkosten des Geldverkehrs	8,01 DM			

Eine Mehrwertsteuerkorrektur darf jetzt nicht mehr erfolgen.

Die gleiche Berechnung muß aufgestellt werden, wenn ein fällig gewordener Wechsel auf Antrag des Wechselschuldners prolongiert wird, wobei der Gläubiger sehr häufig einen höheren Zinssatz als ihn die Bank berechnet ansetzt. In dem vorangegangenen Beispiel wurden 9% p.a. Diskont der Bank eingerechnet. Wenn nun die Bank 7,5% p.a. Diskont berechnet, dann ergibt sich für den Einreicher ein zusätzlicher Zinsertrag:

Diskont 9%/30 Tage:	24,39 DM
– Diskont 7,5%/30 Tage:	20,33 DM
= zusätzlicher Ertrag:	4,06 DM

Hierfür gibt es keine gesonderte Buchung, da sich nur der Auszahlungsbetrag erhöht.

11.3 Übungsaufgaben

(Lösungen: S. 272)

1.	Wareneinkauf gegen Akzept (Rechnungsbetrag inkl. 7% USt.)	2 354,— DM
2.	Warenverkauf gegen Akzept	2 033,— DM
3.	Einzug eines Wechsels beim Schuldner über Bank, die 1,5‰ Inkassogebühr berechnet.	1 500,— DM
4.	Akzeptierung eines Wechsels zum Ausgleich einer Lieferantenverbindlichkeit	1 340,— DM
5.	Lieferant stellt Bankabzug der Diskontierung in Rechnung. Diskont 20,— DM, Spesen 3,50 DM Rest: 14% Umsatzsteuer	26,79 DM
6.	Ein Besitzwechsel über wird diskontiert. Diskont 48,15 DM, Wechselsteuer 4,95 DM, Spesen 6,90 DM (keine MwSt.-Korrektur)	3 300,— DM
7.	Der Bezogene wird mit Gesamtabzug aus Nr. 6: zzgl. 14% Umsatzsteuer belastet.	60,— DM
8.	Besitzwechsel wird diskontiert, Wechselsumme: Diskont 8,56 DM, Wechselsteuer 2,25 DM, Spesen 4,19 DM Abzug wird nicht in Rechnung gestellt. MwSt.-Korrektur 7% wird durchgeführt.	1 450,— DM

12. Jahresabschluß

Ein Geschäftsbetrieb ist keine Angelegenheit, die man wie das elektrische Licht einfach abstellen kann, um ohne Hindernisse Inventur machen und die Konten abschließen zu können. In Wirklichkeit werden trotz Inventur weiter Waren ge- und verkauft, es entstehen Forderungen und Verbindlichkeiten, die bereits in das nächste Geschäftsjahr wirken. Außerdem sind Aufwendungen zu berücksichtigen, die erst in zukünftigen Rechnungsperioden wirksam werden, für die aber in der abgelaufenen Rechnungsperiode noch Vorsorge zu treffen ist.
Solche Vorgänge sind über die Bestandsaufnahme nicht zu ermitteln, sie müssen über die Buchhaltung erfaßt werden. Außerdem muß die Buchhaltung die Geschäftskonten für den Jahresabschluß vorbereitend abschließen.

12.1 Jahresabgrenzung

In der folgenden Darstellung wird vom 31. 12. als dem Stichtag der Inventur und der Kontenabschlüsse ausgegangen. Alle Vorgänge, die den Zeitraum vor dem 31. 12. betreffen, gehören damit in das „alte" Rechnungsjahr, alle anderen Vorgänge in das „neue" Rechnungsjahr.
Damit die Erfolgs- und Bestandsrechnung für das abgelaufene Geschäftsjahr richtig ist, müssen Vorgänge, die in das „alte" Jahr gehören, von denjenigen abgegrenzt (getrennt) werden, die in das „neue" Jahr gehören.

Dazu zählen:

1. Geschäftsfälle, die rechnungsmäßig in das abgelaufene Geschäftsjahr fallen, deren Erledigung (Bezahlung) aber erst in der nächsten Rechnungsperiode erfolgt.

2. Geschäftsfälle, die rechnungsmäßig bereits in das nächste Geschäftsjahr gehören, die aber schon im abgelaufenen Rechnungsjahr erledigt (bezahlt) wurden.

3. Rückstellungen für Vorhaben oder zu erwartende Kosten im neuen Rechnungsjahr, deren Ursprung (Anlaß) aber noch ganz oder teilweise in das abgelaufene Jahr zurückreicht.

12.1.1 Noch nicht erledigte Forderungen und Verbindlichkeiten

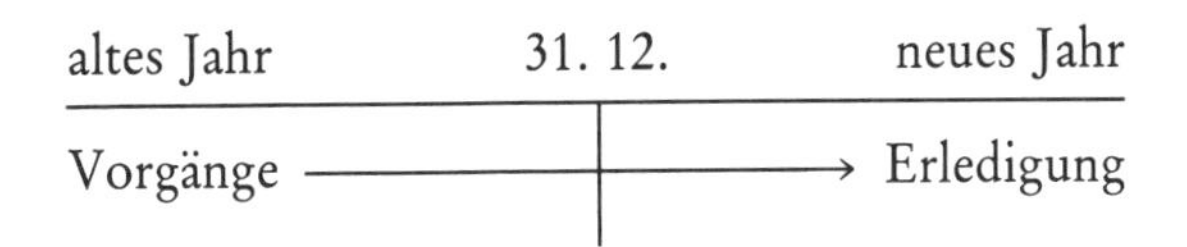

1. Geschäftsfall:

Für eine stille Beteiligung steht am Jahresende die Gewinnausschüttung in Höhe von 8 000,— DM bereits fest. Die Bankgutschrift kann aber erst im nächsten Jahr erwartet werden.

Buchungssätze:

a) *Altes Jahr* (31. 12.)

152	Sonstige kurzfristige Forderungen	8 000,— DM	an	21	Betriebsfremde Erträge	8 000,— DM

Abschlußbuchungen:

941	Schlußbilanzkonto	8 000,— DM	an	152	S.kfr. Ford.	8 000,— DM
21	Betriebsfremde Erträge	8 000,— DM	an	91	Abgrenzungs-sammelkonto	8 000,— DM
				oder:		
				93	Gewinn u. Verlust	8 000,— DM

Damit geht der Ertrag periodengerecht in die Erfolgsrechnung des abgelaufenen Geschäftsjahres ein.

b) *Neues Jahr*

Eröffnungsbuchung:

152	Sonstige kurzfristige Forderungen	8 000,— DM	an	940	Eröffnungs-bilanzkonto	8 000,— DM

Zahlungseingang:

12	Bank	8 000,— DM	an	152	Sonstige kurzfristige Forderungen	8 000,— DM

2. Geschäftsfall:

Für die angemieteten Geschäftsräume wird die Dezembermiete erst im Januar durch die Bank überwiesen (Miete 3 000,— DM).

Buchungssätze:

41 Mietaufwendungen	3 000,— DM	an	182	Sonstige kurzfristige Verbindlichkeiten	3 000,— DM

Abschlußbuchungen:

92 Betriebsergebniskonto	3 000,— DM	an	182	Sonstige kurzfristige Verbindlichkeiten	3 000,— DM

oder:

93 Gewinn u. Verlust

Damit erscheint der Mietaufwand periodengerecht in der Erfolgsrechnung des abgelaufenen Geschäftsjahres.

b) *Neues Jahr*

Eröffnungsbuchung:

940 Eröffnungsbilanzkonto	3 000,— DM	an	182	Sonstige kurzfristige Verbindlichkeiten	3 000,— DM

Zahlungsausgang:

182 Sonstige kurzfristige Verbindlichkeiten	3 000,— DM	an	12	Bank	3 000,— DM

12.1.2 Aktive und passive Rechnungsabgrenzung

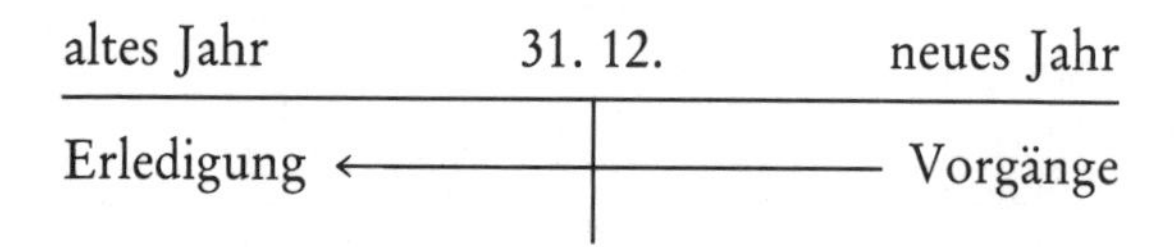

1. Geschäftsfall:

Am 20. 12. wird die Gebäudehaftpflichtversicherung für das nächste Jahr durch Banküberweisung von 800,— DM im voraus bezahlt.
Dieser Vorgang darf nicht in die Erfolgsrechnung des alten Jahres eingehen, obwohl die Bezahlung bereits im alten Jahr erfolgt.

Buchungssätze:

a) *Altes Jahr (20. 12)*

092 Aktive Rechnungs-Abgrenzungs-Posten (ARAP) 800,— DM an 12 Bank 800,— DM

Abschlußbuchung:

941 Schlußbilanzkonto 800,— DM an 092 ARAP 800,— DM

b) *Neues Jahr*

Eröffnungsbuchung:

092 ARAP 800,— DM an 940 Eröffnungsbilanzkonto 800,— DM

Mit der Konteneröffnung wird sofort gebucht:

220 Haus- und Grundstücksaufwendungen 800,— DM an 092 ARAP 800,— DM

2. *Geschäftsfall:*

Für einen gewährten Kredit überweist der Schuldner die Zinsen für Januar des nächsten Jahres bereits im Dezember des alten Jahres auf das Postscheckkonto: 200,— DM

Buchungssätze:

a) *Altes Jahr*

11 Postscheckkonto 200,— DM an 093 Passive Rechnungs-Abgrenzungs-Posten (PRAP) 200,— DM

Abschlußbuchung:

093 PRAP 200,— DM an 941 Schlußbilanzkonto 200,— DM

b) *Neues Jahr*

Eröffnungsbuchung:

940 Eröffnungsbilanzkonto 200,— DM an 093 PRAP 200,— DM

Mit der Eröffnungsbuchung wird sofort gebucht:

093 PRAP	200,— DM	an	24 Zinserträge	200,— DM

Neben solchen „einfachen" Geschäftsvorgängen gibt es Aufwendungen und Erträge, die sowohl die Erfolgsrechnung des alten als auch des neuen Geschäftsjahres betreffen.

1. Geschäftsfall:

Am 1. 7. des „alten" Jahres wird die Kraftfahrzeugsteuer mit 800,— DM für 12 Monate im voraus vom Bankkonto an das Finanzamt überwiesen.

altes Jahr		31. 12.		neues Jahr
1. 7.	6 Monate		6 Monate	30. 6.

a) *Altes Jahr* (1. 7.)

431 Kfz.-Steuer (altes Jahr)	400,— DM	an	12 Bank	800,— DM
092 ARAP (neues Jahr)	400,— DM			

b) *Neues Jahr* (mit Konteneröffnung)

431 Kfz.-Steuer	400,— DM	an	092 ARAP	400,— DM

2. Geschäftsfall:

Für eine im Geschäftshaus vermietete Wohnung überweist der Mieter den Mietzins für Dezember, Januar und Februar mit 2 400,— DM bereits am 1. Dezember auf das Bankkonto.

Buchungssätze:

a) *Altes Jahr* (1. 12.)

12 Bank	2 400,— DM	an	221 HuG-Erträge	800,— DM (Dez.)
			093 PRAP (Jan. + Feb.)	1 600,— DM

b) *Neues Jahr* (mit Konteneröffnung)

093 PRAP	1 600,— DM	an	221 HuG-Erträge	1 600,— DM

Nicht immer wird in der Buchhaltung bei Zahlungsaus- und eingängen, die periodenüberschreitend sind, sofort periodengerecht gebucht. Es kommt zu periodenübergreifenden Buchungen, die am Jahresende berichtigt werden müssen.

Jahresberichtigung

1. Geschäftsfall:

Am 1. 10. wurde die Kfz.-Versicherung mit 1 200,— DM für 12 Monate im voraus vom Bankkonto überwiesen.

Buchungssätze:

a) *Periodenübergreifende Buchung* (1.10.)

49 Kfz.-Kosten 1 200,— DM an 12 Bank 1 200,— DM

Diese Buchung ist nicht korrekt, weil ein Aufwand, der in die nächstjährige Erfolgsrechnung gehört, bereits vollständig in der vorjährigen aufgegangen ist. Dieser Fehler muß beim Kontenabschluß am 31. 12. berichtigt werden.

b) *Jahresberichtigung* (31. 12.)

092 ARAP 900,— DM an 49 Kfz.-Kosten 900,— DM

c) *Neues Jahr* (mit Konteneröffnung)

49 Kfz.-Kosten 900,— DM an 092 ARAP 900,— DM

2. Geschäftsfall:

Am 1. 9. des laufenden Geschäftsjahres geht auf dem Postgirokonto die Pacht für ein verpachtetes Grundstück mit 4 800,— DM für 6 Monate im voraus ein.

Buchungssätze:

a) *Periodenübergreifende Buchung* (1. 9.)

11 Postgirokonto 4 800,— DM an 221 HuG-Erträge 4 800,— DM

Erfolgte keine Berichtigungsbuchung, würden Pachterträge für 2 Monate des nächsten Geschäftsjahres in die Erfolgsrechnung des alten gelangen.

b) *Jahresberichtigung* (31. 12.)

221 HuG-Erträge 1 600,— DM an 093 PRAP 1 600,— DM

c) *Neues Jahr* (mit Konteneröffnung)

093 PRAP 1 600,— DM an 221 HuG-Erträge 1 600,— DM

Jahresabgrenzung

Altes Jahr	Neues Jahr	Buchung
Aufwendungen	Zahlungsausgang	Sonstige Verbindlichkeiten
Erträge	Zahlungseingang	Sonstige Forderungen
Zahlungsausgang	Aufwendungen	Aktive Rechnungsabgrenzung
Zahlungseingang	Erträge	Passive Rechnungsabgrenzung

Jahresberichtigung

Altes Jahr	Jahresberichtigung 31. 12.	Neues Jahr 1. 1.
Periodenübergreifender Zahlungsausgang für Aufwendungen	092 ARAP an Aufwand Berichtigung des im alten Jahr zuviel gebuchten Aufwands	Aufwand an 092 ARAP Periodengerecht richtige Zuordnung des Aufwands
Periodenübergreifender Zahlungseingang für Erträge	Erträge an 093 PRAP Berichtigung des im alten Jahr zuviel gebuchten Ertrages	093 PRAP an Erträge Periodengerecht richtige Zuordnung des Ertrages

12.1.3 Rückstellungen

Rückstellungen sind in ihrem Charakter nach Verbindlichkeiten, die am Jahresende für Aufwendungen des abgelaufenen Geschäftsjahres gebildet werden müssen, wobei die Aufwendungen von ihrer Art (ihrem Grund) her bekannt, von ihrer Höhe und Fälligkeit aber unbekannt sind.
Nach § 152 Aktiengesetz, der auch handels- und steuerrechtliche Gültigkeit für andere Unternehmensformen besitzt, dürfen Rückstellungen für folgende Zwecke gebildet werden:

a) betriebliche Altersversorgung (Pensionen)
b) Steuernachzahlungen (Körperschafts-, Gewerbesteuer)
c) drohende Verluste (Prozeßkosten)
d) unterlassene Aufwendungen für Instandhaltung
e) Abraumbeseitigung

Die Höhe der erforderlichen Rückstellungen kann meist nur geschätzt werden, wobei von den Grundsätzen ordnungsgemäßer Buchführung und vertretbarer Wirtschaftlichkeit ausgegangen werden muß.

Geschäftsfall:

Für dringend notwendig gewordene Instandsetzungsarbeiten im Lager liegt ein Kostenvoranschlag zum Jahresende in Höhe von 8 000,— DM vor.

Buchung (31. 12.)

20	Außerordentliche Aufwendungen	8 000,— DM	an	091	Rückstellungen	8 000,— DM

Die Rückstellungen gehen als „Fremdkapital" in die Schlußbilanz ein.

Abschlußbuchung:

091	Rückstellungen	8 000,— DM	an	941	Schlußbilanzkonto	8 000,— DM

Nach erfolgter Reparatur muß die Rückstellung aufgelöst werden, die nun auch in ihrer richtigen Höhe bekannt ist. Bei zu hoch angesetzter Rückstellung kommt es zu außerordentlichen Erträgen, bei zu niedriger Ansetzung zu außerordentlichen Aufwendungen.

1. Geschäftsfall:

Die Instandsetzungskosten für das Lager betragen 6 500,— DM + 14% USt. (= 910,— DM). Die Rechnung wird durch Banküberweisung beglichen. Für diesen Aufwand war im letzten Jahr eine Rückstellung von 8 000,— DM gebildet worden, die nun aufgelöst werden muß.

Buchungssatz:

091	Rückstellungen	8 000,— DM	an	12	Bank	7 410,— DM
154	Vorsteuer	910,— DM		21	Außerordentliche Erträge	1 500,— DM

2. Geschäftsfall:

Die Rechnung für Indstandsetzungsarbeiten des Lagers beträgt 8 500,— DM + 14% USt. (= 1 190,— DM), die durch Banküberweisung bezahlt wird. Die im letzten Jahr dafür gebildete Rückstellung von 8 000,— DM muß aufgelöst werden.

Buchungssatz:

091 Rückstellungen	8 000,— DM	an	12 Bank	9 690,— DM
20 Außerordentliche Aufwendungen	500,— DM			
154 Vorsteuer	1 190,— DM			

12.1.4 Übungsaufgaben (Lösungen: S. 273)

1. Wir haben einem Geschäftspartner ein Darlehen über 6 000,— DM zu 8% p.a. Verzinsung eingeräumt. Die Zinsen sind laut Vertrag nachträglich halbjährlich zu bezahlen, jeweils am 30. 4. und am 31. 10. Der letzte Zahlungseingang war am 31. 10.

   a) Wie lautet die Forderungsbuchung am 31. 12.?
   b) Wie lautet die Buchung am 30. 4. des nächsten Jahres bei Bankeingang?

2. Die Miete für einen Geschäftsraum beträgt 650,— DM monatlich. Aus Versehen wurde die Dezembermiete noch nicht bezahlt.

   a) Wie lautet die Verbindlichkeitsbuchung am 31. 12.?
   b) Wie lautet die Buchung am 10. 1. des nächsten Jahres, wenn die Dezember- und die Januarmiete zusammen vom Bankkonto überwiesen werden?

3. Für eine aufgenommene Hypothek über 150 000,— DM müssen 8% p.a. Zinsen nachträglich halbjährlich zum 1. 3. und zum 1. 9. bezahlt werden.

   a) Wie lautet die Buchung am 31. 12.?
   b) Wie lautet die Buchung am 1. 3. des nächsten Jahres bei Banküberweisung?

4. Die Zinserträge für das abgelaufene Jahr in Höhe von 800,— DM stehen am 31. 12. noch aus.

   a) Wie lautet die Buchung am 31. 12.?
   b) Wie lautet die Buchung am 20. 1. bei Bankeingang?

5. Die am 15. 11. fällige Gewerbesteuerschuld in Höhe von 750,— DM wurde vom Gemeindesteueramt 3 Monate gestundet.

   a) Wie lautet die Buchung am 31. 12.?
   b) Wie lautet die Buchung am 15. 2. bei Bareinzahlung auf der Stadtkasse?

6. Die Pacht für ein angemietetes Grundstück wird vierteljährlich nachträglich abgerechnet. Für den Zeitraum November bis einschließlich Januar beträgt die Pacht 900,— DM.

   a) Wie lautet die Buchung am 31. 12.?
   b) Wie lautet die Buchung am 31. 1. bei Postüberweisung?

7. Banküberweisung der Kfz.-Steuern 800,— DM und Kfz.-Versicherung 1 000,— DM am 1. 7. für 12 Monate im voraus (20% private Nutzung).

   a) Wie lautet die periodengerecht richtige Buchung am 1.7.?
   b) Wie lautet die Buchung nach Konteneröffnung im nächsten Jahr?

8. Bankeingang von Mieterträgen am 1. 12. für 3 Monate im voraus. Die Bankgutschrift lautet über 1 800,— DM.

   a) Wie lautet die periodengerecht richtige Buchung am 1. 12.?
   b) Wie lautet die Buchung nach Konteneröffnung im nächsten Jahr?

9. Postgiroüberweisung der Feuer-, Wasser-, Sturmversicherungsprämie am 1. 8. in Höhe von 1 200,— DM für 1 Jahr im voraus. Die Buchung am 1. 8. war nicht periodengerecht. Jahresberichtigung!

   a) Wie lautet die Jahresberichtigungsbuchung am 31. 12.?
   b) Wie lautet die Buchung nach Konteneröffnung im neuen Jahr?

10. Vorschüssige Zinserträge auf Bankkonto für November bis einschließlich Januar in Höhe von 900,— DM wurden am 1. 11. vollständig als Ertrag gebucht.

    a) Wie lautet die Jahresberichtigungsbuchung am 31. 12.?
    b) Wie lautet die Buchung nach Konteneröffnung im nächsten Jahr?

11. Für einen schwebenden Rechtsstreit wird am Jahresende eine Rückstellung von 1 000,— DM gebildet.

12. Nach Abschluß des Rechtsstreites im nächsten Jahr müssen an die Gerichtskasse 800,— DM vom Bankkonto überwiesen werden.

13. Für Beiträge an die Berufsgenossenchaft (Unfallversicherung) wird am 31. 12. eine Rückstellung im Wert von 600,— DM gebildet. Der Gesamtbetrag im nächsten Jahr wird mit 720,— DM vom Bankkonto überwiesen.

14. *Anfangsbestände:*

    Gebäude 480 000,— DM, Fuhrpark 32 000,— DM, Geschäftseinrichtung 116 000,— DM, Lizenzen 30 000,— DM, Beteiligungen 20 000,— DM, Waren 196 000,— DM, Forderungen 9 300,— DM, Zweifelhafte Forderungen 1284,— DM, Bank 73 800,— DM, Postgirokonto 17 100,— DM, Kasse 4 200,— DM, Hypotheken 288 000,— DM, Darlehen 68 000,— DM, Verbindlichkeiten 19 600,— DM, Schuldwechsel 5 200,— DM, BAG-Verbindlichkeiten 2 600,— DM, Mehrwertsteuer 2 400,— DM, noch abzuführende Abgaben 5 600,— DM, Wertberichtigung auf Fuhrpark 8 000,— DM, Rückstellungen 2 000,— DM

Kontenplan:

00, 02, 03, 04, 05, 071, 072, 08, 0900, 091, 092, 10, 11, 12, 14, 141, 152, 154, 16, 17, 183, 184, 189, 19, 20, 21, 220, 221, 23, 24, 30, 37, 38, 400, 402, 430, 431, 44, 470, 471, 80, 90, 91, 92, 93, 941

Geschäftsfälle:

1.	Wareneinkäufe netto	87 000,— DM
	+ 7% Umsatzsteuer	6 090,— DM
	30% mit Banküberweisung	
	40% auf Rechnung	
	20% über BAG	
	10% mit Postüberweisung	
2.	Bezugskosten auf Rechnung netto	3 600,— DM
	+ 7% USt.	252,— DM
	bar netto	1 900,— DM
	+ 14% USt.	266,— DM
3.	Lieferantennachlässe inkl. 7% USt. auf offene Verbindlichkeiten	4 494,— DM
4.	Banküberweisungen für:	
	Lohnsteuer	5 600,— DM
	Gewerbesteuer	1 600,— DM
	Einkommenssteuer	2 000,— DM
	Mehrwertsteuer	2 400,— DM
	Kfz.-Steuer (inkl. 20% priv. Nutzung)	1 200,— DM
5.	Warenverkäufe inkl. 7% USt.	337 050,— DM
	60% Barverkäufe	
	40% Rechnungsverkäufe	
6.	Gehaltszahlungen über Bank:	
	Bruttogehälter	54 000,— DM
	Lohnsteuer + Kirchensteuer	6 500,— DM
	Sozialversicherung (50%)	9 700,— DM
	vermögenswirksame Leistungen	1 872,— DM
	Tarifvertragliche Leistungen	1 404,— DM
	Arbeitnehmer-Sparzulagen	432,— DM
7.	Bareinzahlungen auf Bankkonto	195 000,— DM
8.	Banküberweisung der noch abzuführenden Abgaben aus Aufg. 6 Arbeitnehmer-Sparzulage wird verrechnet.	
9.	Dividenden aus Beteiligungen 12% Bankeingang	

10.	Zahlungseingänge für Rechnungsverkäufe:	
	Bankkonto	84 600,— DM
	Postgirokonto	20 500,— DM
11.	Festgestellter Warendiebstahl	3 200,— DM
12.	Bankeingänge für Mieterträge	25 200,— DM
13.	Banküberweisungen für:	
	Werbeaufwendungen netto	8 400,— DM
	+ 14% USt.	1 176,— DM
14.	Warenrückgaben durch Kunden	428,— DM
	mit Bargelderstattung	
15.	Banküberweisungen an:	
	Verlage	29 600,— DM
	BAG	15 100,— DM
16.	Diskontbelastungen durch	
	Wechselgläubiger inkl. 14% USt.	570,— DM
17.	Bankeinlösung eines Schuldwechsels	5 200,— DM
18.	Privatentnahmen:	
	Schreibmaschine (Buchwert)	1 000,— DM
	+ 14% USt.	
	Bücher (Nettopreise) inkl. 7% USt.	856,— DM
19.	Banküberweisung der	
	Gebäudehaftpflichtversicherung	600,— DM
20.	Banküberweisungen für:	
	Hypothekentilgung	18 000,— DM
	Hypothekenzinsen	2 800,— DM
	Darlehenstilgung	8 000,— DM
	Darlehenszinsen	1 200,— DM
21.	Verkauf einer Lizenz für	36 000,— DM
	Buchwert	30 000,— DM
	Bankgutschrift	
22.	Kauf eines Pkw inkl. 14% USt. für	25 080,— DM
	Finanzierung: 1. Alter Pkw wird für	8 000,— DM
	+ 14% USt.	
	in Zahlung gegeben.	
	2. Rest:	
	40% über Wechsel	
	50% über Bank	
	10% bar	

Abschlußangaben:

a) Indirekte Abschreibung auf Fuhrpark 25%
b) Direkte Abschreibung auf Gebäude 1%
c) Direkte Abschreibung auf Geschäftseinrichtung 10%
d) Direkte Abschreibung auf zweifelhafte Forderungen 50%
e) Auflösung der Rückstellungen aus dem Vorjahr
f) Zinserträge stehen noch aus 2 600,— DM
g) Am 1. September wurde die Gebäudehaftpflichtversicherung für 1 Jahr im voraus bezahlt. Jahresberichtigung!
h) Warenendbestand lt. Inventur:
Ladenpreise inkl. 7% USt.: 315 650,— DM
Pauschalwertberichtigung 60%

12.2 Abschlußarbeiten

Mit dem Schluß des Geschäftsjahres erfolgt einerseits die gesetzlich vorgeschriebene Bestandsaufnahme von Vermögen und Schulden (Inventur, Inventar, Bilanz) und andererseits der buchhalterische Kontenabschluß zur Erstellung der Soll-Bilanz.

12.2.1 Vorbereitende Abschlußbuchungen

Die vorbereitenden Abschlußbuchungen umfassen alle diejenigen Buchungen, bei denen das Schlußbilanzkonto und die Gewinn- und Verlustrechnung nicht berührt werden.

1. Abschluß der Warenkonten

a) *Wareneinkauf*

Bezugskosten:

30 Wareneinkauf an 37 Bezugskosten

Nachlässe:

38 Nachlässe an 154 Vorsteuer (Umsatzsteuerkorrektur)
38 Nachlässe an 30 Wareneinkauf (Nettonachlässe)

b) *Warenverkauf*

Erlösschmälerungen:

80 Warenverkauf an 89 Erlösschmälerungen

c) *Warenabschluß* (Bruttoverfahren)

90 Warenabschlußkonto	an	30 ff. Wareneinkaufskonten (Wareneinsatz)
80 ff. Warenverkaufskonten	an	184 Mehrwertsteuer
80 ff. Warenverkaufskonten	an	90 Warenabschlußkonto (Nettoumsätze)

2. *Mehrwertsteuer-Zahllast*

80 ff. Warenverkaufskonten	an	184 Mehrwertsteuer
184 Mehrwertsteuer	an	154 Vorsteuer (Vorsteuerabzug)

3. *Neutrales Ergebnis*

a) Außerordentliche und betriebsfremde Aufwendungen:

91 Abgrenzungssammelkonto	an	20 Außerordentliche und betriebsfremde Aufwendungen
		220 Haus- u. Grundstücksaufwendungen
		23 Zinsaufwendungen

b) Außerordentliche und betriebsfremde Erträge:

21 Außerordentliche und betriebsfremde Erträge	an	91 Abgrenzungssammelkonto
221 Haus- u. Grundstücks-Erträge		
24 Zinserträge		
26 Verrechnete kalkulatorische Kosten		

4. *Betriebsergebnis*

a) *Betriebliche Aufwendungen:*

92 Betriebsergebniskonto an Konten Klasse 4

b) *Betriebliche Erträge:*

90 Warenabschlußkonto an 92 Betriebsergebniskonto (Rohgewinn)

5. Privatkonten

a) Privateinlagen > Privatentnahmen:
19 Privatkonten an 08 Eigenkapital

b) Privateinlagen < Privatentnahmen:
08 Eigenkapital an 19 Privatkonto

6. Abschreibungen

7. Rechnungsabgrenzungen

12.2.2 Endgültige Abschlußbuchungen

1. Unternehmenserfolg

a) *Neutrales Ergebnis:*
Neutraler Gewinn:
91 Abgrenzungssammelkonto an 93 Gewinn u. Verlust

Neutraler Verlust:
93 Gewinn u. Verlust an 91 Abgrenzungssammelkonto

b) *Betriebsergebnis:*
Betriebsgewinn:
92 Betriebsergebniskonto an 93 Gewinn u. Verlust

Betriebsverlust:
93 Gewinn u. Verlust an 92 Betriebsergebniskonto

c) *Unternehmensergebnis*
Unternehmensgewinn:
93 Gewinn u. Verlust an 08 Eigenkapital
Unternehmensverlust:
08 Eigenkapital an 93 Gewinn u. Verlust

2. *Aktive Bestandskonten*

941 Schlußbilanzkonto an Aktive Bestandskonten: Klasse 0
Klasse 1
Klasse 3

3. *Passive Bestandskonten*

Passive Bestandskonten: Klasse 0 an 941 Schlußbilanzkonto
Klasse 1

12.2.3 Betriebsübersicht

Der Abschluß der Konten in Grund- und Hauptbuch ist eine komplizierte und langwierige Angelegenheit, die zudem noch sehr fehleranfällig ist. Sind Fehler aufgetreten, dann werden sie meist erst erkannt, wenn die Summen der Aktiva und der Passiva in der Bilanz nicht übereinstimmen, wenn die Bilanz nicht „aufgeht". Der Abschluß muß dann nachkontrolliert und manchmal erneut vorgenommen werden.
Aus diesem Grund wird der Abschluß zunächst in einer tabellarischen Aufstellung unabhängig vom Kontenabschluß durchgeführt. Diese Aufstellung bezeichnet man als:

Betriebsübersicht
Abschlußtabelle
Hauptabschlußübersicht
Abschlußbogen
Abschlußblatt
Abschlußtableau
Abschlußübersicht

oder auch als *Probebilanz.*

Auf Verlangen des Finanzamtes müssen Betriebe mit doppelter Buchführung eine Betriebsübersicht nach amtlichem Vordruck der Gewinn- und Verlustrechnung und der Bilanz beifügen (§ 60, Abs. 2 Einkommensteuer-Durchführungs-Verordnung). Die Betriebsübersicht muß dann außerdem als Bestandteil der Buchführung 10 Jahre aufbewahrt werden (§§ 146–147 Abgabenordnung).

Der Vorteil der Betriebsübersicht ergibt sich:

1. durch die *Kontrolle der Kontensummen.* Die Summen der Soll- und Habenseiten aller Konten müssen durch die doppelten Buchungen übereinstimmen, Fehler sind also sofort zu erkennen und können auf den Konten berichtigt werden, bevor diese abgeschlossen werden.

2. als kurzfristige *Bestands- und Erfolgsübersicht.* Da die Betriebsübersicht den Kontenabschluß nicht voraussetzt, können ohne größeren Aufwand monatliche Gewinn- und Verlustrechnungen und Bilanzen erstellt werden.

Erstellung der Betriebsübersicht

1. In der *Vorspalte* der Übersicht werden alle benötigten Konten in der Reihenfolge des Kontenplanes aufgeführt.
2. In der *Summenbilanz* werden die Summen der Soll- und Habenseiten der benötigten Konten eingetragen. (Summengleichheit!)
3. In der *Saldenbilanz I* wird die Differenz der jeweiligen Kontenzeile errechnet und eingetragen. Auch hierbei müssen dann die Soll- und Habensummen übereinstimmen.
4. Bei den *Umbuchungen* werden die vorbereitenden Abschlußbuchungen vorgenommen, wobei durch das Doppelprinzip ebenfalls Summengleichheit entstehen muß.
5. In der *Saldenbilanz II* wird für jedes von den Umbuchungen betroffene Konto ein neuer Saldo errechnet und eingetragen. Dadurch erhält man die endgültigen Salden der Konten.
6. In die *Inventurbilanz* (Abschlußbilanz, Beständebilanz) werden die Salden der Bestandskonten aus Saldenbilanz II übertragen. Dabei besteht normalerweise keine Summengleichheit mehr, weil nun Eigenkapitalerhöhungen (Gewinn) oder -minderungen (Verlust) erfaßt werden.
7. In die *Erfolgsübersicht* (Aufwands- und Ertragsbilanz) werden die Salden der Erfolgskonten aus Saldenbilanz II übertragen. Auch hier kann normalerweise keine Summengleichheit entstehen. Ist die Sollsumme in der Erfolgsübersicht größer als die Habensumme, dann wurde Verlust erwirtschaftet, umgekehrt wurde Gewinn erzielt.

Die Differenzen (Salden) bei Inventurbilanz und Erfolgsübersicht müssen übereinstimmen.

Beispiel:

Das folgende Beispiel einer Betriebsübersicht ist sehr vereinfacht. Die Kontensummen wurden willkürlich angenommen.

Umbuchungen:

1. Direkte Abschreibung auf Fuhrpark (Restwert) 20%
2. Direkte Abschreibung auf Geschäftseinrichtung 10%
3. Bezugskosten auf Wareneinkauf
4. Vorsteuer auf Mehrwertsteuer
5. Privatkonto auf Eigenkapital
6. Wareneinsatz auf Warenverkauf (Nettoverfahren) 48 000,— DM

Konto	Nr.	Summen		Salden I			Umbuchungen		Salden II		Inventur		Erfolgsübersicht	
		Soll	Haben	Soll	Haben	Nr.	Soll	Haben	Soll	Haben	Aktiva	Passiva	Aufwand	Ertrag
Fuhrpark	02	45000,–	5000,–	40000,–		470		(1) 8000,–	32000,–		32000,–			
Einrichtung	03	95000,–		95000,–		470		(2) 9500,–	85500,–		85500,–			
Eigenkapital	08		150000,–		150000,–	19	(5) 15000,–			135000,–		135000,–		
Kasse	10	6000,–	4000,–	2000,–					2000,–		2000,–			
Bank	12	24000,–	18000,–	6000,–					6000,–		6000,–			
Forderungen	14	9000,–	6000,–	3000,–					3000,–		3000,–			
Vorsteuer	154	2000,–		2000,–		184		(4) 2000,–						
Verbindlichkeiten	16	18000,–	30000,–		12000,–					12000,–		12000,–		
Mehrwertsteuer	184		7000,–		7000,–	154	(4) 2000,–			5000,–		5000,–		
Privat	19	15000,–		15000,–		08		(5) 15000,–						
Wareneinkauf	30	90000,–	5000,–	85000,–		37/80	(3) 1000,–	(6) 48000,–	38000,–		38000,–			
Bezugskosten	37	1000,–		1000,–		30		(3) 1000,–						
Gehälter	400	20000,–		20000,–					20000,–				20000,–	
Abschreibungen	470					02	(1) 8000,–							
						03	(2) 9500,–		17500,–				17500,–	
Warenverkauf	80		100000,–		100000,–	30	(6) 48000,–			52000,–				52000,–
Summen		325000,–	325000,–	269000,–	269000,–		83500,–	83500,–	204000,–	204000,–	166500,–	152000,–	37500,–	52000,–
												14500,–	14500,–	
											166500,—	166500,—	52000,–	52000,—

Eigenkapital:

	150000,–	alter Bestand
–	15000,–	Privatentnahmen
+	14500,–	Reingewinn
=	149500,–	neuer Bestand

Übungsaufgaben
(Lösungen: S. 277)

1. Erstellung der Betriebsübersicht:

Kontenbezeichnung	Nr.	Summenbilanz	
		SOLL	HABEN
Geschäftseinrichtung	03	78 000,—	
Eigenkapital	08		228 400,—
Kasse	10	6 000,—	2 800,—
Bank	12	57 000,—	23 000,—
Forderungen	14	19 000,—	8 000,—
Vorsteuer	154	2 500,—	
Verbindlichkeiten	16	12 000,—	27 000,—
Noch abzuführende Abgaben	183		2 100,—
Mehrwertsteuer	184		
Privatkonto	19	17 000,—	9 000,—
Wareneinkauf	30	195 000,—	
Gehälter	400	4 500,—	
Soziale Aufwendungen	402	800,—	
Raumkosten	42	3 000,—	
Steuern	43	1 200,—	
Abschreibungen	470		
Sonstige Geschäftsausgaben	48	600,—	
Warenverkauf	80		96 300,—
SUMMEN		396 600,—	396 600,—

Abschlußangaben:

1. Warenendbestand lt. Inventur	135 000,— DM
2. Direkte Abschreibung auf Geschäftseinrichtung	10%
3. Umsatzsteuer	7%
4. Banküberweisung der MwSt.-Zahllast und der Noch abzuführenden Abgaben	

Es wird der Bruttoabschluß der Warenkonten vorgenommen.

2. Erstellung der Betriebsübersicht:

Kontenbezeichnung	Nr.	Summenbilanz	
		SOLL	HABEN
Fuhrpark	02	35 000,—	5 000,—
Geschäftseinrichtung	03	96 000,—	3 000,—
Eigenkapital	08		227 951,—
Wertberichtigung auf Anlagen	0900		
Kasse	10	7 800,—	6 400,—
Bank	12	78 900,—	21 600,—
Forderungen	14	16 100,—	7 500,—
Vorsteuer	154	6 200,—	
Mehrwertsteuer	184		
Außerordentliche Aufwendungen	20	900,—	
Wareneinkauf	30	235 000,—	
Bezugskosten	37	2 500,—	
Nachlässe	38		1 070,—
Mietaufwendungen	41	4 000,—	
Steuern	43	2 600,—	
Abschreibungen	470		
Kraftfahrzeugkosten	49	1 200,—	
Warenverkauf	80		214 000,—
Erlösschmälerungen	89	321,—	
SUMMEN		486 521,—	486 521,—

Abschlußangaben:

1. Warenendbestand lt. Inventur	115 000,— DM
2. Indirekte Abschreibung auf Fuhrpark	25%
3. Indirekte Abschreibung auf Geschäftseinrichtung	10%
4. Umsatzsteuer	7%
5. Banküberweisung der MwSt.-Zahllast	

12.2.4 Kontenabschlußschema

(siehe Seiten 190 u. 191)

12.3 Abschluß bei verschiedenen Unternehmensformen

In den vorangegangenen Darstellungen wurde bei der Ermittlung des Jahreserfolges von der buchhändlerischen Einzelunternehmung ausgegangen. Die

Kontenabschlußschema

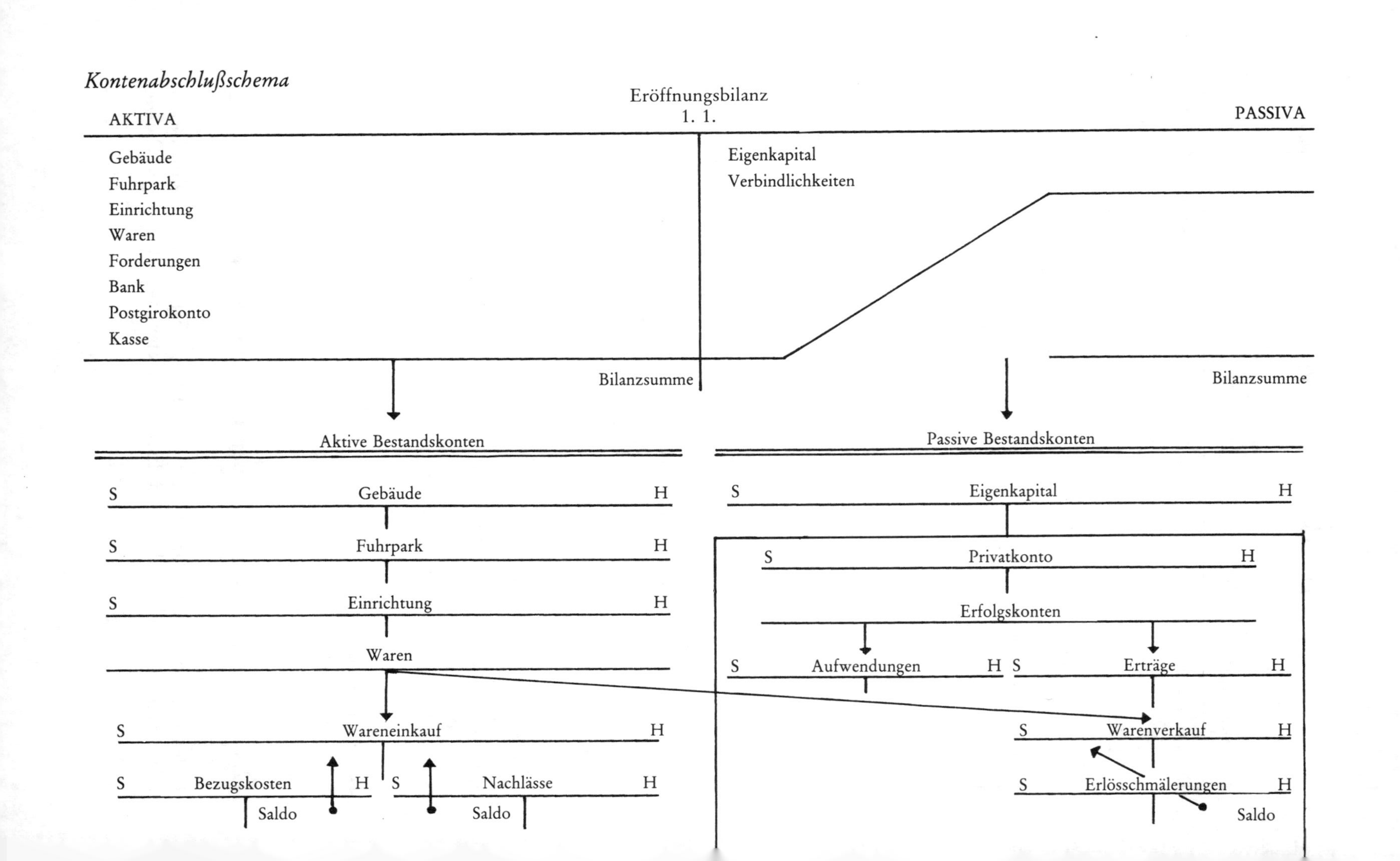

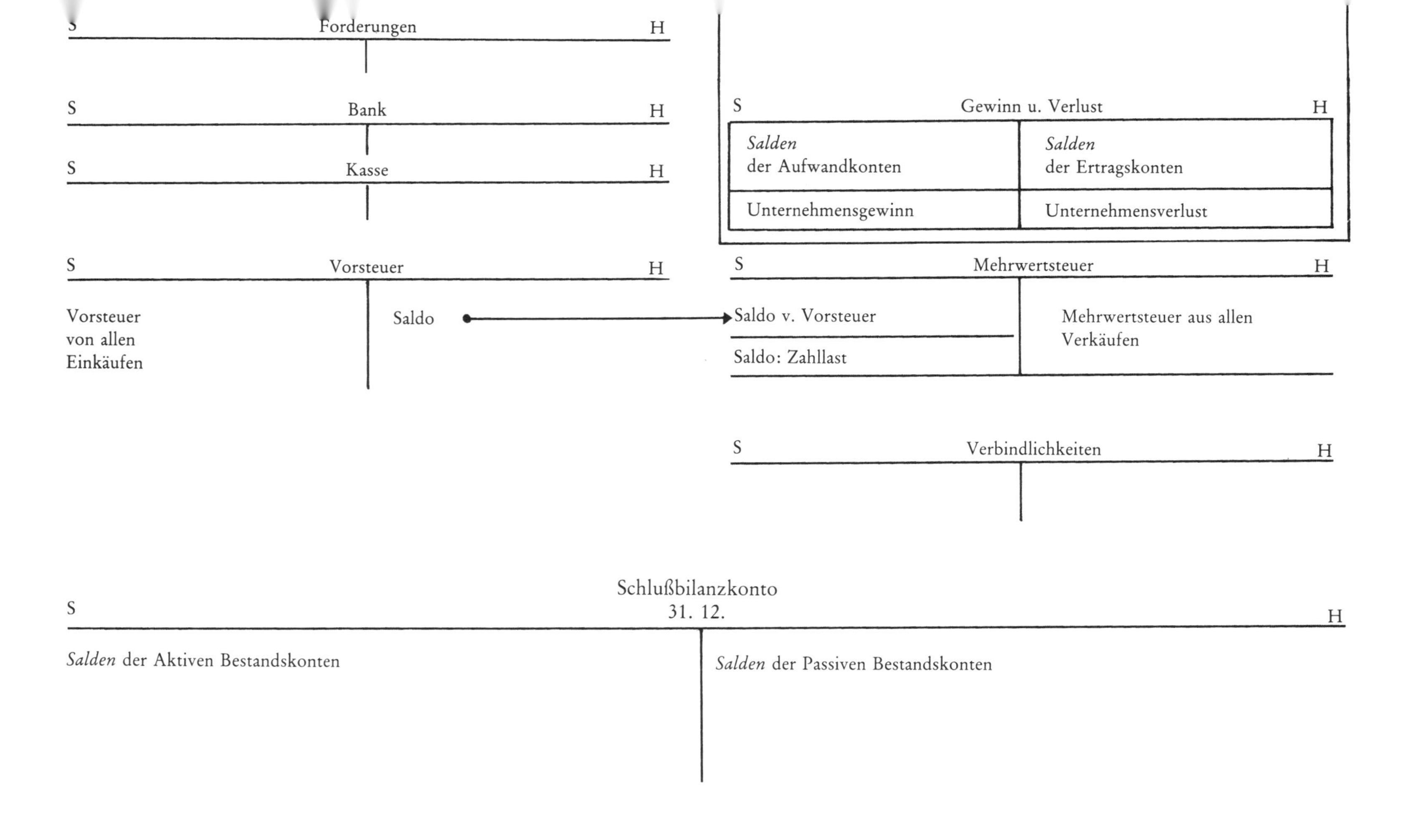

S
Forderungen
H
S
Bank
H
S
Kasse
H
S
Vorsteuer
H
Vorsteuer von allen Einkäufen
Saldo
S
Gewinn u. Verlust
H
Salden der Aufwandkonten
Salden der Ertragskonten
Unternehmensgewinn
Unternehmensverlust
S
Mehrwertsteuer
H
Saldo v. Vorsteuer
Saldo: Zahllast
Mehrwertsteuer aus allen Verkäufen
S
Verbindlichkeiten
H
Schlußbilanzkonto 31. 12.
S
H
Salden der Aktiven Bestandskonten
Salden der Passiven Bestandskonten

Unterschiede bei den Jahresabschlüssen verschiedener Unternehmensformen (Rechtsformen) liegen in der Verteilung und Buchung des Jahreserfolges sowie in der Bilanzausweisung.

12.3.1 Einzelunternehmung

Der Einzelkaufmann haftet mit seinem gesamten Betriebs- und Privatvermögen, daher kann aus dem Eigenkapitalausweis in der Bilanz nicht die Höhe des haftenden Kapitals abgelesen werden. Außerdem verändert sich das bilanzmäßige Eigenkapital während des Geschäftsjahres ständig durch Privatentnahmen und -einlagen. Der Jahreserfolg wird daher in der Bilanz nicht gesondert ausgewiesen.

Buchungen:

1. Steuerlicher Reingewinn:

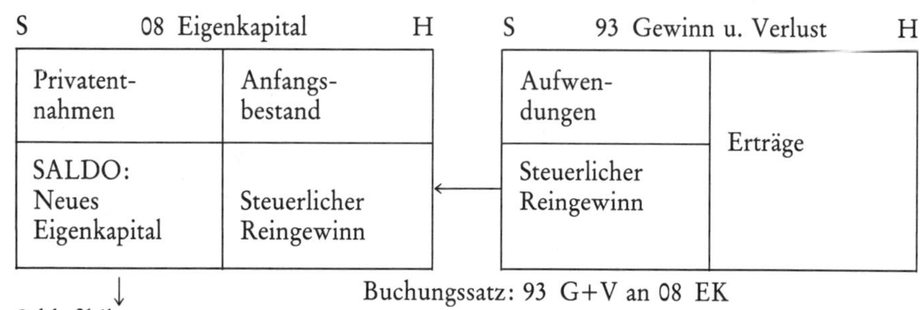

2. Steuerlicher Reinverlust:

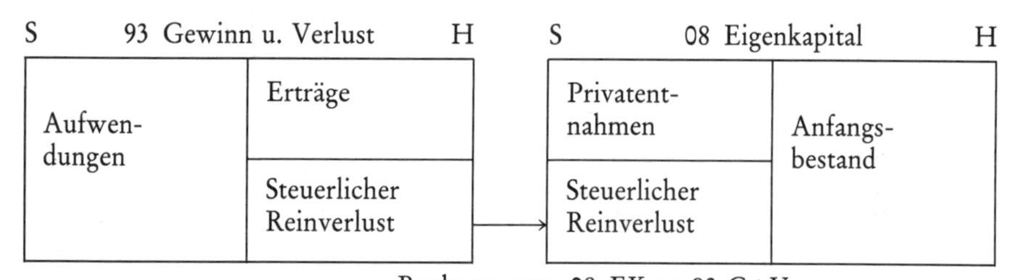

12.3.2 Personengesellschaften

12.3.2.1 Offene Handelsgesellschaft (OHG)

Die Gesellschafter einer OHG haften wie Einzelkaufleute mit Eigenkapital und Privatvermögen. Die Eigenkapitalveränderungen können deshalb für

jeden Gesellschafter während des Geschäftsjahres erfaßt werden. In der Bilanz werden für jeden Gesellschafter die Eigenkapitalbestände einzeln ausgewiesen, deshalb müssen für jeden Gesellschafter getrennte Eigenkapital- und Privatkonten geführt werden.
Der Jahresgewinn oder -verlust wird auf die einzelnen Gesellschafter verteilt, wobei entweder eine gesellschaftsvertragliche oder die gesetzliche Regelung (§ 121 HGB) vorzunehmen ist.
Nach HGB erhält jeder Gesellschafter vom erwirtschafteten Gewinn zunächst eine 4%ige Verzinsung seiner Einlage. Der Restgewinn wird gleichmäßig („nach Köpfen") auf die Gesellschafter verteilt. Im Falle eines Verlustes wird allen Gesellschaftern der gleiche Betrag belastet.

Beispiel:

Der steuerliche Reingewinn einer OHG beträgt 120 000,— DM. An der Firma sind beteiligt:

Gesellschafter A: 40 000,— DM
Gesellschafter B: 30 000,— DM
Gesellschafter C: 20 000,— DM

Privatentnahmen während des Geschäftsjahres:

Gesellschafter A: 24 000,— DM
Gesellschafter B: 18 000,— DM
Gesellschafter C: 12 000,— DM

Gewinnverteilungsrechnung:

Gesellschafter	Beteiligung (alter Kapitalstand)	4% (1)	Restgewinn (2)	Gesamtgewinn (1 + 2)	Privatentnahme	neuer Kapitalstand
A	40 000,—	1 600,—	38 800,—	40 400,—	24 000,—	56 400,—
B	30 000,—	1 200,—	38 800,—	40 000,—	18 000,—	52 000,—
C	20 000,—	800,—	38 800,—	39 600,—	12 000,—	47 600,—
Summen	90 000,—	3 600,—	116 400,—	120 000,—	54 000,—	156 000,—

  120 000,— DM Gewinn
– 3 600,— DM Verzinsung

116 400,— DM Restgewinn : 3 = 38 800,—

Buchung:

93 Gewinn u. Verlust 120 000,— DM an 081 Eigenkapital A: 40 400,— DM
082 Eigenkapital B: 40 000,— DM
083 Eigenkapital C: 39 600,— DM

Buchungen:

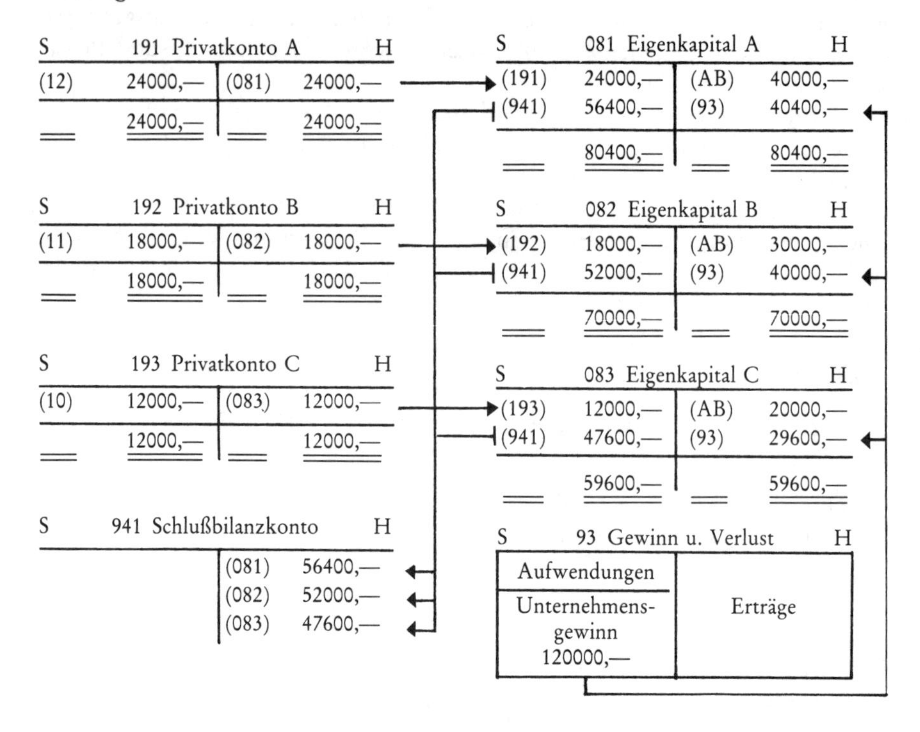

12.3.2.2 *Kommanditgesellschaft (KG)*

Bei der Kommanditgesellschaft gibt es zwei verschiedene Haftungsformen:

Der *Vollhafter* (Komplementär) haftet wie der Einzelkaufmann unbeschränkt mit seiner Kapitaleinlage und seinem gesamten Privatvermögen.

Der *Teilhafter* (Kommanditist) haftet nur bis zu seiner im Handelsregister eingetragenen Kapitaleinlage. Für ihn gelten folgende Vorschriften:

a) Privatentnahmen sind nicht möglich.
b) Gewinnanteile müssen solange dem Eigenkapitalkonto gutgeschrieben werden, bis der Kapitalanteil voll erbracht ist.
c) Ist der vorgesehene Kapitalanteil erbracht, dürfen Gewinne nicht mehr dem Eigenkapitalkonto gutgeschrieben werden, sondern sie müssen als „Verbindlichkeiten an Kommanditist X" ausgewiesen werden.

Wenn im Gesellschaftsvertrag der KG keine Regelung über die Gewinnverteilung enthalten ist, dann tritt die gesetzliche Regelung nach § 168 HGB in Kraft. Danach erhält jeder Gesellschafter zunächst eine 4%ige Verzinsung seiner Einlage, der Restgewinn wird im „angemessenen Verhältnis" zur Kapitalbeteiligung verteilt. Verluste werden ebenfalls „angemessen" verteilt.

Beispiel:

Der steuerliche Reingewinn einer KG beträgt 120 030,— DM.

An der KG sind beteiligt:

Komplementär (Vollhafter) A: 80 000,— DM
Kommanditist (Teilhafter) B: 30 000,— DM (18 000,— DM erbracht)
Kommanditist (Teilhafter) C: 20 000,— DM (voll erbracht)

Privatentnahmen von Komplementär A: 36 000,— DM

Gewinnverteilungsrechnung:

Gesellschafter	Beteiligung (alter Kapitalstand)	4% (1)	Teile	Restgewinn (2)	Gesamtgewinn (1 + 2)	Privatentnahmen/ Verbindlichkeiten	neuer Kapitalstand
A	80000,—	3200,—	8	70960,—	74160,—	36000,—	118160,—
B	30000,— (18000,—)	720,—	3	26610,—	27330,—	15330,—	30000,—
C	20000,—	800,—	2	17740,—	18540,—	18540,—	20000,—
Summen	130000,—	4720,—	13	115310,—	120030,—	—	168160,—

120 030,— DM Gewinn
− 4 720,— DM Verzinsung

115 310,— DM Restgewinn : 13 = 8 870,—

Buchung:

93 Gewinn u. Verlust 120 030,— DM an 081 Eigenkapital A: 74 160,— DM
082 Eigenkapital B: 12 000,— DM
Verbindlichkeit B: 15 330,— DM
Verbindlichkeit C: 18 540,— DM

Bei Banküberweisung an die Kommanditisten wird gebucht:

Verbindlichkeiten B: 15 330,— DM an 12 Bank 33 870,— DM
Verbindlichkeiten C: 18 540,— DM

Buchung:

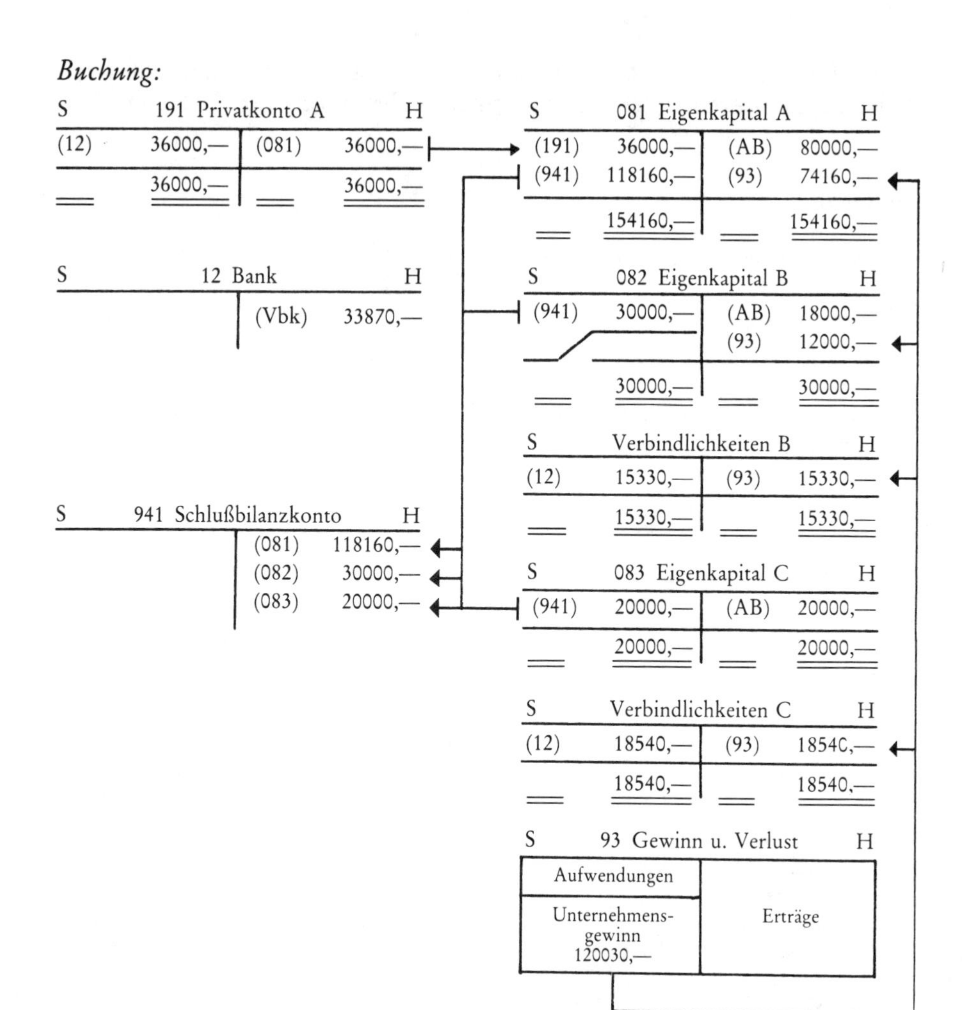

12.3.3 Kapitalgesellschaften

12.3.3.1 Aktiengesellschaft (AG)

Die Aktiengesellschaft ist keine im verbreitenden Buchhandel übliche Unternehmensform, im Zeitschriften- und Verlagswesen hat sie größere Bedeutung. Als Kapitalgesellschaft ist die AG eine juristische Person, die selbst für ihre Schulden haftet. Aus diesem Grund bestehen im Aktiengesetz genaue Vorschriften über die Bilanzierung des Eigenkapitals und über die Buchung und Verwendung des Jahreserfolges.

Das *Grundkapital* der AG ist das haftende Eigenkapital. Es ist identisch mit dem Nennwert der ausgegebenen Aktien und darf durch Gewinne oder Verluste nicht verändert werden.

Rücklagen werden aus dem erwirtschafteten Gewinn gebildet, sie sind Teile des Eigenkapitals und werden als Reserve für Notfälle geschaffen. Das Aktiengesetz schreibt gesetzliche Rücklagen vor. Die Gesellschaften müssen jeweils 5% des Jahresgewinnes der gesetzlichen Rücklage zuführen bis diese 10% des Grundkapitals erreicht hat. Darüber hinaus können Teile des Gewinns in eine freie Rücklage überführt werden, was einen Beschluß der Hauptversammlung voraussetzt.

Der *Gewinn* ist als Bilanzgewinn in der Bilanz gesondert auszuweisen, wobei die Zuführungen zur gesetzlichen Rücklage nicht mehr enthalten sind.

Über die *Verteilung* des Bilanzgewinns beschließt die einberufene Hauptversammlung im nächsten Jahr. Üblich ist folgende Verteilung:

a) Tantiemen an Aufsichtsrat und Vorstand
b) Dividenden an Aktionäre
c) Freie Rücklagen

Bleibt nach dieser Verteilung noch ein Restgewinn übrig, so wird er als Gewinnvortrag in der Bilanz ausgewiesen.

Beispiel:

Der Reingewinn einer AG beträgt 400 000,— DM. Er soll folgendermaßen verteilt werden:

5% gesetzliche Rücklage
7% freie Rücklage
10% Tantiemen Vorstand
6% Tantiemen Aufsichtsrat
70% Dividenden für Aktionäre
2% Gewinnvortrag

Zum Jahresabschluß wird der Gewinn zunächst auf ein Gewinnvortragskonto umgebucht, das dann über Schlußbilanzkonto abgeschlossen wird.

Buchungssätze:

Gewinn u. Verlust	400 000,— DM	an	Gewinnvortrags-konto	400 000,— DM
Gewinnvortrags-konto	400 000,— DM	an	Schlußbilanz-konto	400 000,— DM

Nach Beschluß der Hauptversammlung im nächsten Jahr wird gebucht.

Buchungssatz:

Gewinnvortragskonto	400 000,— DM	an	Gesetzliche Rücklagen	20 000,— DM
			Freie Rücklagen	28 000,— DM
			Verbindlichkeitskonto Vorstand	40 000,— DM
			Verbindlichkeitskonto Aufsichtsrat	24 000,— DM
			Dividendenausschüttung	280 000,— DM
			Gewinnvortrag	8 000,— DM

12.3.3.2 Gesellschaft mit beschränkter Haftung (GmbH)

Die GmbH haftet mit dem in der Bilanz ausgewiesenen *Stammkapital*, den Gesellschaftereinlagen. Das Stammkapital darf durch Gewinne oder Verluste nicht beeinflußt werden.

Rücklagenbildung ist bei der GmbH nicht gesetzlich vorgesehen, es können aber freie Rücklagen aus dem Gewinn gebildet werden. Gewinnreste, die nicht ausgeschüttet oder freien Rücklagen zugeführt werden, werden als Gewinnvortrag bilanziert.
Wenn im Gesellschaftervertrag über die Gewinnverteilung nichts vereinbart ist, tritt die gesetzliche Gewinnverteilung nach § 29 GmbH-Gesetz in Kraft. Danach wird der Gewinn im Verhältnis der Gesellschafteranteile verteilt. Bei vertraglich geregelter Verteilung können auch Tantiemen an die Geschäftsführung und an Aufsichtsräte verteilt werden.
Die Gewinnbuchungen erfolgen bei der GmbH analog zu denen der Aktiengesellschaft.

12.4 Auswertung

Aus dem vielfältigen Zahlenmaterial des Hauptbuchs, der Bilanz und der Erfolgsrechnung können bei ordnungsgemäßer Buchführung wichtige betriebliche *Kennzahlen* ermittelt werden, die notwendige Informationen liefern über:

- die wirtschaftliche Lage des Unternehmens
- die Kreditwürdigkeit des Unternehmens
- innerbetriebliche Vorgänge
- zwischenbetriebliche Vergleiche

An dieser Stelle wird nur auf die wesentlichen Kennzahlen für den Buchhandel eingegangen.*

12.4.1 Bilanzanalyse

Für jede Bilanzanalyse muß zunächst die aus der Inventur entwickelte Bilanz aufbereitet werden, das heißt, die einzelnen Bilanzpositionen werden in Gliederungszahlen umgerechnet.

Aktiva — Bilanz 31. 12. — Passiva

Aktiva		Passiva	
1. Anlagevermögen		*1. Eigenkapital*	300 000,— DM
Grundstück	120 000,— DM	*2. Fremdkapital*	
Fuhrpark	40 000,— DM	Hypotheken	90 000,— DM
Einrichtung	80 000,— DM	Darlehen	80 000,— DM
		Verbindlk.	70 000,— DM
2. Umlaufvermögen		Wechsel	50 000,— DM
Waren	280 000,— DM	MwSt.	10 000,— DM
Forderungen	30 000,— DM		
Bank	20 000,— DM		
Postgirokto.	28 000,— DM		
Kasse	2 000,— DM		
	600 000,— DM		600 000,— DM

Die aufbereitete Bilanz (siehe S. 200) ist noch wenig aussagefähig, sie läßt lediglich den Anteil der einzelnen Bilanzpositionen an der Bilanzsumme erkennen. Erst die Beziehung der Positionen zu- und untereinander läßt wichtige Kennziffern entstehen.

* Eine umfangreiche Darstellung findet sich in: Göhler-Merzbach, Grundwissen Buchhandel – Verlage, Bd. 1: Kaufmännisches Rechnen und Statistik, K. G. Saur-Verlag KG, 2. Auflage, München 1983.

Aktiva — Aufbereitete Bilanz — Passiva

DM	%	% gesamt	DM	%	% gesamt
1. *Anlagevermögen* nicht flüssig 240 000,— DM	40	40	1. *Eigenkapital* nicht fällig 300 000,— DM	50	50
2. *Umlaufvermögen* wenig flüssig (Waren) 280 000,— DM	46,7		2. *Fremdkapital* langfristig (Hypotheken) 90 000,— DM	15	
bedingt flüssig (Forderungen) 30 000,— DM	5		mittelfristig (Darlehen) 80 000,— DM	13,3	
flüssig (Bank, Pgirokto., Kasse) 50 000,— DM	8,3	60	kurzfristig (Verbindlichkeiten, Mehrwertsteuer, Schuldwechsel) 130 000,— DM	21,7	50
600 000,— DM		100	600 000,— DM		100

12.4.1.1 Vermögensstruktur

Die Vermögensstruktur kennzeichnet die Konstitution eines Unternehmens und gibt Auskunft über die Struktur des Vermögens:

$$\text{Vermögensstruktur (VS)} = \frac{\text{Anlagevermögen}}{\text{Umlaufvermögen}}$$

Auf der aufbereiteten Bilanz ergibt sich:

$$\text{VS} = \frac{240\,000,\text{— DM}}{360\,000,\text{— DM}} = \frac{2}{3}$$

Das Anlagevermögen hat einen Anteil von 2/3 des Umlaufvermögens. Je geringer das Anlagevermögen im Verhältnis zum Umlaufvermögen ist oder je kleiner die Kennziffer VS ist, desto

- besser kann sich das Unternehmen an Marktsituationen anpassen,
- geringer ist die Belastung mit festen Kosten (Abschreibungen),
- größer sind die Absatzmöglichkeiten.

Dabei ist allerdings zu beachten, daß in den verschiedenen Wirtschaftszweigen (Industrie, Großhandel, Einzelhandel) unterschiedliche Kennziffern zustande kommen können. Der Anteil des Anlagevermögens bei Handelsunternehmen ist normalerweise kleiner als bei Industrieunternehmen.

12.4.1.2 Kapitalaufbau

Zur Analyse des Kapitalaufbaus (Kapitalstruktur) müssen drei Kennziffern gebildet werden:

a) Die *Finanzierung* gibt das Verhältnis von Eigenkapital zu Fremdkapital an:

$$\text{Finanzierung} = \frac{\text{Eigenkapital}}{\text{Fremdkapital}}$$

Aus der aufbereiteten Bilanz ergibt sich:

$$\text{Finanzierung} = \frac{300\,000,\!\text{— DM}}{300\,000,\!\text{— DM}} = 1$$

Die Finanzierung sollte immer $\geqq 1$ sein, denn darauf gründet sich die Krisenfestigkeit des Unternehmens.

b) Der *Verschuldungsgrad* gibt das Verhältnis von Fremdkapital zu Eigenkapital an:

$$\text{Verschuldung} = \frac{\text{Fremdkapital} \cdot 100\%}{\text{Eigenkapital}}$$

Der Verschuldungsgrad ist der umgekehrte Wert der Finanzierung, seine Aussagekraft deckt sich mit der Finanzierungskennziffer. Die Verschuldung sollte daher immer $\leqq 1$ sein, bzw. in Prozent ausgedrückt, $\leqq 100\%$.

c) Die *Anspannung* (Kapitalanspannung) gibt das Verhältnis von Fremdkapital zum Gesamtkapital an:

$$\text{Anspannung} = \frac{\text{Fremdkapital} \cdot 100\%}{\text{Gesamtkapital}}$$

Aus der aufbereiteten Bilanz ergibt sich:

$$\text{Anspannung} = \frac{300\,000,\!\text{— DM} \cdot 100\%}{600\,000,\!\text{— DM}} = 50\%$$

Hoher Fremdkapitalanteil (Anspannung) bedeutet:

- hohe Zinsbelastung,
- Abhängigkeit von Gläubigern (Banken).

12.4.1.3 Investierung

Die Investierung (Anlagendeckung) gibt Auskunft darüber, inwieweit das Anlagevermögen durch Eigenkapital gedeckt ist oder wie krisenfest das Unternehmen ist.

$$\text{Anlagendeckung I} = \frac{\text{Eigenkapital} \cdot 100\%}{\text{Anlagevermögen}}$$

Aus der aufbereiteten Bilanz ergibt sich:

$$\text{Anlagendeckung I} = \frac{300\,000{,}\text{— DM} \cdot 100\%}{240\,000{,}\text{— DM}} = 125\%$$

Das Anlagevermögen und ein Teil des Umlaufvermögens ist durch das Eigenkapital finanziert worden.
Je höher die Anlagendeckung I ist, desto krisenfester ist die Existenz eines Unternehmens, denn die Finanzierung von Anlagevermögen durch Fremdkapital hat folgende Nachteile:

- Zu den festen Kosten des Anlagevermögens (Abschreibungen) müssen Fremdkapitalzinsen unabhängig von der wirtschaftlichen Lage aufgebracht werden.
- Fremdkapital muß zurückgezahlt werden, das Anlagevermögen soll aber langfristig im Betrieb eingesetzt werden. Wenn in Notsituationen zur Rückzahlung von Fremdkapital Anlagenteile verkauft werden müßten, würde das die Existenz des Unternehmens erheblich gefährden.

In der Praxis läßt sich diese Gefahr dadurch mindern, daß man zur Anlagendeckung nur langfristiges Fremdkapital einsetzt, wenn das Eigenkapital nicht ausreicht.

$$\text{Anlagendeckung II} = \frac{\text{Eigenkapital} + \text{langfr. Fremdkapital} \cdot 100\%}{\text{Anlagevermögen}}$$

12.4.1.4 Liquidität

Eine wesentliche Auskunft über die Situation eines Unternehmens erhält man durch die Liquidität (Zahlungsbereitschaft), das heißt, durch die Fähigkeit des Unternehmens seinen Zahlungsverpflichtungen nachzukommen.

a) *Barliquidität*

Sie gibt darüber Auskunft, ob die baren Mittel ausreichen, um die sofort fälligen und kurzfristigen Verbindlichkeiten zu begleichen.

$$\text{Liquidität I} = \frac{\text{Kasse + Postgirokonto + Bank}}{\text{kurzfristige Verbindlichkeiten}}$$

Aus der aufbereiteten Bilanz ergibt sich:

$$\text{Liquidität I} = \frac{50\,000,\text{— DM}}{130\,000,\text{— DM}} = 1:2{,}6$$

Als Faustregel gilt ein Verhältnis von 1 : 5, so daß in dem gewählten Beispiel die Zahlungsbereitschaft als gut zu bezeichnen ist.

b) *Einzugsliquidität*

Sie gibt darüber Auskunft, ob die baren und die einzugsbedingten Mittel ausreichen, um die sofortigen und kurzfristigen Verbindlichkeiten zu begleichen.

$$\text{Liquidität II} = \frac{\text{flüssige Mittel + Forderungen}}{\text{kurzfristige Verbindlichkeiten}}$$

Als Faustregel gilt hierbei ein Verhältnis von 1 : 1.

Für das gewählte Beispiel ergibt sich folgende Situation:

$$\text{Liquidität II} = \frac{50\,000,\text{— DM} + 30\,000,\text{— DM}}{130\,000,\text{— DM}} = 1:1{,}625$$

Das Verhältnis ist schlechter als die Idealkennzahl. Das Unternehmen muß kurzfristig dafür sorgen, daß die flüssigen Mittel erhöht werden.

c) *Umsatzliquidität*

Sie ist nur dann bedeutsam, wenn die Zahlungsbereitschaft für mittelfristige Zeiträume beurteilt werden soll.

$$\text{Liquidität III} = \frac{\text{flüssige Mittel + Forderungen + Waren}}{\text{kurzfristige Verbindlichkeiten}}$$

(Faustregel: 2 : 1)

Für das gewählte Beispiel zeigt sich:

$$\text{Liquidität III} = \frac{50\,000,\text{— DM} + 30\,000,\text{— DM} + 280\,000,\text{— DM}}{130\,000,\text{— DM}}$$

$$= 2{,}8 : 1$$

Das Verhältnis ist zwar besser als die Faustregel, läßt aber meist darauf schließen, daß der Lagerbestand zu hoch ist, was zu weiteren Kosten (Lagerkosten) führt.

Die Liquiditätskennziffern geben allerdings nur ungenaue Auskunft über die Zahlungsbereitschaft, denn sie sind auf den Stichtag bezogen, an dem sie berechnet werden. Außerdem berücksichtigen sie nicht die genauen Zahlungstermine und erfassen nur diejenigen Zahlungsverpflichtungen, die aus der Buchführung als Verbindlichkeiten ersichtlich sind. Alle anderen Kosten und Aufwendungen, die ebenfalls bezahlt werden müssen (Gehälter, Mieten, Steuern usw.), werden vernachlässigt.
Aus diesen Gründen kann im Unternehmen auf eine genaue Finanzplanung nicht verzichtet werden, in der alle Zahlungsvorgänge nach Fälligkeiten erfaßt werden müssen.

12.4.2 Rentabilität

Die Rentabilitätskennziffern sollen Auskunft darüber geben, wie sich das eingesetzte Kapital rentiert (verzinst) hat. Dazu wird das Verhältnis des erwirtschafteten Gewinns zum eingesetzten Kapital errechnet.

12.4.2.1 Eigenkapitalrentabilität

Die Eigenkapitalrentabilität mißt den Unternehmenserfolg des im Unternehmen eingesetzten Eigenkapitals. Dabei müssen für Einzelunternehmungen, Personen- und Kapitalgesellschaften unterschiedliche Kennziffern verwendet werden.

Bei *Kapitalgesellschaften* (AG, GmbH) entspricht der ausgewiesene Unternehmensgewinn dem zur Rentabilitätsermittlung anzusetzenden Gewinn, weil er keinen Unternehmerlohn mehr enthält.

Eigenkapitalrentabilität (Kapitalgesellschaften)

$$R_{EK} = \frac{\text{Unternehmensgewinn} \cdot 100\%}{\text{Eigenkapital}} \quad \text{(Unternehmerrentabilität)}$$

Beispiel (GmbH):

Stammkapital: 400 000,— DM
Rücklagen: 200 000,— DM
Unternehmensgewinn: 100 000,— DM

$$R_{EK} = \frac{100\,000,\text{— DM}}{600\,000,\text{— DM}} \cdot 100\% = 16{,}7\%$$

Bei *Einzelunternehmen* und *Personengesellschaften* enthalten die Buchgewinne noch den kalkulatorischen Unternehmerlohn für die mitarbeitenden Inhaber, der laut Einkommensteuergesetz nicht gewinnmindernd gebucht werden darf.

Eigenkapitalrentabilität (Einzelunternehmen, Personengesellschaft)

$$R_{EK} = \frac{\text{Unternehmensgewinn} - \text{Unternehmerlohn}}{\text{Eigenkapital}} \cdot 100\%$$

Beispiel (Einzelunternehmen):

Eigenkapital: 400 000,— DM
Unternehmerlohn: 40 000,— DM
Unternehmergewinn: 60 000,— DM

$$R_{EK} = \frac{60\,000,\text{— DM} - 40\,000,\text{— DM}}{400\,000,\text{— DM}} \cdot 100\% = 5\%$$

Je größer die Rentabilitätskennziffer ist, desto besser hat sich das eingesetzte Eigenkapital verzinst.
Liegt die Rentabilität über einem durchschnittlichen Kapitalmarktzinssatz, dann ist es gut, so wenig wie möglich Fremdkapital zu halten. Liegt umgekehrt die Rentabilität unter Kapitalmarktzinssatz, dann ist es besser, das Unternehmen stärker mit Fremdkapital auszustatten und das Eigenkapital einer zinsbesseren Verwendung zuzuführen.

12.4.2.2 Gesamtkapitalrentabilität

Die Gesamtkapitalrentabilität mißt den Unternehmenserfolg am Verhältnis des erwirtschafteten Unternehmensgewinns zum Gesamtkapital (Eigenkapital + Fremdkapital).
Die Zinsen für das Fremdkapital stellen einen betrieblichen Aufwand dar. Deshalb müssen sie bei der Berechnung der Rentabilitätskennziffer berücksichtigt werden.

Gesamtkapitalrentabilität (Kapitalgesellschaften)

$$R_{GK} = \frac{\text{Unternehmensgewinn} + \text{Fremdkapitalzinsen}}{\text{Gesamtkapital}} \cdot 100\% \text{ (Unternehmensrentabilität)}$$

Gesamtkapitalrentabilität (Einzelunternehmen, Personengesellschaft)

$$R_{GK} = \frac{\text{Unternehmensgewinn} - \text{Unternehmerlohn} + \text{Fremdkapitalzinsen}}{\text{Gesamtkapital}} \cdot 100\%$$

Beispiel (OHG):

Eigenkapital:	300 000,— DM
Fremdkapital:	100 000,— DM
Unternehmensgewinn:	120 000,— DM
Unternehmerlohn:	100 000,— DM
Fremdkapitalzinssatz:	12%

$$R_{GK} = \frac{120\,000,\text{— DM} - 100\,000,\text{— DM} + 12\,000,\text{— DM}}{400\,000,\text{— DM}} \cdot 100\% = 8\ \%$$

Solange die Gesamtkapitalrentabilität kleiner ist als die Eigenkapitalrentabilität, lohnt sich der Einsatz von Fremdkapital, denn in diesem Fall ist der Zinssatz für das Fremdkapital geringer als die Rentabilität des Eigenkapitals. Das Fremdkapital erwirtschaftet mehr als es kostet.

12.4.2.3 *Umsatzrentabilität*

Die Umsatzrentabilität mißt den Unternehmenserfolg an den Verkaufserlösen (Umsatz).

Umsatzrentabilität (Kapitalgesellschaften)

$$R_U = \frac{\text{Unternehmensgewinn}}{\text{Umsatz zu Nettoverkaufspreisen}} \cdot 100\%$$

Umsatzrentabilität (Einzelunternehmen, Personengesellschaft)

$$R_U = \frac{\text{Unternehmensgewinn} - \text{Unternehmerlohn}}{\text{Umsatz zu Nettoverkaufspreisen}} \cdot 100\%$$

Beispiel: (Einzelunternehmen):

Nettoumsatz:	1 600 000,— DM
Unternehmensgewinn:	140 000,— DM
Unternehmerlohn:	60 000,— DM

$$R_U = \frac{140\,000,\text{— DM} - 60\,000,\text{— DM}}{1\,600\,000,\text{— DM}} \cdot 100\% = 5\%$$

Diese Kennziffer eignet sich gut als Vergleichszahl für mehrere hintereinanderliegende Rechnungszeiträume. Je größer die Kennziffer ist, desto besser sind die Kosten gedeckt.
Im Buchhandel wird die Umsatzrentabilität nach dem „Kölner Betriebsvergleich" im Verhältnis zum Bruttoumsatz ermittelt.

12.4.3 Erfolgsanalyse

Der Erfolg (Wirtschaftlichkeit) eines Unternehmens wird durch das Verhältnis der Erträge zu den Aufwendungen gemessen.

12.4.3.1 Unternehmenserfolg

Die Kennziffer für den Unternehmenserfolg wird aus dem Verhältnis zwischen Gesamterlösen (einschließlich außerordentlicher und betriebsfremder Erlöse) und Gesamtaufwand (einschließlich außerordentliche und betriebsfremde Aufwendungen) gebildet.

$$\text{Unternehmenserfolg} = \frac{\text{Gesamterlöse}}{\text{Gesamtaufwand}} \cdot 100\%$$

Beispiel (Buchhandlung):

Erlöse zu Nettoladenpreisen	(Kontenklasse 8)	1 200 000,— DM
+ Außerord. + betr.fr. Erlöse	(Kontenklasse 2)	300 000,— DM
= Gesamterlöse		1 500 000,— DM
Wareneinsatz	(Kontenklasse 3)	840 000,— DM
+ Betriebliche Kosten	(Kontenklasse 4)	290 000,— DM
+ Außerord. + betr. fr. Aufw.	(Kontenklasse 2)	120 000,— DM
= Gesamtaufwand		1 250 000,— DM

$$\text{Unternehmenserfolg} = \frac{1\,500\,000,\text{— DM}}{1\,250\,000,\text{— DM}} \cdot 100\% = 120\%$$

Der Unternehmenserfolg ist positiv, wenn der Wert über 100% liegt.

12.4.3.2 Betriebserfolg

Eine deutlichere Aussage über den Erfolg des Betriebszwecks (Bücherverkauf) erhält man, wenn die Umsätze und die Aufwendungen von allen außerordentlichen und betriebsfremden Vorgängen bereinigt werden, wenn man den Betriebsertrag in Beziehung setzt zu den Selbstkosten.

Betriebsertrag: 1 200 000,— DM
Selbstkosten: 1 130 000,— DM

$$\text{Betriebserfolg} = \frac{\text{Betriebsertrag}}{\text{Selbstkosten}} \cdot 100\%$$

$$\text{Betriebserfolg} = \frac{1\,200\,000,\text{— DM}}{1\,130\,000,\text{— DM}} \cdot 100\% = 106{,}2\%$$

Ist der Betriebserfolg niedriger als der Unternehmenserfolg, dann täuscht das Gesamtergebnis über die geringere Wirtschaftlichkeit des Betriebes (Bücherverkauf) hinweg. Solche Anzeichen häufen sich in konjunkturell angespannten Zeiten, in denen das Gesamtergebnis durch außerordentliche und betriebsfremde Erträge noch positiv gestaltet wird. Ertragssteigerungen oder Kostensenkungen sind dann dringend notwendig.

12.4.3.3 Lagerkennziffern

Zur ständigen Kontrolle des Lagers empfiehlt es sich, Lagerkennziffern, möglichst nach Warengruppen geordnet, zu bilden.

a) *Durchschnittlicher Lagerbestand*

$$\varnothing\,\text{LB} = \frac{\text{Anfangsbestand} + \text{Endbestand}}{2}$$

oder:

$$\varnothing\,\text{LB} = \frac{\text{Anfangsbestand} + 12\ \text{Monatsendbestände}}{13}$$

b) *Lagerumschlag*

$$\text{LUG} = \frac{\text{Wareneinsatz (netto)}}{\varnothing \text{ Lagerbestand (netto)}} \quad \text{oder:} \quad \frac{\text{Bruttoumsatz}}{\varnothing \text{ LB zu Verkaufspreisen}}$$

c) *Durchschnittliche Lagerdauer*

$$\varnothing \text{ LD} = \frac{\text{360 Tage}}{\text{LUG}}$$

Beispiel:

S	30 Wareneinkauf		H
Anfangsbestand	150 000,— DM	Wareneinsatz	300 000,— DM
Einkäufe	200 000,— DM	Endbestand	50 000,— DM
	350 000,— DM		350 000,— DM

a) $\varnothing \text{ LB} = \frac{150\,000\text{,— DM} + 50\,000\text{,— DM}}{2} = 100\,000\text{,— DM}$

b) $\text{LUG} = \frac{300\,000\text{,— DM}}{100\,000\text{,— DM}} = 3$

c) $\varnothing \text{ LD} = \frac{360}{3} = 120 \text{ Tage}$

Solange Bücher auf Lager liegen ist das darin gebundene Kapital nicht verwendbar. Außerdem verursacht die Lagerung Kosten, die nicht durch Erlöse gedeckt werden. Je größer das Lager ist, desto schneller sollte es umgesetzt werden.

12.4.3.4 Debitorenumschlag

Ein ordnungsgemäßer Zahlungseingang für die Außenstände (Forderungen) ist eine wesentliche Voraussetzung für die Liquidität eines Unternehmens.

a) *Durchschnittlicher Debitorenstand*

$$\varnothing \text{ DB} = \frac{\text{Anfangsbestand + Endbestand}}{2}$$

b) *Debitorenumschlag*

$$\text{DUG} = \frac{\text{Nettoumsätze}}{\varnothing\ \text{DB}}$$

c) *Durchschnittliches Zahlungsziel*

$$\varnothing\ \text{ZL} = \frac{360}{\text{DUG}}$$

Beispiel:

Nettoumsätze: 630 000,— DM
Forderungen: 40 000,— DM zum 1. 1.
Forderungen: 30 000,— DM zum 31. 12.

a) $\varnothing\ \text{DB} = \frac{40\,000{,}\text{— DM} + 30\,000{,}\text{— DM}}{2} = 35\,000{,}\text{— DM}$

b) $\text{DUG} = \frac{630\,000{,}\text{— DM}}{35\,000{,}\text{— DM}} = 18$

c) $\varnothing\ \text{ZL} = \frac{360}{18} = 20\ \text{Tage}$

Je größer der Debitorenumschlag ist, desto eher gehen Zahlungen für Außenstände ein und desto höher ist die eigene Liquidität.

12.4.3.5 Kreditorenumschlag

Die folgenden Kennziffern sind wichtig zur Erfassung der durchschnittlichen Rechnungsziele der Lieferanten

a) *Durchschnittlicher Kreditorenbestand*

$$\varnothing\ \text{KB} = \frac{\text{Anfangsbestand} + \text{Endbestand}}{2}$$

b) *Kreditorenumschlag*

$$\text{KUG} = \frac{\text{Nettoumsätze}}{\varnothing\ \text{KB}}$$

c) *Durchschnittliches Zahlungsziel*

$$\varnothing\ \text{ZL} = \frac{360}{\text{KUG}}$$

Beispiel:

Nettoumsätze: 630 000,— DM
Verbindlichkeiten: 76 000,— DM zum 1. 1.
Verbindlichkeiten: 50 000,— DM zum 31. 12.

$$\text{a) } \varnothing \text{ KB} = \frac{76\,000,\text{— DM} + 50\,000,\text{— DM}}{2} = 63\,000,\text{— DM}$$

$$\text{b) KUG} = \frac{630\,000,\text{— DM}}{63\,000,\text{— DM}} = 10$$

$$\text{c) } \varnothing \text{ ZL} = \frac{360}{10} = 36 \text{ Tage}$$

Je länger das Zahlungsziel der Lieferanten ist, desto geringer wird die Belastung der liquiden Mittel und desto größer wird die Möglichkeit der Skontoausnutzung.

12.4.3.6 Kalkulationszuschlag, Handelsspanne und Betriebshandelsspanne

a) *Kalkulationszuschlag*

$$\text{KLZ} = \frac{\text{Rohgewinn} \cdot 100\%}{\text{Wareneinsatz}}$$

b) *Handelsspanne*

$$\text{HSP} = \frac{\text{Rohgewinn} \cdot 100\%}{\text{Nettoumsatz}}$$

c) *Betriebshandelsspanne*

$$\text{Betr. HSP} = \frac{\text{Rohgewinn} \cdot 100\%}{\text{Bruttoumsatz}}$$

Beispiel:

S	30 Wareneinkauf		H
Anfangsbestand	150 000,— DM	Rücksendungen	10 000,— DM
Einkäufe	200 000,— DM	Wareneinsatz	300 000,— DM
Bezugskosten	30 000,— DM	Endbestand	70 000,— DM
	380 000,— DM		380 000,— DM

S	80 Warenverkauf		H
Wareneinsatz	300 000,— DM	Bruttoumsatz	481 500,— DM
Mehrwertsteuer	31 500,— DM		
Rohgewinn	150 000,— DM		
	481 500,— DM		481 500,— DM

a) KLZ $= \frac{150\,000,\text{— DM} \cdot 100\%}{300\,000,\text{— DM}} = 50\%$

b) HSP $= \frac{150\,000,\text{— DM} \cdot 100\%}{450\,000,\text{— DM}} = 33\frac{1}{3}\%$

c) Betr. HSP $= \frac{150\,000,\text{— DM} \cdot 100\%}{481\,500,\text{— DM}} = 31{,}15\%$

13 Organisation der doppelten Buchführung

Bei den bisherigen Buchungen wurden die Geschäftsfälle immer sofort auf den entsprechenden Sachkonten gebucht. Neben dieser *sachlichen Aufzeichnung* auf Konten ist aber eine ordnungsgemäße Erfassung der Geschäftsfälle in *zeitlicher Reihenfolge* erforderlich.
Beide Vorgänge, sachliche und zeitliche Aufzeichnung, sind durch Nebenaufzeichnungen zu ergänzen. Dafür gibt es verschiedene „*Bücher*", wobei der Betriff Buch nur Symbolcharakter besitzt und wie z. B. bei Datenverarbeitungsverfahren durch elektronische Speicher ersetzt werden muß.

Solche Bücher sind:

Inventar- und Bilanzbuch
Grundbuch
Hauptbuch
Nebenbücher

Inventar- und Bilanzbuch, Grundbuch und Hauptbuch sind zur systematischen und doppelten Erfassung aller Geschäftsfälle erforderlich, wobei es unerheblich ist, ob erst im Grundbuch und danach im Hauptbuch (Übertragungsbuchführung) oder gleichzeitig (Durchschreibebuchführung) gebucht wird. (Grafik, siehe S. 214)

Belege sind die Grundlagen der Buchungen. Durch die Belege wird festgelegt,

- um welchen Geschäftsfall es sich handelt,
- auf welchen Konten zu buchen ist,
- welcher Betrag zu buchen ist.

Darüber hinaus wird jeder Geschäftsfall in den beiden *Systembüchern* erfaßt:

Im *Grundbuch* werden die Geschäftsfälle in der zeitlichen Reihenfolge ihres Auftretens gebucht.

Das *Hauptbuch* umfaßt alle Sachkonten, auf denen die Geschäftsfälle durch sachliche Erfassung gebucht werden.

Die Inventare, Eröffnungs- und Schlußbilanzen können wegen besserer Übersichtlichkeit und Handhabung in einem gesonderten *Inventar-* und *Bilanzbuch* festgehalten werden.

Da die Systembücher die Buchungsbeträge weitgehend nur summarisch erfassen, ist es wegen Übersichtlichkeit und Kontrolle erforderlich, Nebenaufzeichnungen in *Nebenbüchern* zeitlich und sachlich gesondert auszuweisen.

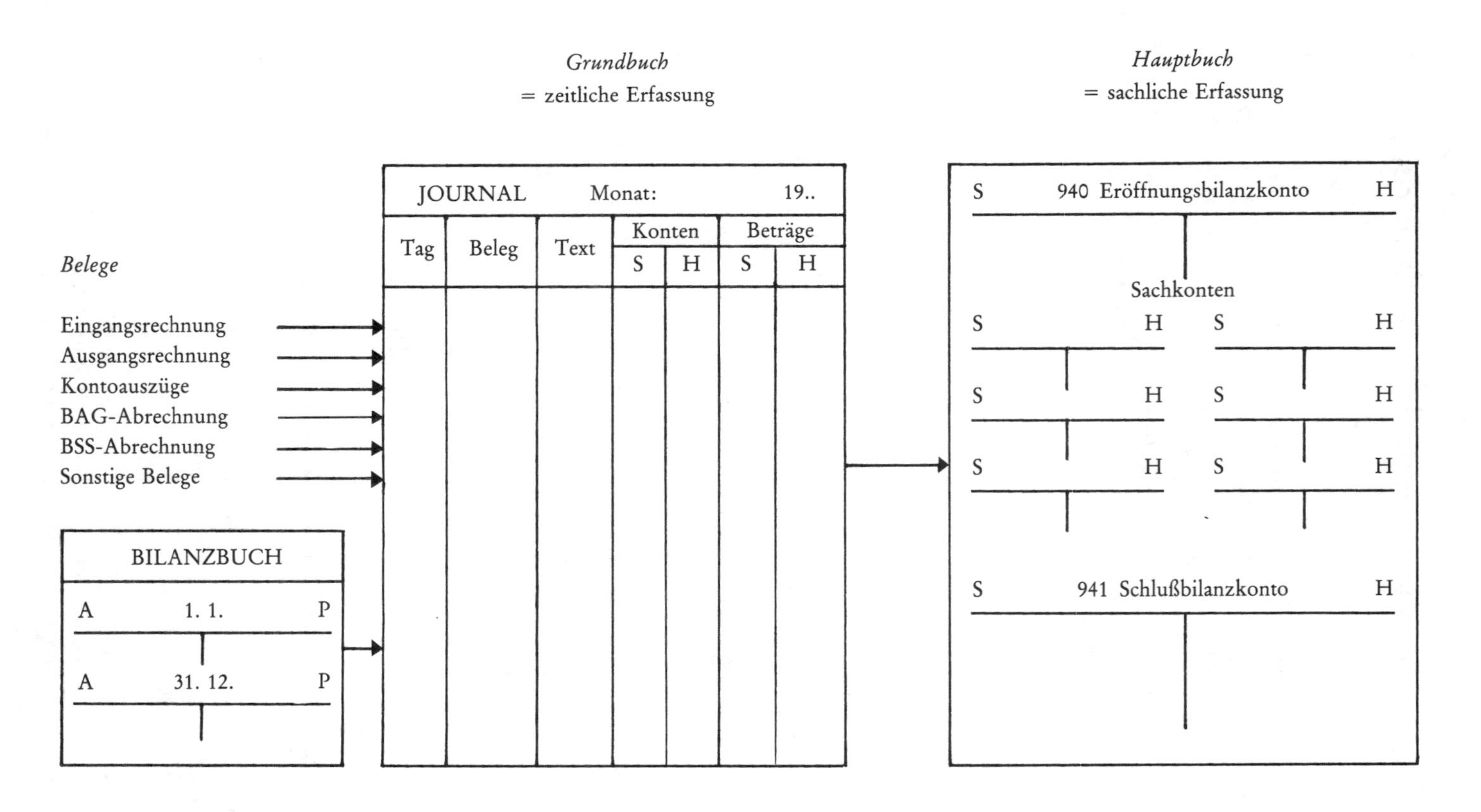

Grundbuch
= zeitliche Erfassung
Hauptbuch
= sachliche Erfassung
Belege
Eingangsrechnung
Ausgangsrechnung
Kontoauszüge
BAG-Abrechnung
BSS-Abrechnung
Sonstige Belege
BILANZBUCH
A 1. 1. P
A 31. 12. P
JOURNAL Monat: 19..
Tag
Beleg
Text
Konten
S H
Beträge
S H
S 940 Eröffnungsbilanzkonto H
Sachkonten
S H S H
S H S H
S H S H
S 941 Schlußbilanzkonto H

13.1 Grundbuch, Hauptbuch, Nebenbücher

13.1.1 Grundbuch

Im Grundbuch (Journal, Tagebuch, Memorial, Primanota) werden keine Konten geführt, sondern die Geschäftsfälle werden mit allen Einzelheiten in ihrer zeitlichen Reihenfolge eingetragen. Aus dem Grundbuch muß zu erkennen sein:

- das Datum des Geschäftsfalles,
- der Beleg mit Belegnummer,
- der Geschäftsfall durch Buchungstext,
- die Buchung mit Konten und Beträgen.

Die Grundlage für die Eintragungen im Journal sind die Belege, nach denen die laufende Geschäftsfälle einzutragen sind. Außerdem müssen im Grundbuch die Eröffnungsbuchungen, die vorbereitenden und die endgültigen Abschlußbuchungen vorgenommen werden.

JOURNAL Monat: Januar / Dezember 19.. Blatt-Nr.:

Tag	Beleg	Text	Konten		Beträge	
			S	H	SOLL	HABEN
		Eröffnungsbuchungen:				
2. 1.	EB	Fuhrpark	02	940	20 000,—	20 000,—
		Geschäftseinrichtung	03	940	80 000,—	80 000,—
		Wareneinkauf	30	940	150 000,—	150 000,—
		Forderungen	14	940	8 000,—	8 000,—
		Bank	12	940	12 000,—	12 000,—
		Postgirokonto	11	940	10 000,—	10 000,—
		Kasse	10	940	2 000,—	2 000,—
		Eigenkapital	940	08	204 000,—	204 000,—
		Darlehen	940	072	40 000,—	40 000,—
		Verbindlichkeiten	940	16	30 000,—	30 000,—
		Schuldwechsel	940	17	5 000,—	5 000,—
		Mehrwertsteuer	940	184	3 000,—	3 000,—
		Übertrag:			564 000,—	564 000,—

JOURNAL Monat: Januar / Dezember 19.. Blatt-Nr.:

Tag	Beleg	Text	Konten S	Konten H	Beträge SOLL	Beträge HABEN
		Übertrag:			564 000,—	564 000,—
		Laufende Buchungen:				
8. 1.	ER 1	Wareneinkauf netto	30		10 000,—	
		Vorsteuer (7%)	154		700,—	
		Verbindlichkeiten		16		10 700,—
10. 2.	AR 1	Forderungen	14		32 100,—	
		Warenverkauf brutto		80		32 100,—
17. 3.	BA 1	Verbindlichkeiten	16		8 000,—	
		Bank		12		8 000,—
20. 4.	BA 2	Gehälter	400		10 000,—	
		Soziale Aufwendungen	402		2 400,—	
		Noch abzuführende Abgaben		183		6 000,—
		Bank		12		6 400,—
18. 5.	PA 1	Postgirokonto	11		4 000,—	
		Forderungen		14		4 000,—
7. 6.	BA 3	Darlehen	072		5 000,—	
		Bank		12		5 000,—
28. 7.	BA 4	Bank	12		8 000,—	
		Fuhrpark		03		8 000,—
30. 8.	Rg. 1	Frachtkosten	37		150,—	
		Vorsteuer (14%)	154		21,—	
		Kasse		10		171,—
6. 9.	KB 1	Kasse	10		21 400,—	
		Warenverkauf brutto		80		21 400,—
8. 9.	BA 5	Bank	12		20 000,—	
		Kasse		10		20 000,—
10. 10.	Rg. 2	Büromaterial	48		500,—	
		Vorsteuer (14%)	154		70,—	
		Postgirokonto		11		570,—
16. 11.	BA 6	Mietaufwendungen	41		3 000,—	
		Bank		12		3 000,—
18. 12.	BA 7	Gewerbesteuer	43		2 000,—	
		Bank		12		2 000,—
		Übertrag:			691 341,—	691 341,—

JOURNAL Monat: Januar / Dezember 19.. Blatt-Nr.:

Tag	Beleg	Text	Konten S	Konten H	Beträge SOLL	Beträge HABEN
		Übertrag:			691 341,—	691 341,—
		Vorbereitende Abschluß-buchungen:				
31. 12.	SB 1	Abschreibungen	47		7 000,—	
		Fuhrpark		02		1 200,—
		Geschäftseinrichtung		03		5 000,—
		Forderungen		14		800,—
		Bezugskosten	30	37	150,—	150,—
		Mehrwertsteuer	80	184	3 500,—	3 500,—
		Umbuchung Vorsteuer	184	154	791,—	791,—
		Abschlußbuchungen:				
31. 12.	SB 2	Nettoumsatz	80	93	50 000,—	50 000,—
		Wareneinsatz	93	30	24 000,—	24 000,—
		Warenbestand lt. Inventur	941	30	136 150,—	136 150,—
		Gehälter	93	400	10 000,—	10 000,—
		Soziale Aufwendungen	93	402	2 400,—	2 400,—
		Mietaufwendungen	93	41	3 000,—	3 000,—
		Steuern	93	43	2 000,—	2 000,—
		Geschäftsausgaben	93	48	500,—	500,—
		Umbuchung Reingewinn	93	08	8 100,—	8 100,—
		Fuhrpark	941	02	10 800,—	10 800,—
		Geschäftsausstattung	941	03	75 000,—	75 000,—
		Forderungen	941	14	35 300,—	35 300,—
		Bank	941	12	15 600,—	15 600,—
		Postgirokonto	941	11	13 430,—	13 430,—
		Kasse	941	10	3 229,—	3 229,—
		Eigenkapital	08	941	212 100,—	212 100,—
		Darlehen	072	941	35 000,—	35 000,—
		Verbindlichkeiten	16	941	32 700,—	32 700,—
		Schuldwechsel	17	941	5 000,—	5 000,—
		Mehrwertsteuer	184	941	5 709,—	5 709,—
		Noch abzuführende Abgaben	183	941	6 000,—	6 000,—
			SUMME		1 388 800,—	1 388 800,—

Bezeichnungen:

AR	= Ausgangsrechnung	KB	= Kassenbeleg
BA	= Bankauszug	Rg	= Rechnung
EB	= Eröffnungsbilanz	SB	= Selbstbeleg
ER	= Eingangsrechnung	PA	= Postgirokontoauszug

13.1.2 Hauptbuch

Im Hauptbuch werden die Geschäftsfälle aufgrund der Belege und der vorgenommenen Grundbucheintragungen auf Sachkonten gebucht, z. B. alle Kassenvorgänge auf einem Kassenkonto (Hauptbuch). Das Hauptbuch enthält alle Konten des Unternehmens. Bei der Buchung auf einem Sachkonto muß vermerkt werden:

- das Datum
- der Beleg mit Nummer
- die Grundbuchseite
- der Buchungstext
- das Gegenkonto
- der Betrag

Hauptbuch: Buchungen

Hauptbuch			Konto: Kasse		Konto-Nr.: 10		
Datum	Beleg	Journal-Seite	Text	Gegenkonto		Buchung	
				Nr.	Konto	Soll	Haben
17. 3.	AR 43	12	Barverkauf	80	Warenverkauf	48,—	
20. 3.	ER 58	12	Büromaterial	48	Gesch. Ausg.		
				154	Vorsteuer		399,—

Hauptbuch			Konto: Warenverkauf		Konto-Nr.: 80		
Datum	Beleg	Journal-Seite	Text	Gegenkonto		Buchung	
				Nr.	Konto	Soll	Haben
17. 3.	AR 43	12	Barverkauf	10	Kasse		48,—

13.1.3 Nebenbücher

In der Praxis ist es erforderlich, zusätzlich zu den Buchungen, die im Hauptbucht erfaßt werden, weitere sachliche Untergliederungen vorzunehmen.

Das Hauptbuchkonto Forderungen enthält nur Summenbuchungen und nicht Forderungen gegen einen bestimmten Kunden. Für die Rechnungskontrollen müssen daher einzelne Kundenkonten, Debitoren, geführt werden. Das gleiche gilt für die Lieferanten, die Kreditoren. Darüber hinaus müssen Angaben für die einzelnen Waren (Warengruppensystematik), für einzelne Anlagegüter (Fuhrpark, Geschäftseinrichtung) oder die ausgezahlten Gehälter verfügbar sein. Diese Aufgabe können die Hauptbuchkonten nicht übernehmen, weil sie nicht so differenziert geführt werden können. Diese Aufgabe übernehmen die Nebenbücher:

Geschäftsfreundebuch (Debitoren, Kreditoren), Bestellbuch, Warenbuch, Anlagenbuch, Lohn- und Gehaltsbuch, Wechselbuch, Wertpapierbuch.

Die Nebenbücher lassen sich bequem in Form von Karteien führen, so daß Gegenbuchungen entfallen können.

13.2 Verfahren der doppelten Buchführung

13.2.1 Belege (mit Übungsaufgaben) (Lösungen: S. 277)

Die Grundsätze ordnungsgemäßer Buchführung verlangen, daß keine Buchung ohne Beleg erfolgen darf. Belege sind *schriftliche Grundlagen* von Geschäftsfällen, und sie sind das Bindeglied zwischen diesen und den dazugehörigen Buchungen.

Man unterscheidet:

1. Natürliche Belege

Sie entstehen mit dem Geschäftsfall:

Ausgangsrechnung beim Warenverkauf, Zahlungseingang auf dem Bankkonto usw.

2. Künstliche Belege

Sie werden erstellt, wenn für einen Geschäftsfall kein natürlicher Beleg entsteht:

Privatentnahme von Waren

3. Fremdbelege

Sie kommen von außen:

Eingangsrechnung für Wareneinkäufe

4. Eigenbelege

Sie werden im Unternehmen selbst erstellt:

Ausgehende Banküberweisung

	Natürliche Belege	Künstliche Belege
Fremdbelege	Eingangsrechnungen Quittungen Bankgutschriften Banklastschriften eingehende Geschäftsbriefe Frachtbriefe	Ersatzbelege für verlorengegangene natürliche Belege
Eigenbelege	Durchschriften von Ausgangs- rechnungen und Quittungen Durchschläge von ausgehenden Geschäftsbriefen Gehaltslisten	Quittungen über Privatentnahmen Belege für Umbuchungen Stornobuchungen Abschlußbuchungen

Jeder Buchung darf nur ein Beleg zugrundeliegen. Entstehen bei einem Geschäftsfall mehrere Belege (Geschäftsbrief mit Angebot, Geschäftsbrief mit Bestellung, Lieferschein, Eingangsrechnung, Lastschrift, Kontoauszug), dann muß einer davon als Buchungsbeleg bestimmt werden.

Die buchungsfähigen Belege werden nach Belegarten vorsortiert (Eingangsrechnungen, Ausgangsrechnungen, Bankauszüge, Kassenstreifen) und fortlaufend numeriert.
Auf den Belegen werden schließlich die Buchungssätze angegeben (Vorkontierung durch Kontierungsstempel).

Für die folgenden Belege ist die Vorkontierung mit Buchungssätzen im Lösungsteil angegeben.

1.

30.8.83

Empfängerabschnitt

DM	Pf
- 126	60

für Postscheckkonto Nr
9623-605

Absender (mit Postleitzahl)
Max Weber
Hegelstr. 15
6204 Tst. 4

Verwendungszweck
Rg. 578-83
v. 12.8.83

2.

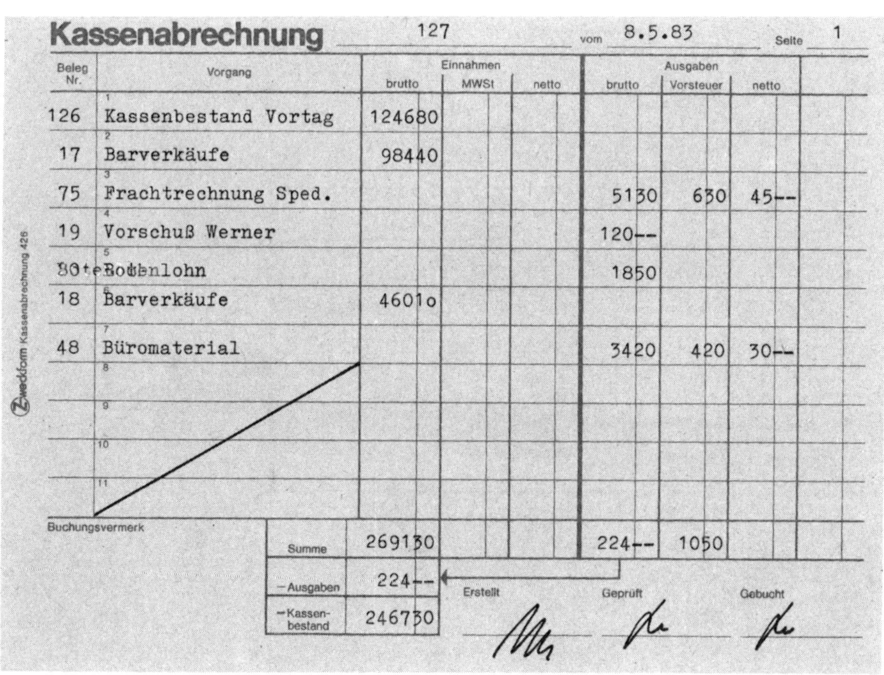

Kassenabrechnung 127 vom 8.5.83 Seite 1

Beleg Nr.	Vorgang	Einnahmen brutto	Einnahmen MWSt	Einnahmen netto	Ausgaben brutto	Ausgaben Vorsteuer	Ausgaben netto
126	Kassenbestand Vortag	1246 80					
17	Barverkäufe	984 40					
75	Frachtrechnung Sped.				51 30	6 30	45 --
19	Vorschuß Werner				120 --		
80	Botenlohn				18 50		
18	Barverkäufe	460 1o					
48	Büromaterial				34 20	4 20	30 --

Buchungsvermerk

Summe	2691 30	224 --	10 50
– Ausgaben	224 --		
= Kassenbestand	2467 30		

Erstellt Geprüft Gebucht

Zweckform Kassenabrechnung 426

3.

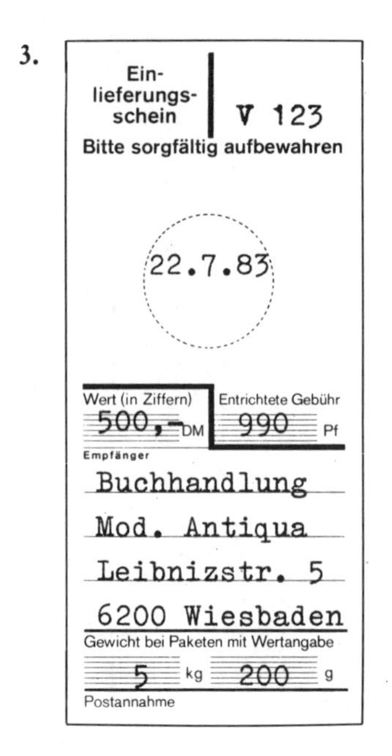

Ein-
lieferungs-
schein
V 123
Bitte sorgfältig aufbewahren

22.7.83

Wert (in Ziffern) 500,– DM
Entrichtete Gebühr 990 Pf

Empfänger
Buchhandlung
Mod. Antiqua
Leibnizstr. 5
6200 Wiesbaden

Gewicht bei Paketen mit Wertangabe
5 kg 200 g

Postannahme

4.

Für Vermerke des Absenders
Rg. 4789 - 83
v. 7.6.83
Rg.-Betrag 480,--

Einlieferungsschein
– Bitte sorgfältig aufbewahren –

DM	Pf
– 470	40

für Taschenbuchverlag
Exzellent

675-505 PschA Köln
Postscheckkonto Nr.

17.6.83

Postvermerk

OVA 2.82/6 5 4 3 2 1
210 × 105,8, Kl. 36f 921 900 000

5.

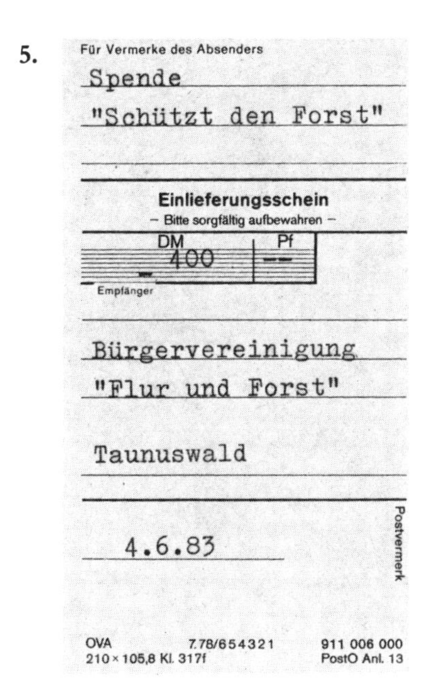

Für Vermerke des Absenders

Spende
"Schützt den Forst"

Einlieferungsschein
– Bitte sorgfältig aufbewahren –

DM	Pf
400	--

Empfänger

Bürgervereinigung
"Flur und Forst"

Taunuswald

4.6.83

Postvermerk

OVA 7.78/654321 911 006 000
210 × 105,8 Kl. 317f PostO Anl. 13

6.

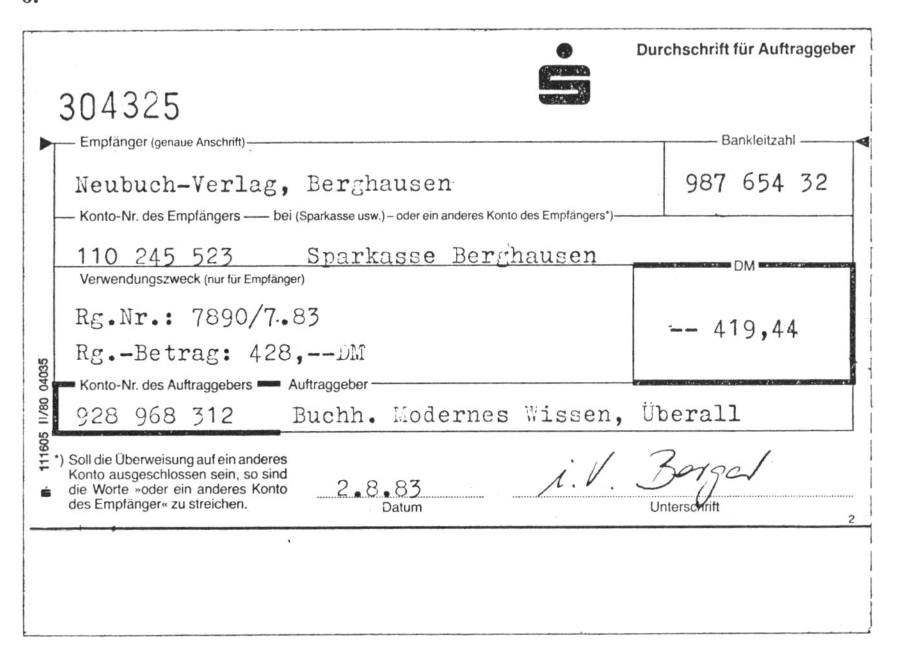

Durchschrift für Auftraggeber

304325

Empfänger (genaue Anschrift) — Bankleitzahl
Neubuch-Verlag, Berghausen — 987 654 32

Konto-Nr. des Empfängers — bei (Sparkasse usw.) – oder ein anderes Konto des Empfängers*)
110 245 523 Sparkasse Berghausen

Verwendungszweck (nur für Empfänger)
Rg.Nr.: 7890/7.83
Rg.-Betrag: 428,--DM

DM
-- 419,44

Konto-Nr. des Auftraggebers — Auftraggeber
928 968 312 Buchh. Modernes Wissen, Überall

*) Soll die Überweisung auf ein anderes Konto ausgeschlossen sein, so sind die Worte »oder ein anderes Konto des Empfängers« zu streichen.

2.8.83 — Datum
i. V. Berger — Unterschrift

111605 II/80 04035

7.

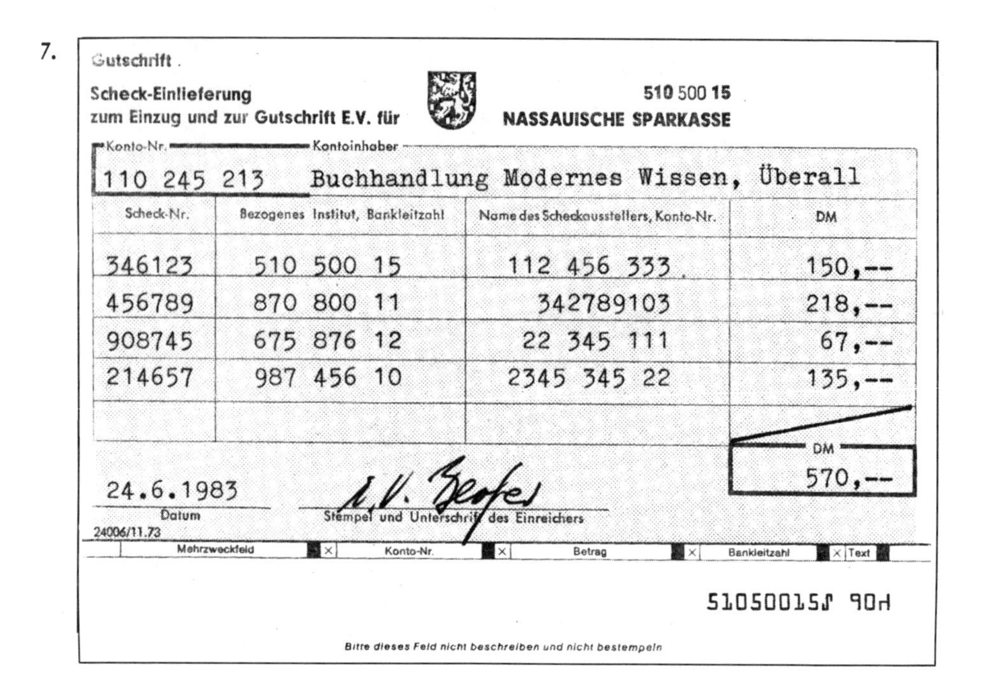

Gutschrift

Scheck-Einlieferung
zum Einzug und zur Gutschrift E.V. für

510 500 15
NASSAUISCHE SPARKASSE

Konto-Nr. 110 245 213 Kontoinhaber Buchhandlung Modernes Wissen, Überall

Scheck-Nr.	Bezogenes Institut, Bankleitzahl	Name des Scheckausstellers, Konto-Nr.	DM
346123	510 500 15	112 456 333	150,--
456789	870 800 11	342789103	218,--
908745	675 876 12	22 345 111	67,--
214657	987 456 10	2345 345 22	135,--

DM 570,--

24.6.1983
Datum

Stempel und Unterschrift des Einreichers

24006/11.73

Mehrzweckfeld | Konto-Nr. | Betrag | Bankleitzahl | Text

Bitte dieses Feld nicht beschreiben und nicht bestempeln

8.

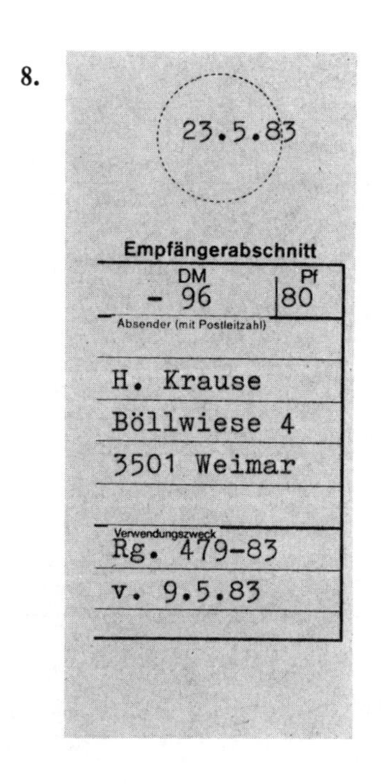

23.5.83

Empfängerabschnitt

DM - 96 Pf 80

Absender (mit Postleitzahl)

H. Krause
Böllwiese 4
3501 Weimar

Verwendungszweck
Rg. 479-83
v. 9.5.83

9.

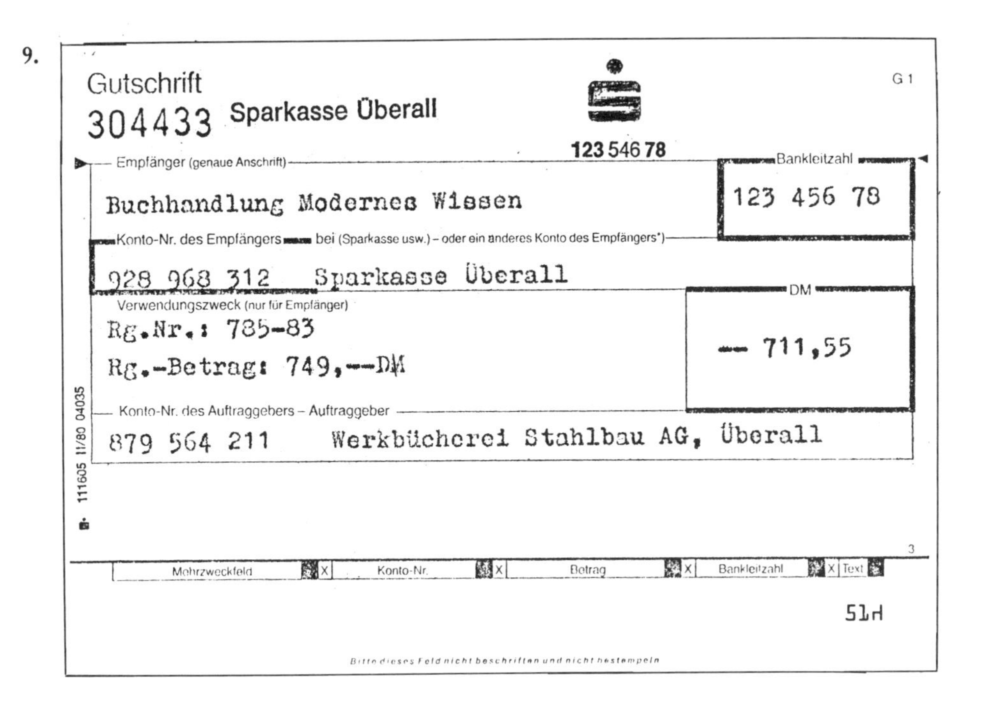

Gutschrift G 1

304433 Sparkasse Überall

123 546 78

Empfänger (genaue Anschrift)
Buchhandlung Modernes Wissen

Bankleitzahl
123 456 78

Konto-Nr. des Empfängers bei (Sparkasse usw.) – oder ein anderes Konto des Empfängers*)
928 968 312 Sparkasse Überall

Verwendungszweck (nur für Empfänger)
Rg.Nr.: 785-83
Rg.-Betrag: 749,--DM

DM
-- 711,55

Konto-Nr. des Auftraggebers – Auftraggeber
879 564 211 Werkbücherei Stahlbau AG, Überall

111605 11/80 04035

Mehrzweckfeld	X	Konto-Nr.	X	Betrag	X	Bankleitzahl	X	Text

51H

Bitte dieses Feld nicht beschriften und nicht bestempeln

10.

Einlieferungsschein -Sorgfältig aufbewahren-

Bitte die stark umrandeten Teile in Blockschrift oder maschinell ausfüllen

a) Zahlung eines ausländischen Arbeitnehmers in sein Heimatland
b) Reisekosten
X c) Sonstiges (siehe Rückseite)

Name des Empfängers
Edition Allemande

Straße und Nr.
Rue de 5 Fleurs 33

Bestimmungsort
Lyon

Bestimmungsland
Frankreich

Eingezahlter Betrag oder
546 DM -- Pf

fremde Währung

Nr. der Postanweisung/Tag/Postamt
23 7.8.83 Wbn 1

Postvermerk

9.81 / 654321
105×215(2), Kl. 314f/36 915 400 000

11.

Scheck-Nr. 3460412 | Konto-Nr. 694305051 | Bankleitzahl 64950022 (3a)

SPARKASSE BURGSTADT

Muster!

Zahlen Sie gegen diesen Scheck aus meinem/unserem Guthaben

DM 72,--

-------zweiundsiebzig-------------

Deutsche Mark in Buchstaben

---------------------------- Pf wie nebenstehend

an Buchhandlung Modernes Wissen, Überall oder Überbringer

Exakta Versicherung AG
Burgstadt

Muster!

Burgstadt, 27.6.1983

Ausstellungsort, Datum

Unterschrift des Ausstellers

Verwendungszweck Beitragsrückvergütung Schadenfreiheitsrabatt, Vers.Nr. 64120613

(Mitteilung für den Zahlungsempfänger)

Der vorgedruckte Schecktext darf nicht geändert oder gestrichen werden. Die Angabe einer Zahlungsfrist auf dem Scheck gilt als nicht geschrieben.

Scheck-Nr. | Konto-Nr. | Betrag | Bankleitzahl | Text

0000003460412⑆ 0694305051⑈ 64950022⑆ 01⑈

Bitte dieses Feld nicht beschriften und nicht bestempeln

12.

SPARKASSE BERGHAUSEN (2a)

Zahlen Sie gegen diesen Scheck

einhundertundvierzig

Betrag in Buchstaben

an Buchhandl. Modernes Wissen oder Überbringer

Währung DM | Betrag -- 140,--

Überall

Ort

28.7.1983

Datum

Unterschrift

MUSTER

Der vorgedruckte Schecktext darf nicht geändert oder gestrichen werden. Die Angabe einer Zahlungsfrist auf dem Scheck gilt als nicht geschrieben.

Scheck-Nr. | Konto-Nr. | Betrag | Bankleitzahl | Text

0000000333796⑆ 0142016978⑈ 12354678⑆ 11⑈

Bitte dieses Feld nicht beschriften und nicht bestempeln

13.

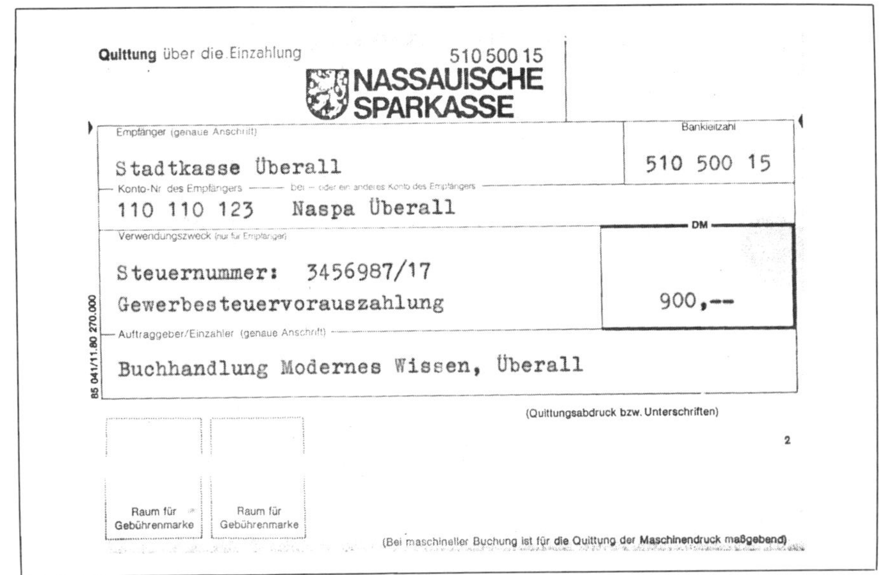
Quittung über die Einzahlung 510 500 15

NASSAUISCHE SPARKASSE

Empfänger (genaue Anschrift): Stadtkasse Überall — Bankleitzahl: 510 500 15

Konto-Nr. des Empfängers: 110 110 123 — bei — oder ein anderes Konto des Empfängers: Naspa Überall

Verwendungszweck (nur für Empfänger): Steuernummer: 3456987/17 Gewerbesteuervorauszahlung — DM 900,--

Auftraggeber/Einzahler (genaue Anschrift): Buchhandlung Modernes Wissen, Überall

85 041/11.80 270.000

(Quittungsabdruck bzw. Unterschriften)

2

Raum für Gebührenmarke

Raum für Gebührenmarke

(Bei maschineller Buchung ist für die Quittung der Maschinendruck maßgebend)

14.

Kontoauszug

Sparkasse Berghausen

Konto-Nr. 142 016 978

Wert		Text	Soll		Haben
28	03	UEBERWEISUNG	258,00	BAG	
31	03	DAUERAUFTRAG	190,00	IHK	
01	04	TELEFON	63,22		
01	04	SCHECK 333789	299,00	Verlag L+L	
03	04	SCHECKEINLIEFERUNG		Müller	46,00

Alter Saldo: H 1321,04

Neuer Saldo: H 556,82

Buch.-Datum	Anlagen	Auszug	Blatt
01.04.	0	20	1

H = Guthaben
S = Schuld

Buchhandlung
Modernes Wissen
9985 Überall

Deutscher Sparkassenverlag

Die Gutschrift von Einzugspapieren erfolgt unter Vorbehalt des Einganges. Unstimmigkeiten bitten wir umgehend zu melden.

15. **Lohn-/Gehaltsabrechnung**

Firma (Stempel): Buchhandlung Modernes Wissen

Name: Manfred Werner

Zeitraum: 1.8. – 31.8.1983 — Nr. 8

Lohn/Gehalt	Gehalt/ ______ Std. .... à DM				1780	--
					+	
	______ Überstunden .... à DM				+	
	Überstd.-/Akkord-Zuschläge				+	
					+	
					+	
	Vermögenswirksame Leistungen des Arbeitgebers				+ 39	--
Bemessungsgrundlage	Brutto-Verdienst	1819	--	⟵	= 1819	--
	Lohnsteuer-Freibetrag	− 150	--			
Abzüge	Lohnsteuer Kl. III,1 aus	1669	--	= 116	80	
				+		
	Kirchensteuer: ev. 8 % kath.			+ 5	34	
	Sozialversicherungsbeiträge: Arbeitnehmeranteil — Krankenkasse BEK			+ 101	--	
	Rentenversicherung			+ 150	21	
	Arbeitslosenversicherung			+ 33	38	
	Vorschuß/Abschlagszahlungen			+ 120	--	
				+		
	Vermögenswirksame Leistg. an BSV			+ 52	--	− 578	73
Steuerfreie Bezüge	Sonn-, Feiertags- und Nachtzuschläge			+		= 1240	27
	Auslagen-/Fahrgeld-Erstattung			+			
	Erstattung an Ersatzkassen-Mitglieder			+			
				+			
				+			
	23 % Sparzulage zur Vermögensbildung			+		+ 11	96
	Auszuzahlender Betrag					= 1 252	23

Errechnet: 27. 8. 83 (Datum), Zeichen: [Signatur]

Abrechnung anerkannt und Betrag richtig erhalten

31. 8. 83 (Datum) — Werner (Unterschrift)

Zweckform Lohn-/Gehaltsabrechnung 504

16.

Buchhandlung Modernes Wissen

Hauptstrasse 1
9985 Überall

Verlag
Land & Leute
Füssener Str. 213
8ooo München 14

K/H 28.7. B/Gö 3o.7.1983

Einschreiben
Akzept über 1 32o,-- DM

Sehr geehrte Damen und Herren,

als Anlage senden wir Ihnen den uns zur Annahme vorgelegten Wechsel über 1 32o,-- DM, fällig am 3o.9.1983, mit unserer Unterschrift versehen zurück.

Mit freundlichen Grüßen

ppa. Berger

Anlage
1 Akzept

Angenommen ppa. Berger

München, den 30. Juli 19 83 | 0501 (Nr.d.Zahl.-Ortes) | Überall (Zahlungsort) | 30.9.1983 (Verfalltag)
Ort und Tag der Ausstellung (Monat in Buchstaben)

Gegen diesen **Wechsel** - erste Ausfertigung - zahlen Sie am 30. September 19 83
Monat in Buchstaben

an Verlag Land und Leute , München DM ------ 1.320,- -------
Betrag in Ziffern

Deutsche Mark ------- eintausenddreihundertzwanzig ------- Pfennig wie oben
Betrag in Buchstaben

MUSTER

Bezogener Buchhandlung Modernes Wissen

in 9985 Überall, Hauptstraße 1
Ort und Straße (genaue Anschrift)

MUSTER

Zahlbar in Überall
Zahlungsort
bei Nassauische Sparkasse 110110123
Name des Kreditinstituts z. L. Konto-Nr.

Verlag Land und Leute
Füssener Straße 213
8000 München 14

Müller

Unterschrift und genaue Anschrift des Ausstellers

Stempelmarken auf der Rückseite unmittelbar unter diesem Rande aufkleben

17.

Expreßgutkarte - Ablieferungsschein

Postleitzahl – Versandbahnhof: 8000 München

Expr. Nr. 97669

Absender – Postanschrift –
Verlag Land und Leute
Füssener Str. 213
8000 München 14

Empfänger – Postanschrift –
Buchhandlung
Modernes Wissen
9985 ÜBERALL

Postleitzahl Bestimmungsbahnhof
9985 ÜBERALL

Zulässige Vorschriften u. Erklärungen d. Absenders

Gesamtstückzahl

Annahmetag / Std.

Ablage- oder Regalnummer

Empf.-nachw. Nr. /

Benachrichtigt durch
☐ Post ☐ Fernspr. ☐ Telegr.
oder ☐ bereitgestellt
am Std.
lagergeldfrei
bis Std.

Freivermerk

Mitteilungen des Abs. (s. Rücks. Nr. 5)

Versichert mit DM

Rechnung für den Absender	DM	Pf
Fracht		
Nebengeb.		
Summe *)		
für den Empfänger	**DM**	**Pf**
Fracht	54	72
Nebengeb.	2	28
Zus. *)	57	--
Ben.-geb.		
Lagergeld		
Summe *)	57	--
Nettowert	50	--
Umsatzsteuer	7	--
*) Steuersatz 14 %		

Zahl	Verpackung	Inhalt	Wirkliches Gewicht kg
1	Karton	Büchersendung	37,5
			Frachtber.-gewicht kg 42,0

Rauminhalt dm³ (s. Rücks. Nr. 11) — Gemessen × × dm

Stempel oder Masch. Buchung

18.

Für Vermerke des Absenders
Diese Spende ist abzugsfähig
Spendenquittung

Postscheckkonto Nr. des Absenders
9623-605

Einlieferungsschein/Lastschriftzettel

DM	Pf
-- 50	--

für Postscheckkonto Nr. Postscheckamt
98 00-505 Köln

für
missio
Internationales
Katholisches Missionswerk e. V.
in **5100 Aachen**

18.7.83

Postvermerk

19.

Verlag XYZ

Rechnungs-Nr. 2345/83
Rechnungsdatum: 17. 8. 83

Anzahl	Kurztitel	Ladenpreis	Rabatt	Nettopreis	Summe
1	Kfm. Rechnen	42,—	25%	31,50	31,50

Steuerliches Entgelt: 29,44	MwSt.: 2,06	Rechnungsbetrag: 31,50

20.

Verlag XYZ

Rechnungs-Nr. 3345/83
Rechnungsdatum: 17. 8. 83

Anzahl	Kurztitel	Ladenpreis	Rabatt	Nettopreis	Summe
10 1	Moderne Kunst	72,—	25%	54,—	540,—

Steuerliches Entgelt: 504,67	MwSt.: 35,33	Rechnungsbetrag: 540,—

21.

Verlag XYZ — Rechnungs-Nr. 4345/83, Rechnungsdatum: 17. 8. 83

Anzahl	Kurztitel	Ladenpreis	Rabatt	Nettopreis	Summe
6	Altertum	128,—	30%	89,60	537,60
1					
				Verpackung	3,80
				Porto	6,60

Steuerliches Entgelt: 512,15	MwSt.: 35,85	Rechnungsbetrag: 548,—

22.

Verlag XYZ — Rechnungs-Nr. 2348/83, Rechnungsdatum: 17. 8. 83

Anzahl	Kurztitel	Ladenpreis	Rabatt	Nettopreis	Summe
200	Wirtschaft	6,80	35%	4,42	884,—
30					
				Skonto 2%	– 17,68

Steuerliches Entgelt: 809,64	MwSt.: 56,68	Rechnungsbetrag: 866,32

23.

Verlag XYZ

Rechnungs-Nr. 2745/83
Rechnungsdatum: 17. 8. 83

Anzahl	Kurztitel	Ladenpreis	Rabatt	Nettopreis	Summe
100 20	Intelligenz	9,80	40%	5,88	588,—
				Verpackung	+ 12,60
				Porto	+ 15,60
				Skonto 2%	− 12,32

Steuerliches Entgelt: 564,37	MwSt.: 39,51	Rechnungsbetrag: 603,88

24.

MUSTER einer Sortimenter-Abrechnung, mit willkürlichen runden Zahlen zum besseren Erkennen, wie sich die Dispositionen maschinell errechnen.
Pos. 32: aus vorangegangenen Abrechnungen; Pos. 34: Minder-/Überzahlungen

BAG **BUCHHÄNDLER-ABRECHNUNGS-GESELLSCHAFT MBH**
Großer Hirschgraben 17–21 · Postfach 24 22 · 6000 Frankfurt 1
Telefon 06 11/285535 · Telex über 41 3573 buchv d

Bank: Frankfurter Sparkasse v. 1822
Konto 351 008 (BLZ 500 502 01)
Postscheck: 6000 Frankfurt
Konto 633-605 (BLZ 500 100 60)
In Pos. 19 und 20 ausgewiesene **Soll** Beträge bitte auf eines der obigen Konten überweisen.

BAG

besondere Hinweise

Bitte geben Sie bei Zahlung auf allen Zahlungsträgern – Bank, Bankuberweisung oder Postscheck – stets Ihre BAG-Kontonummer an.

Ihre Verkehrs-Nummer *48 773 — Ihre BAG Konto-Nr.

Buchhandlung *48 773
Modernes Wissen
9985 Überall

Frankfurt am Main,
den 22.06.198

BAG-ABRECHNUNG
Nr. 12 vom 17.06.198

Blatt 1

Bitte beachten Sie die Hinweise und die Erläuterungen der Textschlüssel auf der Rückseite.

Wir bitten um sofortige Prüfung der Abrechnung

Saldo-Vortrag DM ①
21.000,00 ** SOLL
davon fällig gewesen ②
9.000,00 ** SOLL

S Soll (Belastung)
H Haben (Gutschrift)

③ Kurzname	④ Verkehrs-Nr. des Geschäftspartners	⑤ Rechnungs- oder Beleg-Datum	⑥ Rechnungs-Betrag DM	Pf	⑦ MWSteuer %	⑧ Skonto durch BAG (V bereits Skonto durch Verlag) DM	Pf	%	⑨ Abrechnungs Betrag (Zwischensummen s. Pos. 15) DM	Pf	⑩ aus Abrechnung	⑪ Fällig in Abrechnung	⑫ Textschl. s. Rückseite	Vermerke
ZAHLUNGEN/Z.-UMBUCHUNGEN														
DT.VLGHAUS	13411	01.06.8							500	00 H			97	*
IHRE ZAHLUNG		17.06.8							8.000	00 H			80	
									8.500	00*H				
(C) EINZUGSAUFTRAEGE														
ABENDLAND	10405	07.06.8	1.020	40 S	7	20	40 H	2	1.000	00 S	12	12		
CALEMANN	12301	08.06.8	1.200	00 S	7				1.200	00 S	12	13		
DONNERSBERG	13967	08.06.8	2.886	60 S	7	86	60 H	3	2.800	00 S	12	13		
FALKENSTEIN	14511	09.06.8	2.500	00 S	7				2.500	00 S	12	13		
FRENKEL	14738	07.06.8	2.040	82 S	14	40	82 H	2	2.000	00 S	12	14		
MUENSTER	15114	11.06.8	500	00 S	7				500	00 S	12	15		
OBERLAND	16944	03.06.8	350	00 S	7			V	350	00 S	12	16		
ZAUNKOENIG	17083	10.06.8	150	00 S	7			V	150	00 S	12	17		
			10.647	82*S		147	82*H		10.500	00*S				
(D) SELBSTBELASTUNGEN														
BANDER	11043	15.06.8			14				200	00 S	12	12	40	
GOLDENAU	14388	15.06.8			7				150	00 S	12	12	40	
									350	00*S				
(E) RUECKLAST/UMBUCHUNGEN														
NEUMANN,H.	15654	15.06.8			7				20	00 H	11	12	50	
NORDSTADT	16104	15.06.8			14				30	00 H	10	12	51	*
									50	00*H				
(G) KOSTEN/GEBUEHREN														
BUCHVEREIN	02500	01.06.8	100	00 S	14				100	00 S	12	12	30	
BOERSENVER	02510	30.05.8	100	00 S	0				100	00 S	12	12	30	
			200	00*S					200	00*S				

⑬ In Pos. 9 enthaltene Skonto-Rechnungen DM 6.300,00 S

⑭ Zur Brutto BUCHUNG nach MWSteuer-Sätzen aus Pos. 9	MWSteuer Satz %	WARE Abrechnungsgr. A-F brutto DM	KOSTEN Abr. Gruppe G brutto DM
	0		100,00 S
	7	8.630,00 S	
	14	2.170,00 S	100,00 S
	insges.	10.800,00*S	200,00*S

	DM	
NEUER SALDO	23.500,00** SOLL	⑯
davon noch nicht fällig	11.500,00** SOLL	⑰
Fällig mit dieser Abrechnung	12.000,00** SOLL	⑱
ZAHLBAR BIS 02.07.8 AN BAG	11.500,00** SOLL	⑲
ZAHLBAR SOFORT AN BAG UEBERFAELLIG	500,00** SOLL	⑳

⑮ Zur Netto-BUCHUNG nach Abrechngs.-Gruppen Abr. Gr.	Summen aus Pos. 9 Brutto-Wert DM	darin enthaltene MWSteuer DM	Netto-Wert DM	㉛ aus dieser Abrechnung noch nicht fällig; fällig:	in Abr.	㉝ mit dieser Abrechnung fällig geworden:	aus Abr.
(A)				6.500,00 S	13	1.500,00 S	12
(B)				2.000,00 S	14	5.500,00 S	11
(C)	10.500,00 S	801,68 S	9698,32 S	500,00 S	15	2.500,00 S	10
(D)	350,00 S	34,37 S	315,63 S	350,00 S	16	1.000,00 S	9
(E)	50,00 H	4,99 H	45,01 H	150,00 S	17	1.000,00 S	8
(F)							
(G)	200,00 S	12,28 S	187,72 S	2.000,00 S	㉜	500,00 S	㉞
insg.	11.000,00*S	843,34*S	10156,66*S	11.500,00*S	insg.	12.000,00*S	insg.

Forts. Blatt

25.

BuchSchenkService

Großer Hirschgraben 17–21 · Postfach 2301
6000 Frankfurt 1 Telefon 0611/1306383

Unsere Verkehrs-Nummer 02080

Bank: Deutsche Bank Frankfurt am Main
(BLZ 50070010) Konto-Nr. 91/6650
Postscheck: 6000 Frankfurt 53313–606

Buchhandlung
Modernes Wissen
9985 Überall

Ihre Verkehrs-Nummer:
33750

BSS-ABRECHNUNG Blatt
Nr. 01 vom 31.12.1981 001

Die Abrechnung erfolgt gemäß den Geschäfts- und Teilnahmebedingungen des BuchSchenkService. Reklamationen zur Abrechnung können nur innerhalb von 10 Tagen nach Eingang geltend gemacht werden. Bei Rückfragen bitten wir das Datum der Abrechnung, die Eingangs-Nr. sowie die BücherScheck-Nr. der betreffenden Position mit anzugeben.

Abrechnung der bis zum 15.12.84 **eingereichten BücherSchecks**

Eingangs-Nr.	BücherScheck-Nr.	Verkehrs-Nr. des Partners	Scheckwerte DM	Pf	BSS-Verrechnungsbetrag DM	Pf	Text-Schlüssel	Buchungszeilen: MWST %	MWST-Betrag DM	Pf	Netto-Betrag DM	Pf
Ⓐ gutgeschriebene BücherSchecks												
00327	1010039452	21053	50	00	42	00	H	7,0				
00349	1010012567	42380	50	00	42	00	H	7,0				
			100	00	84	00	H	7,0	5	50	78	50
Ⓑ belastete BücherSchecks												
00127	1010027543	22305	25	00	21	00	S	7,0				
00233	1010036764	47704	10	00	8	40	S	7,0				
			35	00	29	40	S	7,0	1	92	27	48
Ⓒ eingereichte eigene BücherSchecks												
00328	101048738	33750	25	00				7,0				
00328	102000253	33750	50	00				7,0				
			75	00				7,0	4	91	70	09
Ⓓ BSS-Abrechnungskosten (3 % der Summe Scheckwert B)												
					1	05	S	14,0	0	13	0	92

Der Betrag wird am 10.2.1985 per Scheck ausgezahlt (BAG = 2.2.8)

BSS-Verrechnungsbetrag DM: 53,55 H

Buchhändler-Vereinigung GmbH, Frankfurt · Geschäftsführer: W. Robert Müller, Frankfurt a. M. · Eingetragen unter der Nr. B 9240 beim Registergericht Frankfurt

26.

Buchhandlung
MODERNES WISSEN
Hauptstrasse 1
9985 Überall

Modernes Wissen 9985 Überall

Firma
Werkzeugbau GmbH
Grundgasse 5
9985 Überall

Auftragsbestätigung und Rechnung

Bei Zahlungen u. geschäftlichen Mitteilungen bitte angeben

Vielen Dank für Ihre Bestellung vom:	Bestell-Nummer/Zeichen:	Ihre Kunden-Nummer	Rechnungs-Nummer	Rechnungs-Datum
15.1o.1983	23683/ M	47/116/79	3976 - 83	2o.1o.83

Menge	Titel	Preis einzeln	Preis gesamt	MwSt.
2	Fräsen, Ätzen, Löten	64,--	128,--	
1	Metallarmierungen	12o,--	12o,--	
3	Stahlkonstruktionen	72,--	216,--	
1	Werkzeugkunde	71,--	71,--	
	Versandkosten	---		

Steuerl. Entgelt DM	MwSt DM	Rechn.-Endbetrag DM	% MwSt.
5oo,--	35,--	535,--	7

Eigentumsvorbehalt gemäß § 455 BGB Erfüllungsort und Gerichtsstand ist Überall

Bankkonto:
Kreissparkasse Überall
Kto.-Nr. 080 001 036 (BLZ 518 500 79)

Der Rechnungs-Endbetrag ist zahlbar innerhalb 10 Tagen nach Erhalt ohne jeden Abzug.

Bezahlt am

27.

QUITTUNG

Steuerl. Entg. DM	MWSt. %	MWSt. DM	Bezahlt DM
500,-	7	35,-	535,-

Deutsche Mark in Worten

fünfhundertfünfunddreißig

Pfennig wie oben

von

Fa. Werkzeugbau GmbH

für Fachliteratur

Rechn. Nr.	Rechn. vom
3976-83	20.10.83

richtig erhalten zu haben bescheinigt: Überall, den 5.11.83

Buchungsvermerke

bar

Firmenangaben der Sortimentsbuchhandlung

Unterschrift

28.

Verkehrs-Nr.
Ablege-Wort

Buchhandlung
MODERNES WISSEN
Hauptstrasse 1
9985 Überall

Verlag
Klarbach & Co.
9o81 Irgendwo

Rücksendungs-Rechnung/-Lieferschein

Sie erhalten Durch:	Komm / BSV	Post frei	Post unfrei	Fracht frei	Fracht unfrei	Selbst-Anlief.	Titelbl. Rem.	Ihre Verk.-Nr.	Rücks.-Rechn.-Nr.	Datum
			x					42381	287 - 83	16.9.83

Schlüssel-Nummern für Remissions-Gründe und Umtausch

01 Remissions-Recht
02 Rückruf durch Verlag
03 Remissions-Genehmigung durch Verlag (Datum angeben)
09 aus Kommissions-Lieferung

11 nicht verlangt
12 falsch geliefert, bestellt war ... (Titel unten angeben)
16 Lieferung zu spät eingetroffen
17 Ersatz bereits bestellt am ... (Datum unten angeben)
19 sonstige Gründe (bitte unten angeben)

wenn Umtausch
21 Mängel bei Druck, Papier, Heftung (bitte kennzeichnen)
22 Einbandmängel
23 beschädigt, da ungenügend verpackt

wenn kein Umtausch (aus Termingründen)
91 Mängel bei Druck, Papier, Heftung (bitte kennzeichnen)
92 Einbandmängel
93 beschädigt, da ungenügend verpackt

Rechn.-Datum Rechn.-Nr.	An-zahl	Autor / Kurztitel / Auflage (ISBN)	Schlüssel-Nr.	Ladenpreis DM	Rabatt %	Nettopreis DM	Betrag DM	MWSt.
4469	2	Müller, Anfänge	11	9,8o	3o	6,86	13,72	1
51o6	1	Schneider, Weinlehre	21	16,8o	35	1o,92	1o,92	1
6413	5	Schulz, Betrachtung	23	8,--	4o	4,8o	24,--	1
75o6	1	Maier, Wegweiser	92	64,--	25	48,--	48,--	1
75o6	11	Ebau, Zeitwende	22	12,8o	3o	8,96	89,6o	1

O in Rechnung gestellte Porto- und Versandkosten (evtl. auch Bearbeitungskosten) ....

Porto-Ersatz in Briefmarken: DM
O erbeten für uns
O anbei für Sie

O Rückbelastung BAG (Rücklastzettel anbei)
⊗ bitte Konto-Gutschrift
bitte Rücküberweisung auf
O Postscheckkonto ...
O Bankkonto ...

Steuerl. Entgelt DM	MWSt. DM	Endbetrag DM
174,o6	12,18	186,24

1 = 14 %
2 = 7 %
0 = 00,0 %

13.2.2 Übertragungsbuchführung

Die Buchungen des Grundbuches werden auf die entsprechenden Sachkonten des Hauptbuches übertragen.
Dieser Vorgang ist sehr fehleranfällig und zeitraubend, weshalb er in der Praxis immer mehr an Bedeutung verliert.

Italienische Buchführung

Die Übertragung aus einem Grundbuch in ein Hauptbuch wird täglich vorgenommen.

Grundbuch ⟶ Hauptbuch

Deutsche Buchführung

Es werden mehrere Grundbücher verwendet, die über ein Sammelbuch ins Hauptbuch übertragen werden.

Französische Buchführung

Sie gliedert das Grundbuch noch weiter auf:

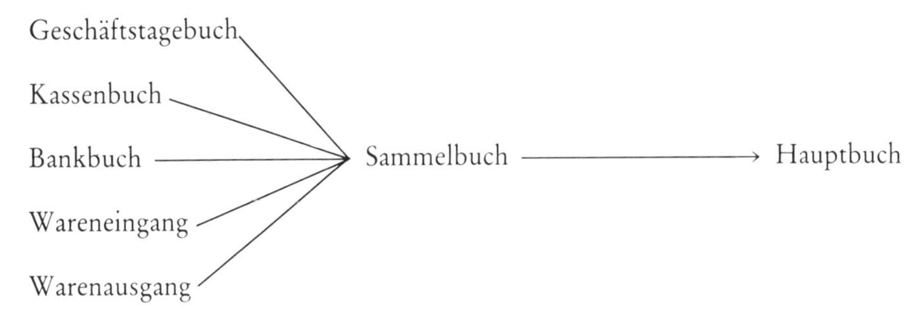

Amerikanisches Journal

Lfd. Nr.	Tag	Beleg Nr.	Text	Kontierung S	Kontierung H	Betrag	03 S	03 H	08 S	08 H	10 S	10 H
			Eröffnungsbuchungen:									
1	02. 01.	Bilanz	Aktivkonten	div.	940	140000,—	30000				2000	
2	02. 01.	Bilanz	Passivkonten	940	div.	140000,—				120000		
					Summe 1	140000,—						
			Laufende Buchungen:									
3	08. 01.	ER 1	Rechnungseinkauf	30/154	16	10700,—						
4	10. 01.	BA 1	Banküberw. an Verlag	16	12	8000,—						
5	13. 01.	AR 1	Rechnungsverkauf	14	80	32100,—						
6	14. 01.	Rg. 1	Büromaterial	48/154	10	570,—						570
7	20. 01.	BA 2	Kundenüberweisungen	12	14	14000,—						
8	21. 01.	Gehaltsbuch	Gehaltszahlung	400/402	12	3000,—						
					Summe 2	68370,—	30000			120000	2000	570
					Summe 1+2	208370,—						
			Vorbereitende Abschlußbuchungen:									
9	31. 01.		Mehrwertsteuer	80	184	2100,—						
10	31. 01.		Vorsteuerübertrag	184	154	770,—						
					Summe	2870,—	30000			120000	2000	570
			Endgültige Abschlußbuchungen:									
11	31. 01.		Wareneinsatz	93	30	20400,—						
12	31. 01.		Nettoumsatz	80	93	30000,—						
13	31. 01.		Div. Aufwendungen	93	div.	3500,—						
14	31. 01.		Reingewinn	93	08	6100,—				6100		
15	31. 01.		Aktivkonten	941	div.	150130,—		30000				1430
16	31. 01.		Passivkonten	div.	941	150130,—			126100			
					Summe		30000	30000	126100	126100	2000	2000

12		14		154		16		184		30		Diverse		80		93		940/941	
S	H	S	H	S	H	S	H	S	H	S	H	S	H	S	H	S	H	S	H
10000		8000								9000									140000
							20000											140000	
				700			10700			10000									
	8000					8000									32100				
		32100													32100				
				70								500							
14000			14000																
	3000											3000							
24000	11000	40100	14000	770		8000	30700			100000		3500			32100				
									2100					2100					
					770			770											
24000	11000	40100	14000	770	770	8000	30700	770	2100	100000		3500		2100	32100				
											20400					20400			
														30000			30000		
													3500			3500			
																6100			
	13000		26100								79600							150130	
						22700		1330											150130
24000	24000	40100	40100	770	770	30700	30700	2100	2100	10000	100000	3500	3500	32100	32100	30000	30000	150130	150130

Kontrolle

Konto	S	H
03	30000	
08		120000
10	2000	570
12	24000	11000
14	40100	14000
154	770	
16	8000	30700
184		
30	100000	
Div.	3500	
80		32100
	208370	208370

13.2.3 Amerikanisches Journal

Die amerikanische Buchführung verbindet Grund- und Hauptbuch auf einem Blatt (siehe S. 240–241). Sie ist eigentlich auch eine Übertragungsbuchführung, vermeidet aber weitgehend deren Nachteile.

Der *linke Teil* des Blattes oder der Tabelle (Tabellenbuchführung) ist das Grundbuch. Es enthält drei Spalten für Buchungsdatum, Buchungstext und Betrag. In erweiterter Form enthält der Grundbuchteil noch jeweils eine Spalte für fortlaufende Numerierung, Beleg (mit Nummer) und Kontierung.

Der *rechte Teil* des Blattes ist das Hauptbuch mit den Sachkonten, die nebeneinander in Spaltenform angeordnet sind.

Für jeden Geschäftsfall wird zunächst der Grundbuchteil ausgefüllt und dann sofort in den Hauptbuchkonten gebucht.

Für die Hauptbuchkonten stehen 17 Kontenspalten zur Verfügung. Werden mehr Konten benötigt, muß eine Kontenspalte mit der Bezeichnung „Diverse Konten" geführt werden. Für Großunternehmen ist daher die amerikanische Buchführung wenig zweckmäßig.

Das amerikanische Journal beginnt mit den Eröffnungsbuchungen der aktiven und passiven Bestände.
Danach erfolgen die *laufenden Buchungen* der Geschäftsfälle für einen Rechnungszeitraum (Monat). Die *vorbereitenden* und *endgültigen Abschlußbuchungen* werden normalerweise nicht im Journal sondern in der Betriebsübersicht (Kap. 12.2.3) durchgeführt.
Zur Kontrolle der richtigen Übertragung von Grund- ins Hauptbuch kann man die Summe der Beträge des Grundbuchs mit der Summe aller Soll- und Habenbuchungen vergleichen. Sie müssen übereinstimmen, wobei die Summe der Eröffnungsbuchungen nur einmal gezählt werden darf.

Beispiel:

Aktiva	Eröffnungsbilanz		Passiva
Einrichtung	30 000,— DM	Eigenkapital	120 000,— DM
Waren	90 000,— DM	Verbindlichk.	20 000,— DM
Forderungen	8 000,— DM		
Bank	10 000,— DM		
Kasse	2 000,— DM		
	140 000,— DM		140 000,— DM

13.2.4 Durchschreibebuchführung

Bei der Durchschreibebuchführung werden die Buchungen im Grund- und Hauptbuch gleichzeitig durchgeschrieben (Kohlepapier oder selbstdurchschreibendes Papier).
In einem Buchungsgerät wird das Grundbuchblatt befestigt und darüber das Kontenblatt des benötigten Hauptbuchkontos. Grundbuchblatt und Hauptbuchkonto haben die gleiche Spalteneinteilung.

Bei der folgenden Darstellung wurde das *Drei-Spalten-Verfahren* gewählt, bei dem das Grundbuchblatt Spalten für Forderungen, Verbindlichkeiten und sonstige Sachkonten aufweist. Beim Vier-Spalten-Verfahren werden die Sachkonten aufgeteilt in Bestands- und Erfolgskonten.

Beispiel:

Geschäftsfall:

Ein Kunde, Historisches Institut der Universität, bezahlt durch Banküberweisung eine fällig gewordene Rechnung über 3 000,— DM.

Buchungssatz:

12 Bank 3 000,— DM an 14 Forderungen 3 000,— DM

Buchung: (siehe S. 244)

Die Vorteile dieses Verfahrens gegenüber der Übertragungführung sind folgende:

- Grundbuch und Hauptbuch sind immer auf dem gleichen Stand,
- im Hauptbuch können beliebig viele Sachkonten geführt werden,
- die Kontenkarten sind vielfältig auszunutzen,
- für viele Vorgänge können Sammelbuchungen vorgenommen werden.

Geschäftsfälle:

Laut Bankauszug sind folgende Eingänge zu buchen:

2 000,— DM von einem Rechnungskunden, 500,— DM Zinserträge,
3 000,— DM Bareinzahlungen aus der Kasse.

Buchungssatz:

12 Bank	5 500,— DM	an	10 Kasse	3 000,— DM
			14 Forderungen	2 000,— DM
			24 Zinserträge	500,— DM

Die SOLL-Buchung auf dem Konto 12 Bank erfordert für die drei Geschäftsfälle nur ein einmaliges Einlegen der Kontokarte in den Buchungsautomat.

Buchung:

Grundbuchblatt		Monat: Mai 19..						Seite: 5	
Datum	Buchungstext/Beleg	Forderungen		Verbindlichkeiten		Sachkonten		Gegen-konto	JS
		S	H	S	H	S	H		
14. 05.	Forderungseingang		3 000,—					12	5
14. 05.	Bankeingang BA 8					3 000,—		14	5

Hauptbuch		Konto: Bank	Nr. 12			
Datum	Buchungstext/Beleg		S	H	Gegen-konto	JS
14. 05.	Bankeingang BA 8		3 000,—		14	5

Hauptbuch				Konto: Forderungen Nr. 14	Kunde: Hist. Inst.	
Datum	Buchungstext/Beleg	S	H		Gegen-konto	JS
14. 05.	Forderungseingang		3 000,—		12	5

13.2.5 Maschinenbuchführung

Bei vielen Unternehmen (auch im Buchhandel) ist die Anzahl der täglich zu buchenden Geschäftsfälle so groß, daß sie selbst mit manueller oder maschineller Durchschreibebuchführung nicht mehr zu bewältigen ist.

13.2.5.1 Lochkartenanlagen

Die Daten des Belegs (Datum, Buchungstext, Konto, Gegenkonto, Betrag) werden auf Lochkarten gestanzt, wobei die Soll- bzw. Habenbuchungen durch besondere Stanzungen zu markieren sind. Lochkartenmaschinen werten die gestanzten Lochkarten aus: sie buchen, drucken und sortieren Konten und sie saldieren.

Die Lochkartenmaschine übernimmt:

- die Auswertung von Konten,
- einfache Rechen- und Schreibarbeiten,
- die Arbeit des Buchens.

Das Lochkartenverfahren hat im Buchhandel nur noch wenig Bedeutung, da es modernere elektronische Buchungsanlagen gibt.

13.2.5.2 Buchführung mit EDV

Spezielle, auch für den Buchhandel entwickelte Programme geben der elektronischen Datenverarbeitungsanlage die Anweisungen, sämtliche Buchungsvorgänge vorzunehmen, die Daten zu speichern und auszudrucken.
Die Eingabedatenträger (Lochkarten, Lochstreifen, Magnetplatten, Magnetbänder) müssen mit dem Daten des Belegs versehen werden.

Die EDV-Anlage übernimmt:

- die Buchung auf Konten,
- das Erstellen des Grundbuchs,
- das Führen sämtlicher Nebenbücher,
- das Mahnverfahren,
- die Ermittlung von Vermögen und Schulden,
- die Berechnung der betrieblichen Kennziffern,
- die permanente Inventur,
- den Jahresabschluß.

14 Anhang

14.1 Lösungen der Übungsaufgaben

Kapitel 1.5

1. Feststellung des Vermögens, Feststellung der Schulden, Feststellung des Unternehmenserfolges
2. Grundlage für Planungen, Kostenrechnungen, Steuererklärungen, Rechtsstreitigkeiten
3. §§ 38–47 HGB
4. Einhaltung der aus dem Steuer- und Handelsrecht abgeleiteten Grundsätze der Buchführung
5. 10 Jahre lt. § 44 HGB

Kapitel 2.3

1. Inventur ist die mengen- und wertmäßige Bestandsaufnahme von Vermögen und Schulden durch Zählen, Messen, Wiegen, Schätzen und Fotografieren.
2. Vermögen, Schulden, Reinvermögen (Eigenkapital)
3. Anlage- und Umlaufvermögen
   Lang-, mittel- und kurzfristige Schulden
   Reinvermögen (Eigenkapital)
4. Erfolg
5. Der Erfolg wird als absolute Größe ermittelt und nicht, wie er zustande kam.

Kapitel 3.3

1. Kontenmäßige Gegenüberstellung von Aktiva (Vermögen) und Passiva (Eigen- und Fremdkapital)
2. Inventar gliedert Vermögen, Schulden und Eigenkapital in Staffelform ausführlich hintereinander, die Bilanz gliedert in Kontenform nebeneinander.

3. Aktivseite: Vermögenswerte (Anlage- und Umlaufvermögen)
   Passivseite: Vermögensquellen (Eigen- und Fremdkapital)
4. Summe der Aktiva = Summe der Passiva
5. Aktiv – Tausch
   Passiv – Tausch
   Aktiv – Passiv – Mehrung
   Aktiv – Passiv – Minderung

Kapitel 4.2.1

1.	Gebäude	300 000,—	an	Bank	300 000,—
2.	Kasse	400,—	an	Einrichtung	400,—
3.	Waren	4 000,—	an	Verbindlichkeiten	4 000,—
4.	Forderungen	6 000,—	an	Waren	6 000,—
5.	Verbindlichkeiten	800,—	an	Bank	800,—
6.	Kasse	1 000,—	an	Waren	1 000,—
7.	Darlehen	5 000,—	an	Bank	5 000,—
8.	Postgirokonto	300,—	an	Forderungen	300,—
9.	Bank	3 000,—	an	Kasse	3 000,—
10.	Kasse	1 200,—	an	Eigenkapital	1 200,—

11.	Wareneinkauf auf Rechnung	5 000,— DM
12.	Kauf eines Hauses mit Hypothekenbelastung	100 000,— DM
13.	Kauf eines Einrichtungsgegenstandes bar	2 000,— DM
14.	Warenverkauf auf Rechnung	800,— DM
15.	Banküberweisung an Lieferanten	3 000,— DM
16.	Umwandlung einer Verbindlichkeit in Darlehen	4 000,— DM
17.	Warenverkauf bar	1 000,— DM
18.	Geschäftseinlage des Inhabers mit Waren	900,— DM
19.	Barabhebung vom Bankkonto	500,— DM
20.	Postüberweisung der Mehrwertsteuerschuld	600,— DM

Kapitel 4.2.2

1.	Kasse	100,—	an	Forderungen	400,—
	Bank	300,—			
2.	Waren	3 000,—	an	Bank	1 200,—
				Verbindlichkeiten	1 800,—
3.	Einrichtung	25 000,—	an	Kasse	5 000,—
				Bank	15 000,—
				Verbindlichkeiten	5 000,—

4.	Kasse	800,—	an	Waren	2 000,—
	Bank	1 200,—			
5.	BAG-Verbindlichk.	5 000,—	an	Bank	2 000,—
				Postgirokonto	3 000,—
6.	Waren	800,—	an	Eigenkapital	3 500,—
	Einrichtung	1 200,—			
	Bank	1 000,—			
	Kasse	500,—			
7.	Gebäude	300 000,—	an	Hypotheken	120 000,—
				Darlehen	90 000,—
				Bank	60 000,—
				Kasse	30 000,—
8.	Fuhrpark	20 000,—	an	Schuldwechsel	12 000,—
				Bank	6 000,—
				Postgirokonto	2 000,—
9.	Beteiligungen	30 000,—	an	Kasse	5 000,—
				Bank	15 000,—
				Eigenkapital	10 000,—
10.	Darlehen	10 000,—	an	Bank	8 000,—
				Kasse	2 000,—

11. Kauf eines Gebäudes, Finanzierung: Banküberweisung
Hypothekenaufnahme
Eigenkapital

12. Verkauf eines gebrauchten Geschäftsautos gegen Wechsel, auf Rechnung und für Bargeld

13. Wareneinkauf gegen Banküberweisung und auf Rechnung

14. Warenverkauf bar und auf Rechnung

15. Bareinzahlung auf dem Bank- und dem Postgirokonto

16. Ablösung von Verbindlichkeiten durch Banküberweisung, Umwandlung in Darlehen und Akzeptierung eines Wechsels

17. Geschäftseinlagen des Inhabers in die Einrichtung, den Fuhrpark, auf Bankkonto und in die Kasse

18. Hypothekentilgung durch Banküberweisung und Barzahlung

19. Darlehenstilgung durch Bank- und Postüberweisung

20. Finanzierung einer Beteiligung über Bank und Eigenkapital

Kapitel 4.6

1. Aufgabe

Buchungssätze:

	Soll	Betrag		Haben	Betrag
1.	Warenkonto	2 400,—	an	16 Verbindlichkeiten	2 400,—
2.	12 Bank	300,—	an	14 Forderungen	300,—
3.	10 Kasse	1 200,—	an	Warenkonto	4 000,—
	14 Forderungen	2 800,—			
4.	16 Verbindlichkeiten	2 000,—	an	12 Bank	2 000,—
5.	10 Kasse	4 000,—	an	02 Fuhrpark	4 000,—
6.	12 Bank	6 300,—	an	10 Kasse	6 300,—
7.	072 Darlehen	5 000,—	an	12 Bank	5 000,—
8.	03 Einrichtung	1 800,—	an	10 Kasse	1 800,—
9.	10 Kasse	1 500,—	an	08 Eigenkapital	1 500,—

S — 941 Schlußbilanzkonto — H

S		H	
Fuhrpark	16 000,—	Eigenkapital	240 500,—
Einrichtung	81 800,—	Darlehen	35 000,—
Waren	148 400,—	Verbindlichkeiten	12 400,—
Forderungen	10 500,—		
Bank	29 600,—		
Kasse	1 600,—		
	287 900,—		287 900,—

2. Aufgabe:

Buchungssätze:

	Soll	Betrag		Haben	Betrag
1.	071 Hypotheken	4 000,—	an	12 Bank	7 000,—
	072 Darlehen	3 000,—			
2.	Warenkonto	10 000,—	an	16 Verbindlichkeiten	8 000,—
				12 Bank	2 000,—
3.	14 Forderungen	9 000,—	an	Warenkonto	13 000,—
	10 Kasse	4 000,—			
4.	10 Kasse	300,—	an	14 Forderungen	300,—

5.	16 Verbindlichkeiten	5 000,—	an	11 Postgirokonto	5 000,—
6.	17 Schuldwechsel	2 400,—	an	12 Bank	2 400,—
7.	03 Einrichtung	30 000,—	an	12 Bank	14 000,—
				11 Postgirokonto	4 000,—
				17 Schuldwechsel	7 000,—
				10 Kasse	5 000,—
8.	12 Bank	9 000,—	an	08 Eigenkapital	20 000,—
	11 Postgirokonto	6 000,—			
	Warenkonto	3 000,—			
	10 Kasse	2 000,—			

S	941 Schlußbilanzkonto		H
Gebäude	400 000,—	Eigenkapital	547 500,—
Fuhrpark	30 000,—	Hypotheken	196 000,—
Einrichtung	170 000,—	Darlehen	57 000,—
Waren	180 000,—	Verbindlichkeiten	35 000,—
Forderungen	36 700,—	Schuldwechsel	12 600,—
Bank	17 600,—		
Postgirokonto	9 000,—		
Kasse	4 800,—		
	848 100,—		848 100,—

3. Aufgabe:

Buchungssätze:

1.	Warenkonto	20 000,—	an	16 Verbindlichkeiten	12 000,—
				12 Bank	5 000,—
				11 Postgirokonto	3 000,—
2.	14 Forderungen	18 000,—	an	Warenkonto	30 000,—
	10 Kasse	12 000,—			
3.	12 Bank	14 000,—	an	10 Kasse	14 000,—
4.	12 Bank	20 000,—	an	04 Rechtswerte	20 000,—
5.	02 Fuhrpark	25 000,—	an	17 Schuldwechsel	8 000,—
				12 Bank	12 000,—
				02 Fuhrpark	5 000,—
6.	Warenkonto	3 000,—	an	17 Schuldwechsel	3 000,—
7.	10 Kasse	1 000,—	an	03 Einrichtung	1 000,—

8.	12 Bank	8 000,—	an	14 Forderungen	8 000,—
9.	071 Hypotheken	8 000,—	an	12 Bank	30 000,—
	072 Darlehen	6 000,—			
	16 Verbindlichkeiten	9 000,—			
	17 Schuldwechsel	7 000,—			
10.	10 Kasse	3 000,—	an	08 Eigenkapital	10 000,—
	12 Bank	5 000,—			
	11 Postgirokonto	1 500,—			
	Warenkonto	500,—			

S — 941 Schlußbilanzkonto — H

S		H	
Gebäude	600 000,—	Eigenkapital	813 000,—
Grundstück	100 000,—	Hypotheken	312 000,—
Fuhrpark	60 000,—	Darlehen	74 000,—
Einrichtung	159 000,—	Verbindlichkeiten	29 000,—
Rechtswerte	10 000,—	Schuldwechsel	14 000,—
Waren	203 500,—		
Forderungen	45 000,—		
Bank	42 000,—		
Postgirokonto	16 500,—		
Kasse	6 000,—		
	1 242 000,—		1 242 000,—

Kapitel 5.4

1.	16 Verbindlichkeiten	1 200,—	an	12 Bank	1 200,—
2.	42 Raumkosten	600,—	an	11 Postgirokonto	600,—
3.	400 Gehälter	4 000,—	an	12 Bank	4 000,—
4.	10 Kasse	5 000,—	an	03 Einrichtung	2 800,—
				21 A.o. Erträge	2 200,—
5.	48 Sonst.Gesch.Ausgaben	400,—	an	10 Kasse	400,—
6.	430 Gewerbesteuer	900,—	an	11 Postgirokonto	900,—
7.	42 Sachk. f. Gesch.Räume	300,—	an	11 Postgirokonto	300,—
8.	48 Geschäftsausgaben	200,—	an	12 Bank	200,—
9.	45 Kosten f. Warenabgabe	5,—	an	10 Kasse	5,—
10.	23 Zinsaufwendungen	400,—	an	10 Kasse	400,—
11.	41 Mietaufwendungen	2 000,—	an	12 Bank	2 000,—
12.	44 Werbeaufwendungen	280,—	an	10 Kasse	280,—
13.	47 Abschreibungen	1 000,—	an	02 Fuhrpark	1 000,—
14.	431 Kfz.-Steuer	800,—	an	12 Bank	800,—
15.	220 HuG-Aufwendungen	1 200,—	an	10 Kasse	1 200,—

16. Aufgabe:
Buchungssätze:

	Soll	Betrag		Haben	Betrag
1.	Warenkonto	14 300,—	an	16 Verbindlichkeiten	14 300,—
2.	16 Verbindlichkeiten	5 200,—	an	12 Bank	5 200,—
3.	10 Kasse	17 200,—	an	Warenkonto	17 200,—
4.	400 Gehälter	4 800,—	an	12 Bank	4 800,—
5.	12 Bank	1 200,—	an	24 Zinserträge	1 200,—
6.	10 Kasse	8 000,—	an	02 Fuhrpark	5 000,—
				21 A.o. Erträge	3 000,—
7.	12 Bank	25 000,—	an	10 Kasse	25 000,—
8.	16 Verbindlichkeiten	8 500,—	an	12 Bank	8 500,—
9.	17 Schuldwechsel	2 100,—	an	12 Bank	2 100,—
10.	12 Bank	800,—	an	14 Forderungen	800,—
11.	12 Bank	9 000,—	an	03 Einrichtung	5 200,—
				21 A.o. Erträge	3 800,—
12.	071 Hypotheken	3 000,—	an	12 Bank	6 100,—
	072 Darlehen	2 000,—			
	220 HuG-Aufwendungen	800,—			
	23 Zinsaufwendungen	300,—			

93 Gewinn u. Verlust

S		H	
(220) HuG-Aufwendungen	800,—	(21) A.o. Erträge	6 800,—
(23) Zinsaufwendungen	300,—	(24) Zinserträge	1 200,—
(400) Gehälter	4 800,—		
(08) Reingewinn	2 100,—		
	8 000,—		8 000,—

941 Schlußbilanzkonto

S		H	
(00) Gebäude	380 000,—	(08) Eigenkapital	381 800,—
(02) Fuhrpark	13 000,—	(071) Hypotheken	197 000,—
(03) Einrichtung	89 800,—	(072) Darlehen	56 000,—
( ) Waren	123 100,—	(16) Verbindlichkeiten	14 400,—
(14) Forderungen	8 600,—	(17) Schuldwechsel	1 300,—
(12) Bank	33 600,—		
(10) Kasse	2 400,—		
	650 500,—		650 500,—

Kapitel 5.9

1. a) Außerordentlicher Aufwand
   b) Betrieblicher Aufwand (Kosten)
   c) Außerordentlicher Ertrag

d) Betriebsfremder Aufwand
e) Betrieblicher Aufwand (Kosten)
f) Zinsaufwand (außerordentlich)
g) Betriebsfremder Aufwand
h) Betrieblicher Aufwand (Kosten)
i) Haus- und Grundstücks-Aufwand (betriebsfremd)
j) Verrechnete kalkulatorische Kosten (außerordentlich)

Nr.	Konto	Soll	Betrag		Konto	Haben	Betrag
2.	23	Zinsaufwendungen	600,—	an	12	Bank	3 600,—
	220	HuG-Aufwendungen	1 000,—				
	071	Hypotheken	2 000,—				
3.	12	Bank	10 000,—	an	05	Beteiligungen	8 000,—
					21	Betriebsfremde Erträge	2 000,—
4.	10	Kasse	9 000,—	an	02	Fuhrpark	12 500,—
	20	A.o. Aufwendungen	3 500,—				
5.	220	HuG-Aufwendungen	500,—	an	10	Kasse	500,—
6.	12	Bank	800,—	an	221	HuG-Erträge	800,—
7.	20	A.o. Aufwendungen	300,—	an	30	Wareneinkauf	300,—
8.	41	Mietaufwendungen	2 000,—	an	26	Verrechnete kalulatorische Kosten	5 000,—
	46	Zinsen	500,—				
	403	Unternehmerlohn	2 500,—				
9.	12	Bank	400,—	an	24	Zinserträge	400,—
10.	41	Mietaufwendungen	2 400,—	an	12	Bank	2 400,—

11. Aufgabe:

Aktiva	Eröffnungsbilanz		Passiva
Gebäude	520 000,—	Eigenkapital	682 900,—
Fuhrpark	48 000,—	Hypotheken	410 000,—
Einrichtung	240 000,—	Darlehen	130 000,—
Beteiligungen	40 000,—	Verbindlichkeiten	28 000,—
Waren	280 000,—	Schuldwechsel	9 000,—
Forderungen	18 000,—		
Bank	83 000,—		
Postgirokonto	27 000,—		
Kasse	3 900,—		
	1 259 900,—		1 259 900,—

Buchungssätze:

Nr.	Konto	Bezeichnung	Betrag		Konto	Bezeichnung	Betrag
1.	12	Bank	18 000,—	an	21	Betr. fr. Erträge	18 000,—
2.	071	Hypotheken	6 000,—	an	12	Bank	11 400,—
	072	Darlehen	4 000,—				
	220	HuG-Aufwendungen	800,—				
	23	Zinsaufwendungen	600,—				
3.	10	Kasse	8 000,—	an	02	Fuhrpark	5 000,—
					21	A.o. Erträge	3 000,—
4.	11	Postgirokonto	3 000,—	an	14	Forderungen	3 000,—
5.	16	Verbindlichkeiten	9 000,—	an	12	Bank	9 000,—
6.	400	Gehälter	10 000,—	an	12	Bank	15 500,—
	42	Raumkosten	2 000,—				
	430	Gewerbesteuer	1 000,—				
	44	Werbung	800,—				
	48	Geschäftsausgaben	200,—				
	431	Kfz.-Steuer	1 500,—				
7.	220	HuG-Aufwend.	1 200,—	an	11	Postgirokonto	1 200,—
8.	12	Bank	6 000,—	an	221	HuG-Erträge	6 000,—
9.	12	Bank	5 000,—	an	24	Zinserträge	5 000,—
10.	41	Mietaufwendungen	3 000,—	an	26	Verrechnete kalkulatorische Kosten	9 000,—
	403	Unternehmerlohn	4 000,—				
	46	Kalk. Zinsen	2 000,—				

S — 91 Abgrenzungssammelkonto — H

Soll	Betrag	Haben	Betrag
(220) HuG-Aufwend.	2 000,—	(21) A.o. Erträge	21 000,—
(23) Zinsaufwendungen	600,—	(221) HuG-Erträge	9 000,—
(93) Neutrales Ergebnis	38 400,—	(24) Zinserträge	5 000,—
		(26) Verr. kalk. Kosten	6 000,—
	41 000,—		41 000,—

S — 92 Betriebsergebniskonto — H

Soll	Betrag	Haben	Betrag
(400) Gehälter	10 000,—	(93) Betriebsergebnis	24 500,—
(403) Unternehmerlohn	4 000,—		
(41) Mietaufwendungen	3 000,—		
(42) Raumkosten	2 000,—		
(43) Steuern	1 000,—		
(44) Werbung	800,—		
(46) Kalkulat. Zinsen	2 000,—		
(48) Gesch. Ausgaben	200,—		
(49) Kfz.-Kosten	1 500,—		
	24 500,—		24 500,—

S	93 Gewinn u. Verlust		H
(92) Betriebsergebnis	24 500,—	(91) Neutrales Ergebnis	38 400,—
(08) Unternehmensgewinn	13 900,—		
	38 400,—		38 400,—

Neutrales Ergebnis: 38 400,— (Neutraler Gewinn)
Betriebsergebnis: 24 500,— (Betriebsverlust)
Unternehmensergebnis: 13 900,— (Unternehmensgewinn)

S	941 Schlußbilanzkonto		H
(00) Gebäude	520 000,—	(08) Eigenkapital	696 800,—
(02) Fuhrpark	43 000,—	(071) Hypotheken	404 000,—
(03) Einrichtung	240 000,—	(072) Darlehen	126 000,—
(05) Beteiligung	40 000,—	(16) Verbindlichk.	19 000,—
( ) Waren	280 000,—	(17) Schuldwechsel	9 000,—
(14) Forderungen	15 000,—		
(12) Bank	76 100,—		
(11) Postgirokonto	28 800,—		
(10) Kasse	11 900,—		
	1 254 800,—		1 254 800,—

Kapitel 6.2.3

1. Warenendbestand: 102 750,— DM
   Rohgewinn: 22 750,— DM
2. Wareneinsatz: 61 650,— DM
   Rohgewinn: 28 350,— DM
3. Wareneinsatz: 71 500,— DM
   Warenendbestand: 138 500,— DM
4. Buchungssätze:

	Soll	Betrag		Haben	Betrag
1.	10 Kasse	6 000,—	an	02 Fuhrpark	4 800,—
				21 A.o. Erträge	1 200,—
2.	30 Wareneinkauf	5 100,—	an	16 Verbindlichkeiten	5 100,—
3.	14 Forderungen	3 200,—	an	80 Warenverkauf	3 200,—
4.	16 Verbindlichk.	1 450,—	an	12 Bank	1 450,—
5.	03 Einrichtung	8 300,—	an	12 Bank	7 470,—
				10 Kasse	830,—
6.	10 Kasse	5 150,—	an	80 Warenverkauf	5 150,—

7.	12 Bank	11 200,—	an	10 Kasse	11 200,—
8.	12 Bank	450,—	an	14 Forderungen	600,—
	10 Kasse	150,—			
9.	072 Darlehen	2 000,—	an	12 Bank	2 200,—
	23 Zinsaufwend.	200,—			
10.	20 A.o. Aufwend.	300,—	an	30 Wareneinkauf	300,—

Abschlußangabe:

941 SBK	135 280,—	an	30 Wareneinkauf	135 280,—

S	941 Schlußbilanzkonto		H
Fuhrpark	13 200,—	Eigenkapital	206 430,—
Einrichtung	72 300,—	Darlehen	25 500,—
Waren	135 280,—	Verbindlichkeiten	7 050,—
Forderungen	5 200,—		
Bank	12 330,—		
Kasse	670,—		
	238 980,—		238 980,—

Kapitel 6.3.4

1.	Wareneinsatz:	6 800,— DM
	Rohgewinn:	3 400,— DM
	Zahllast:	252,— DM
2.	Warenendbestand:	151 370,— DM
	Rohgewinn:	8 270,— DM
	Zahllast:	644,— DM
3.	Wareneinsatz:	14 946,— DM
	Rohgewinn:	6 254,— DM
	USt.-Überzahlung:	448,— DM

4. Buchungssätze:

1.	10 Kasse	6 840,—	an	02 Fuhrpark	6 000,—
				184 Mehrwertsteuer	840,—
2.	03 Einrichtung	3 200,—	an	12 Bank	3 648,—
	154 Vorsteuer	448,—			
3.	10 Kasse	19 902,—	an	80 Warenverkauf	19 902,—
4.	16 Verbindlichkeiten	2 400,—	an	12 Bank	2 400,—
5.	12 Bank	25 500,—	an	10 Kasse	25 500,—
6.	30 Wareneinkauf	6 200,—	an	16 Verbindlichkeiten	6 634,—
	154 Vorsteuer	434,—			
7.	184 Mehrwertsteuer	890,—	an	12 Bank	890,—

8.	10 Kasse	570,—	an	14 Forderungen	570,—
9.	071 Hypotheken	3 900,—	an	12 Bank	4 400,—
	072 Darlehen	500,—			
10.	42 Raumkosten	800,—	an	10 Kasse	912,—
	154 Vorsteuer	112,—			

Abschlußangabe:

941 SBK	185 450,—	an	30 Wareneinkauf	185 450,—

S	941 Schlußbilanzkonto		H
Gebäude	560 000,—	Eigenkapital	460 010,—
Fuhrpark	27 200,—	Hypotheken	388 100,—
Einrichtung	92 400,—	Darlehen	45 400,—
Waren	185 450,—	Verbindlichkeiten	9 394,—
Forderungen	3 700,—	Mehrwertsteuer	1 148,—
Bank	32 462,—		
Kasse	2 840,—		
	904 052,—		904 052,—

Kapitel 6.4.3

1.	15 Sonst. Forderungen	93,—	an	30 Wareneinkauf	80,—
				154 Vorsteuer	5,60
				21 A.o. Erträge	7,40
2.	30 Wareneinkauf	750,—	an	16 Verbindlichkeiten	802,50
	37 Bezugskosten	18,—		10 Kasse	20,52
	154 Vorsteuer	55,02			

3.

Ladenpreis	36,— · 5 = 180,—	≙	100%
− Rabatt	54,—	≙	30%
= Nettopreis	126,—	≙	70%
+ Porto	4,40		
+ Verpackung	3,35		
= Rechnungsbetrag	133,75	≙	107%
− Vorsteuer	8,75	≙	7%
= Steuerl. Entgelt	125,—	≙	100%

30 Wareneinkauf	125,—	an	12 Bank	133,75
154 Vorsteuer	8,75			

4.

Rechnungsbetrag	2 140,— ≙	100%
– Skonto	42,80 ≙	2%
= Überweisungsbetrag (= Kreditbetrag)	2 097,20 ≙	98%

Rechnungsbetrag	2 140,— ≙	107%
– Vorsteuer	140,— ≙	7%
= Steuerl. Entgelt	2 000,— ≙	100%

$$Z = \frac{2\,097{,}20 \cdot 8\% \cdot 50 \text{ Tg.}}{100 \cdot 360} = 23{,}30 \text{ DM}$$

a)	30 Wareneinkauf	2 000,—	an	16	Verbindlichkeiten	2 140,—
	154 Vorsteuer	140,—				
b)	12 Bank	2 097,20	an	18	Sonstige Verbindlichkeiten	2 120,50
	23 Zinsaufwendungen	23,30				
c)	16 Verbindlichkeiten	2 140,—	an	12	Bank	2 097,20
				38	Nachlässe	42,80

5.

Ladenpreis 24,— · 10 =	240,— ≙	100%		
– Rabatt	72,— ≙	30%		
= Nettopreis	168,— ≙	70%	100%	
– Skonto	3,36 ≙		2%	
= Rechnungsbetrag	164,64 ≙		98%	107%
– Vorsteuer	10,77 ≙			7%
= Steuerliches Entgelt	153,87 ≙			100%

30 Wareneinkauf	153,87	an	12	Bank	164,64
154 Vorsteuer	10,77				

6. 3% von 10 800,— DM = 324,— DM

30 Wareneinkauf	630,—	an	16	Verbindlichkeiten	350,10
154 Vorsteuer	44,10		38	Nachlässe	324,—

7.

80 Warenverkauf	64,—	an	18	Sonstige Verbindlichkeiten	64,—

8.	14 Forderungen	2 033,—	an	80 Warenverkauf	2 140,—
	89 Erlösschmälerung	107,—			
9.	10 Kasse	20,—	an	21 A.o. Erträge	20,—

10. Buchungssätze:

1.	10 Kasse	5 700,—	an	02 Fuhrpark	5 000,—
				184 Mehrwertsteuer	700,—
2.	12 Bank	1 920,—	an	21 Betr. fr. Erträge	1 920,—
3.	30 Wareneinkauf	3 000,—	an	16 Verbindlichk.	3 210,—
	154 Vorsteuer	210,—			
4.	16 Verbindlichk.	3 210,—	an	12 Bank	3 145,80
				38 Nachlässe	64,20
5.	37 Bezugskosten	40,—	an	10 Kasse	45,60
	154 Vorsteuer	5,60			
6.	16 Verbindlichkeiten	214,—	an	30 WEK	200,—
				154 Vorsteuer	14,—

7.					
	Warenverkäufe	4 280,— ≙	100%		
	– Barverkäufe	2 140,— ≙	50%		
	= Rechnungsverkäufe	2 140,— ≙	50%	100%	
	– Rabatt (Erlösschmälerung)	214,— ≙		10%	
		1 926,— ≙		90%	100%
	– Skonto (Erlösschmälerung)	38,52 ≙			2%
	= tatsächlicher Kreditumsatz	1 887,48 ≙			98%

	10 Kasse	2 140,—	an	80 Warenverkauf	4 280,—
	14 Forderungen	1 887,48			
	89 Erlösschmälerung	252,52			
8.	12 Bank	9 200,—	an	10 Kasse	9 200,—
9.	184 Mehrwertsteuer	830,—	an	11 Postgirokonto	830,—
10.	071 Hypotheken	1 800,—	an	12 Bank	4 800,—
	072 Darlehen	3 000,—			
11.	16 Verbindlichkeiten	3 100,—	an	11 Postgirokonto	3 100,—
12.	10 Kasse	2 140,—	an	80 Warenverkauf	21 400,—
	14 Forderungen	6 420,—			
	12 Bank	12 840,—			

S	941 Schlußbilanzkonto			H
(00) Gebäude	520 000,—		(08) Eigenkapital	409 354,—
(02) Fuhrpark	17 000,—		(071) Hypotheken	278 200,—
(03) Einrichtung	84 000,—		(072) Darlehen	190 000,—
(05) Beteiligung	32 000,—		(16) Verbindlichk.	5 986,—
(30) Waren	181 280,—		(184) Mehrwertsteuer	2 166,08
(14) Forderungen	16 907,48			
(12) Bank	28 414,20			
(11) Postgirokonto	1 870,—			
(10) Kasse	4 234,40			
	885 706,08			885 706,08

11. Buchungssätze:

	Soll			Haben	
1.	30 Wareneinkauf	68 000,—	an	16 Verbindlk.	29 104,—
	154 Vorsteuer	4 760,—		12 Bank	21 828,—
				11 Postgirokt.	14 552,—
				17 Schuldwechsel	7 276,—
2.	10 Kasse	92 876,—	an	80 WVK	132 680,—
	14 Forderungen	39 804,—			
3.	37 Bezugskosten	960,—	an	10 Kasse	1 051,—
	154 Vorsteuer	91,—			
4.	15 Sonstige Forderungen	321,—	an	30 WEK	300,—
				154 Vorsteuer	21,—
5.	12 Bank	84 000,—	an	10 Kasse	84 000,—
6.	16 Verbindlichkeiten	642,—	an	12 Bank	629,16
				38 Nachlässe	12,84
7.	16 Verbindlichkeiten	856,—	an	38 Nachlässe	856,—
8.	80 Warenverkauf	428,—	an	10 Kasse	428,—
9.	12 Bank	14 231,—	an	14 Forderungen	14 980,—
	89 Erlösschmälerung	749,—			
10.	10 Kasse	9 120,—	an	02 Fuhrpark	6 000,—
				21 A.o. Erträge	2 000,—
				184 Mehrwertsteuer	1 120,—
11.	400 Gehälter	7 000,—	an	12 Bank	7 000,—
12.	44 Werbung	300,—	an	10 Kasse	342,—
	154 Vorsteuer	42,—			
13.	05 Beteiligung	5 000,—	an	08 Eigenkapital	5 000,—

14.	03 Einrichtung	3 500,—	an	12 Bank	3 990,—
	154 Vorsteuer	490,—			
15.	430 Gewerbesteuer	800,—	an	12 Bank	800,—
16.	12 Bank	1 200,—	an	24 Zinserträge	1 200,—
17.	220 HuG-Aufwendungen	600,—	an	10 Kasse	600,—
18.	072 Darlehen	4 000,—	an	12 Bank	4 400,—
	23 Zinsaufwendungen	400,—			
19.	184 Mehrwertsteuer	1 100,—	an	12 Bank	1 100,—
20.	11 Postgirokonto	15 600,—	an	10 Kasse	15 600,—
21.	16 Verbindlichk.	32 400,—	an	12 Bank	32 400,—

Vorbereitende Abschlußbuchungen:

30	an	37:	960,—	80	an	89:	749,—
38	an	154:	56,84	80	an	184:	8 603,—
38	an	30:	812,—	184	an	154:	5 305,16

Endgültige Abschlußbuchungen:

93	an	400:	7 000,—	941	an	03:	99 500,—
93	an	43:	800,—	941	an	05:	35 000,—
93	an	44:	300,—	941	an	14:	36 824,—
21	an	93:	2 000,—	941	an	15:	321,—
93	an	220:	600,—	941	an	12:	51 283,84
93	an	23:	400,—	941	an	11:	19 048,—
24	an	93:	1 200,—	941	an	10:	2 475,—
941	an	30:	149 400,—	08	an	941:	364 352,—
93	an	30:	80 448,—	072	an	941:	39 000,—
80	an	93:	122 900,—	16	an	941:	4 806,—
93	an	08:	36 552,—	17	an	941:	7 276,—
941	an	02:	26 000,—	184	an	941:	4 417,84

S	93 Gewinn u. Verlust		H
(400) Gehälter	7 000,—	(21) A.o.Erträge	2 000,—
(43) Steuern	800,—	(24) Zinserträge	1 200,—
(44) Werbung	300,—	(80) Nettoumsätze	122 900,—
(220) HuG-Aufwend.	600,—		
(23) Zinsaufwend.	400,—		
(30) Wareneinsatz	80 448,—		
(08) Reingewinn	36 552,—		
	126 100,—		126 100,—

S	941 Schlußbilanzkonto		H
(02) Fuhrpark	26 000,—	(08) Eigenkapital	364 352,—
(03) Einrichtung	99 500,—	(072) Darlehen	39 000,—
(05) Beteiligung	35 000,—	(16) Verbindlichk.	4 806,—
(30) Waren	149 400,—	(17) Schuldwechsel	7 276,—
(14) Forderungen	36 824,—	(184) Mehrwertsteuer	4 417,84
(15) Sonst. Ford.	321,—		
(12) Bank	51 283,84		
(11) Postgirokonto	19 048,—		
(10) Kasse	2 475,—		
	419 851,84		419 851,84

Kapitel 6.8

Nr.	Soll	Betrag		Haben	Betrag
1.	30 Wareneinkauf	1 009,35	an	16 Verbindlichkeiten	1 080,—
	154 Vorsteuer	70,65			
2.	14 Forderungen	1 800,—	an	80 Warenverkauf	1 800,—
3.	15 Sonstige Forderungen	96,—	an	30 Wareneinkauf	89,72
				154 Vorsteuer	6,28
4.	37 Bezugskosten	15,50	an	10 Kasse	17,67
	154 Vorsteuer	2,17			
5.	30 Wareneinkauf	598,13	an	12 Bank	627,20
	154 Vorsteuer	41,87		38 Nachlässe	12,80
6.	10 Kasse	16,—	an	80 Warenverkauf	16,—
7.	14 Forderungen	1 926,—	an	80 Warenverkauf	2 140,—
	89 Erlösschmälerung	214,—			
8.	45 Zustellkosten	30,—	an	10 Kasse	30,—
9.	184 Mehrwertsteuer	856,—	an	12 Bank	856,—
10.	30 Wareneinkauf	3 595,—	an	189 BAG-Verblk.	4 003,45
	45 Zustellkosten	120,—			
	48 Geschäftsausgaben	20,—			
	154 Vorsteuer	268,45			
11.	808 Scheckverkauf	675,14	an	188 BSS-Verblk.	748,20
	184 Mehrwertsteuer	47,26			
	46 Nbk. Geldverkehr	22,63			
	154 Vorsteuer	3,17			
12.	30 Wareneinkauf	1 080,—	an	39 ac-Bestand	1 284,—
	154 Vorsteuer	75,60			
	169 ac-Verbindlichk.	128,40			

Kapitel 7.4

1.	19 Privat	214,—	an	80	Warenverkauf	214,—
2.	41 Mietaufwendungen	2 400,—	an	12	Bank	3 400,—
	19 Privat	1 000,—				
3.	19 Privat	280,—	an	11	Postgirokonto	400,—
	42 Raumkosten	120,—				
4.	12 Bank	4 000,—	an	19	Privat	7 000,—
	11 Postgirokonto	2 000,—				
	10 Kasse	1 000,—				
5.	19 Privat	600,—	an	10	Kasse	600,—
6.	49 Kfz.-Kosten	640,—	an	12	Bank	800,—
	19 Privat	160,—				
7.	42 Raumkosten	10 150,—	an	11	Postgirokonto	16 530,—
	154 Vorsteuer	1 421,—				
	19 Privat	4 959,—				
8.	01 Grundstücke	50 000,—	an		Privat	55 000,—
	03 Einrichtung	2 000,—				
	30 Wareneinkauf	3 000,—				

Kapitel 8.4

1.	400 Gehälter	1 200,—	an	12	Bank	880,—
	402 Soz. Aufw.	190,—		183	Noch abzf. A.	510,—
2.	400 Gehälter	1 400,—	an	12	Bank	895,—
	402 Soz. Aufw.	225,—		152	S. kfr. Ford.	120,—
				183	Noch abzf. A.	610,—
3.	400 Gehälter	1 600,—	an	12	Bank	1 126,—
	402 Soz. Aufw.	258,—		183	Noch abzf. A.	732,—

4. Gehaltsabrechnung:

Arbeitnehmer		*Arbeitgeber*
Bruttogehalt	1 700,—	
+ TVL	13,—	13,—
= zu verst. Einkommen	1 713,—	
– Lohnsteuer	123,—	
– Kirchensteuer	11,—	
– Krankenversicherung	92,—	92,—
– Rentenversicherung	153,—	153,—
– Arbeitslosenversicherung	39,10	39,10
= Nettogehalt	1 294,90	297,10
– vwL	52,—	
+ ANSpZl.	11,96	
= Auszahlungsbetrag	1 254,86	

Buchung:

	400	Gehälter	1 700,—	an	12	Bank	1 254,86
	402	Soz. Aufwend.	297,10		183	Noch abzuführende Abgaben	754,20
	152	S. kfr. Forderungen	11,96				
5.	183	Noch abzuf. Abgaben	754,20	an	12	Bank (Finanzamt)	122,04
					152	S. kfr. Forderungen	11,96
					12	Bank (Krankenkasse)	568,20
					12	Bank (Bausparkasse)	52,—
6.	400	Gehälter	1 680,—	an	12	Bank	1 167,16
	402	Soz. Aufwend.	296,—		183	Noch abzuführende Abgaben	826,—
	152	S. kfr. Forderungen	17,16				
7.	400	Gehälter	1 780,—	an	12	Bank	1 328,96
	402	Soz. Aufwend.	329,—		183	Noch abzuführende Abgaben	792,—
	152	S. kfr. Forderungen	11,96				
8.	400	Gehälter	1 560,—	an	12	Bank	1 111,96
	402	Soz. Aufwend.	302,—		183	Noch abzuführende Abgaben	762,—
	152	S. kfr. Forderungen	11,96				

9. Buchungssätze:

1.	30	Wareneinkauf	110 000,—	an	16	Verbindlichk.	70 620,—
	154	Vorsteuer	7 700,—		12	Bank	28 836,50
					38	Nachlässe	588,50
					189	BAG-Verblk.	11 770,—
					17	Schuldwechsel	5 885,—

Nr.	Soll-Konto		Betrag		Haben-Konto		Betrag
2.	10	Kasse	269 640,—	an	80	Warenverkauf	449 400,—
	14	Forderungen	177 513,—				
	89	Erlösschm.	2 247,—				
3.	12	Bank	248 000,—	an	10	Kasse	271 240,—
	11	Postgirokonto	23 240,—				
4.	400	Gehälter	96 000,—	an	12	Bank	67 152,—
	402	Soz. Aufwend.	19 472,—		183	Noch abzuf. Abgaben	48 896,—
	152	S. kfr. Ford.	576,—				
5.	183	NaA	48 896,—	an	12	Bank	48 320,—
					152	S. kfr. Ford.	576,—
6.	189	BAG-Vblk.	10 800,—	an	11	Postgirokonto	11 550,—
	188	BSS-Vblk.	750,—				
7.	10	Kasse	9 120,—	an	02	Fuhrpark	6 200,—
					21	A.o. Erträge	1 800,—
					184	Mehrwertsteuer	1 120,—
8.	220	HuG-Aufwend.	1 200,—	an	12	Bank	5 900,—
	23	Zinsaufwend.	900,—				
	42	Raumkosten	1 800,—				
	430	Gewerbesteuer	2 000,—				
9.	19	Privat	6 656,—	an	11	Postgirokonto	5 800,—
					80	Warenverkauf	856,—
10.	20	A.o.Aufwend.	800,—	an	30	Wareneinkauf	800,—
11.	37	Bezugskosten	1 100,—	an	10	Kasse	1 254,—
	154	Vorsteuer	154,—				
12.	19	Privat	300,—	an	12	Bank	1 200,—
	49	Kfz.-Kosten	900,—				
13.	12	Bank	176 800,—	an	14	Forderungen	176 800,—
14.	16	Verbindlichk.	58 600,—	an	12	Bank	58 600,—
15.	17	Schuldwechsel	7 100,—	an	10	Kasse	7 100,—
16.	071	Hypotheken	24 000,—	an	12	Bank	39 000,—
	072	Darlehen	15 000,—				

S — 90 Warenabschlußkonto — H

S		H	
(30)	127 750,—	(80)	418 700,—
(93)	290 950,—		
	418 700,—		418 700,—

S — 91 Abgrenzungssammelkonto — H

S		H	
(20)	800,—	(21)	1 800,—
(220)	1 200,—	(93)	1 100,—
(23)	900,—		
	2 900,—		2 900,—

S — 92 Betriebsergebniskonto — H

S		H	
(400)	96 000,—	(93)	120 172,—
(402)	19 472,—		
(42)	1 800,—		
(43)	2 000,—		
(49)	900,—		
	120 172,—		120 172,—

S — 93 Gewinn u. Verlust — H

S		H	
(91)	1 100,—	(90)	290 950,—
(92)	120 172,—		
(08) Reingewinn	169 678,—		
	290 950,—		290 950,—

S — 941 Schlußbilanzkonto — H

S		H	
(00) Gebäude	720 000,—	(08) Eigenkapital	1 080 172,—
(01) Grundstück	84 000,—	(071) Hypotheken	458 000,—
(02) Fuhrpark	29 800,—	(072) Darlehen	80 000,—
(03) Einrichtung	180 000,—	(16) Verbindlichk.	31 020,—
(04) Lizenzen	35 000,—	(17) Schuldwechsel	3 385,—
(30) Waren	292 000,—	(184) Mehrwertsteuer	22 613,50
(14) Forderungen	28 713,—	(189) BAG-Vblk.	3 770,—
(12) Bank	267 791,50		
(11) Postgirokonto	36 890,—		
(10) Kasse	4 766,—		
	1 678 960,50		1 678 960,50

Kapitel 9.1.4

1. Lineare Abschreibung: 100% : 8 = 12,5% p.a.
   Maximale degressive Abschreibung: 12,5% · 3 = 37,5%
   (37,5% sind nicht erlaubt, also max. 30% degressiv)
   Lineare Abschreibung: 12,5% v. 50 000,— DM = 6 250,— DM p.a.

Degressive Abschreibung: 1. Jahr = 15 000,—
2. Jahr = 10 500,—
3. Jahr = 7 350,—
4. Jahr = 5 145,—

Übergang am Ende des 4. Jahres, denn ab diesem Zeitpunkt ist der Abschreibungsbetrag bei linearer Methode höher.

2. 60 000,— Anschaffungswert
– 24 000,— (4 · 6 000,— Abschreibung)
= 36 000,— Buchwert im 5. Jahr

36 000,— : 3 = 12 000,— jährliche Abschreibung ab dem 5. Jahr

3. Abschreibungsbetrag/Kopie $= \frac{20\,000,—}{500\,000} = 0{,}04$ DM

Jahr	Leistung/Stück	× 0,04 DM	=	Abschreibungsbetrag
1.	80 000	× 0,04	=	3 200,— DM
2.	65 000	× 0,04	=	2 600,— DM
3.	115 000	× 0,04	=	4 600,— DM
4.	75 000	× 0,04	=	3 000,— DM
5.	105 000	× 0,04	=	4 200,— DM
6.	60 000	× 0,04	=	2 400,— DM
	500 000			20 000,— DM

4. 470 Abschreibung auf Anlagen an 03 Einrichtung

5. 470 Abschreibung auf Anlagen an 0900 Wertberichtigung auf Anlagen (WaA)

6. a) 93 Gewinn u. Verlust an 470 Abschreibung auf Anlagen
b) 941 Schlußbilanzkonto an 02 Fuhrpark
c) 0900 Wertberichtigung auf Anlagen an 941 Schlußbilanzkonto

7. 470 Abschreibung 2 531,25 an 0900 WaA 2 531,25

8. 0900 WaA an 02 Fuhrpark

9. 12 Bank 456,— an 03 Einrichtung 400,—
184 Mehrwertsteuer 56,—

10. 11 Postgirokonto 2 280,— an 03 Einrichtung 1 800,—
21 A.o. Erträge 200,—
184 Mehrwertsteuer 280,—

11.	13 Besitzwechsel	9 120,—	an	02 Fuhrpark	6 000,—
				21 A.o. Erträge	2 000,—
				184 Mehrwertsteuer	1 120,—
12.	0900 WaA	56 000,—	an	03 Einrichtung	56 000,—
	12 Bank	28 500,—		03 Einrichtung	24 000,—
				21 A.o. Erträge	1 000,—
				184 Mehrwertsteuer	3 500,—
13.	0900 WaA	29 100,38	an	03 Einrichtung	29 100,38
	10 Kasse	11 400,—		03 Einrichtung	10 899,62
	20 A.o. Aufwendungen	899,62		184 Mehrwertsteuer	1 400,—

14. Abschreibungsbetrag: 0,14 DM/km

Jahr	km-Leistung	× 0,14 DM	=	Abschreibungsbetrag
1.	45 000	× 0,14	=	6 300,— DM
2.	30 000	× 0,14	=	4 200,— DM
3.	52 000	× 0,14	=	7 280,— DM
				17 780,— DM

28 000,— DM Anschaffungswert
– 17 780,— DM Abschreibung
= 10 220,— DM Buchwert

Buchung:

	13 Besitzwechsel	10 260,—	an	02 Fuhrpark	10 220,—
	20 A.o. Aufwend.	1 220,—		184 Mehrwertsteuer	1 260,—
15.	10 Kasse	250,—	an	03 Einrichtung	1,—
				21 A.o. Erträge	218,30
				184 Mehrwertsteuer	30,70
16.	0900 WaA	11 562,50	an	02 Fuhrpark	11 562,50
	02 Fuhrpark	25 000,—		02 Fuhrpark	8 437,50
	154 Vorsteuer	3 500,—		21 A.o. Erträge	1 062,50
				184 Mehrwertsteuer	1 330,—
				12 Bank	8 835,—
				17 Schuldwechsel	3 534,—
				11 Postgirokonto	3 534,—
				10 Kasse	1 767,—

17. Buchungssätze:

1.	30 WEK	2 800,—	an	16 Verbindlichk.	2 996,—
	154 Vorsteuer	196,—			
2.	16 Verbindlichk.	3 500,—	an	12 Bank	3 500,—

Nr.	Konto	Soll		Konto	Haben
3.	10 Kasse	25 510,—	an	80 Warenverk.	63 772,—
	14 Forderungen	38 262,—			
4.	400 Gehälter	1 800,—	an	12 Bank	1 278,96
	402 Soz. Aufwend.	339,—	an	183 Noch abzuf. Abgaben	872,—
	152 S. kfr. Forderungen	11,96			
5.	03 Einrichtung	200,—	an	10 Kasse	228,—
	154 Vorsteuer	28,—			
6.	10 Kasse	4 560,—	an	02 Fuhrpark	6 400,—
	20 A.o. Aufwend.	2 400,—		184 Mehrwertsteuer	560,—
7.	12 Bank	22 000,—	an	10 Kasse	22 000,—
8.	45 Zustellkosten	500,—	an	10 Kasse	570,—
	154 Vorsteuer	70,—			
9.	41 Mietaufwend.	1 000,—	an	12 Bank	1 000,—
10.	14 Forderungen	95 658,—	an	80 Warenverk.	95 658,—
11.	16 Verbindlichk.	428,—	an	30 Wareneink.	400,—
				154 Vorsteuer	28,—
12.	184 Mehrwertsteuer	3 200,—	an	12 Bank	3 200,—
13.	12 Bank	75 000,—	an	14 Forderungen	120 000,—
	11 Postgirokonto	45 000,—			

Abschlußbuchungen:

Konto	Soll		Konto	Haben
941 SBK	112 860,—	an	30 Wareneink.	112 860,—
470 AfA	12 020,—	an	03 Einrichtung	12 020,—

S — 941 Schlußbilanzkonto — H

S		H	
(02) Fuhrpark	23 600,—	(08) Eigenkapital	374 201,—
(03) Einrichtung	108 180,—	(072) Darlehen	40 000,—
(30) Waren	112 860,—	(16) Verbindlichk.	19 068,—
(14) Forderungen	24 920,—	(183) Noch abzuführende Abgaben	872,—
(152) Sonst. Ford.	11,96	(184) Mehrwertsteuer	10 724,—
(12) Bank	113 021,04		
(11) Postgirokonto	53 500,—		
(10) Kasse	8 772,—		
	444 865,—		444 865,—

Kapitel 9.2.3

1.	11	Postgirokonto	449,40	an	141	Zwh. Forderungen	449,40
	184	Mehrwertsteuer	19,60		21	A.o. Erträge	19,60
2.	12	Bank	449,40	an	141	Zwh. Forderungen	321,—
					21	A.o. Erträge	128,40
	184	Mehrwertsteuer	12,60		21	A.o. Erträge	12,60
3.	12	Bank	256,80	an	141	Zwh. Forderungen	342,40
	20	A.o. Aufwendungen	85,60				
	184	Mehrwertsteuer	39,20		21	A.o. Erträge	39,20
4.	0901	Wertberichtigung auf Forderungen	10,—	an	14	Forderungen	10,—
	12	Bank	171,—		14	Forderungen	218,—
	20	A.o. Aufwendungen	47,—				
	184	Mehrwertsteuer	7,—		21	A.o. Erträge	7,—
5.	0901	Wertberichtigung auf Forderungen	12,50	an	14	Forderungen	12,50
	11	Postgirokonto	114,—		14	Forderungen	272,50
	20	A.o. Aufwendungen	158,50				
	184	Mehrwertsteuer	21,—		21	A.o. Erträge	21,—

6. Buchungssätze:

1.	10	Kasse	26 750,—	an	80	Warenverk.	26 750,—
2.	30	Wareneink.	7 000,—	an	16	Verbindlichk.	7 490,—
	154	Vorsteuer	490,—				
3.	14	Forderungen	1 926,—	an	80	Warenverk.	2 140,—
	89	Erlösschm.	214,—				
4.	80	Warenverk.	21,40	an	18	Sonst. Verbindlichk.	21,40
5.	12	Bank	26 000,—	an	10	Kasse	26 000,—
6.	43	Pflichtbeiträge	200,—	an	12	Bank	4 210,—
	430	Gewerbesteuer	800,—				
	189	BAG-Vbk.	3 210,—				
7.	44	Werbung	400,—	an	10	Kasse	456,—
	154	Vorsteuer	56,—				
8.	03	Einrichtung	300,—	an	12	Bank	1 370,—
	188	BSS-Vblk.	1 070,—				
9.	152	S. kfr. Ford.	150,—	an	10	Kasse	150,—

10.	400 Gehälter	1 600,—	an	12	Bank	970,—
	402 Soz. Aufwend.	300,—		183	Noch abzuführende Abgaben	780,—
				152	S. kfr. Forderungen	150,—
11.	141 Zwh. Forderungen	642,—	an	14	Forderungen	642,—
12.	471 Abschreibung auf Forderungen	214,—	an	141	Zwh. Forderungen	214,—
13.	12 Bank	428,—	an	141	Zwh. Forderungen	428,—
	184 Mehrwertsteuer	14,—		21	A.o. Erträge	14,—
14.	183 Noch abzuf. Abgaben	780,—	an	12	Bank	780,—

Warenendbestand:

941 SBK 150 455,— an 30 WEK 150 455,—

Aktiva	Schlußbilanz		Passiva
Gebäude	380 000,—	Eigenkapital	339 469,—
Einrichtung	100 300,—	Hypotheken	200 000,—
Waren	150 455,—	Darlehen	120 000,—
Forderungen	9 804,—	Verbindlichkeiten	12 890,—
Bank	31 098,—	BAG/BSS	406,—
Kasse	2 444,—	Sonst. Verbindlichk.	21,40
		Mehrwertsteuer	1 314,60
	674 101,—		674 101,—

Kapitel 10.7

1.	30 Wareneinkauf	400,—	an	16	Verbindlichkeiten	428,—
	154 Vorsteuer	28,—				
2.	49 Kfz.-Kosten	80,—	an	10	Kasse	91,20
	154 Vorsteuer	11,20				
3.	184 Mehrwertsteuer	1 600,—	an	12	Bank	1 600,—
4.	183 Noch abzuführ. Abgaben	946,—	an	12	Bank	946,—
5.	12 Bank	1 320,—	an	154	Vorsteuer	1 320,—

Nr.	Konto	Soll		Konto	Haben
6.	01 Grundstücke	2 000,—	an	12 Bank	5 100,—
	19 Privat	1 000,—			
	20 A.o. Aufwend.	800,—			
	220 HuG-Aufwend.	300,—			
	430 Gewerbesteuer	400,—			
	431 Kfz.-Steuer	600,—			
7.	433 Vermögensteuer	840,—	an	12 Bank	1 100,—
	19 Privat	260,—			
8.	431 Kfz.-Steuer	640,—	an	11 Postgirokonto	800,—
	19 Privat	160,—			
9.	10 Kasse	6 840,—	an	02 Fuhrpark	5 600,—
				184 Mehrwertsteuer	840,—
				21 A.o. Erträge	400,—
10.	19 Privat	321,—	an	80 Warenverkauf	321,—

Kapitel 11.3

Nr.	Konto	Soll		Konto	Haben
1.	30 Wareneinkauf	2 200,—	an	17 Schuldwechsel	2 354,—
	154 Vorsteuer	154,—			
2.	13 Besitzwechsel	2 033,—	an	80 Warenverkauf	2 033,—
3.	12 Bank	1 497,75	an	13 Besitzwechsel	1 500,—
	46 Nbk. Geldverkehr	2,25			
4.	16 Verbindlichkeiten	1 340,—	an	17 Schuldwechsel	1 340,—
5.	23 Zinsaufwendungen	20,—	an	16 Verbindlichkeiten	26,79
	46 Nbk. Geldverkehr	3,50			
	154 Vorsteuer	3,29			
6.	12 Bank	3 240,—	an	13 Besitzwechsel	3 300,—
	23 Zinsaufwendungen	48,15			
	432 Wechselsteuer	4,95			
	46 Nbk. Geldverkehr	6,90			
7.	14 Forderungen	68,40	an	24 Zinserträge	60,—
				184 Mehrwertsteuer	8,40
8.	12 Bank	1 435,—	an	13 Besitzwechsel	1 450,—
	23 Zinsaufwendungen	8,—			
	432 Wechselsteuer	2,25			
	46 Nbk. Geldverkehr	4,19			
	184 Mehrwertsteuer	0,56			

Kapitel 12.1.4

Nr.		Konto	Bezeichnung	Betrag		Konto	Bezeichnung	Betrag
1.	a)	152	S. kfr. Ford.	80,—	an	24	Zinserträge	80,—
	b)	12	Bank	240,—	an	152	S. kfr. Ford.	80,—
						24	Zinserträge	160,—
2.	a)	41	Mietaufwend.	650,—	an	182	S. kfr. Verblk.	650,—
	b)	182	S. kfr. Verblk.	650,—	an	12	Bank	1 300,—
		41	Mietaufwend.	650,—				
3.	a)	220	HuG-Aufwend.	4 000,—	an	182	S. kfr. Verblk.	4 000,—
	b)	182	S. kfr. Verblk.	4 000,—	an	12	Bank	6 000,—
		220	HuG-Aufwend.	2000,—				
4.	a)	152	S. kfr. Ford.	800,—	an	24	Zinserträge	800,—
	b)	12	Bank	800,—	an	152	S. kfr. Ford.	800,—
5.	a)	430	Gewerbesteuer	750,—	an	182	S. kfr. Verblk.	750,—
	b)	182	S. kfr. Verblk.	750,—	an	10	Kasse	750,—
6.	a)	41	Mietaufwend.	600,—	an	182	S. kfr. Verblk.	600,—
	b)	182	S. kfr. Verblk.	600,—	an	11	Postgirokonto	900,—
		41	Mietaufwend.	300,—				
7.	a)	092	ARAP	900,—	an	12	Bank	1 800,—
		431	Kfz.-Steuer	320,—				
		49	Kfz.-Kosten	400,—				
		19	Privat	180,—				
	b)	49	Kfz.-Kosten	400,—	an	092	ARAP	900,—
		431	Kfz.-Steuer	320,—				
		19	Privat	180,—				
8.	a)	12	Bank	1 800,—	an	093	PRAP	1 200,—
						221	HuG-Erträge	600,—
	b)	093	PRAP	1 200,—	an	221	HuG-Erträge	1 200,—
9.	Buchung 1. 8.:							
		43	Versicherungen	1 200,—	an	11	Postgirokonto	1 200,—
	a)	092	ARAP	700,—	an	43	Versicherungen	700,—
	b)	43	Versicherungen	700,—	an	092	ARAP	700,—
10.	Buchung 1. 11.:							
		12	Bank	900,—	an	24	Zinserträge	900,—
	a)	24	Zinserträge	300,—	an	093	PRAP	300,—
	b)	093	PRAP	300,—	an	24	Zinserträge	300,—
11.		20	A.o. Aufwend.	1 000,—	an	091	Rückstellungen	1 000,—
12.		091	Rückstellungen	1 000,—	an	12	Bank	800,—
						21	A.o. Erträge	200,—

13.	a) 402 Soz. Aufwend.	600,—	an	091 Rückstellungen	600,—
	b) 091 Rückstellung	600,—	an	12 Bank	720,—
	20 A.o. Aufwend.	120,—			

14.

Aktiva	Eröffnungsbilanz		Passiva
Gebäude	480 000,—	Eigenkapital	578 284,—
Fuhrpark	32 000,—	Hypotheken	288 000,—
Einrichtung	116 000,—	Darlehen	68 000,—
Lizenzen	30 000,—	Schuldwechsel	5 200,—
Beteiligung	20 000,—	Verbindlichkeiten	19 600,—
Waren	196 000,—	Rückstellung	2 000,—
Forderungen	9 300,—	Wertberichtigung auf Forderungen	8 000,—
Zwh. Forderungen	1 284,—	BAG-Verbindlichk.	2 600,—
Bank	73 800,—	Noch abzf. Abgaben	5 600,—
Postgirokonto	17 100,—	Mehrwertsteuer	2 400,—
Kasse	4 200,—		
	979 684,—		979 684,—

Buchungssätze:

1.	30 Wareneink.	87 000,—	an	12 Bank	27 927,—
	154 Vorsteuer	6 090,—		16 Verbindlichk.	37 236,—
				189 BAG	18 618,—
				11 Postgirokonto	9 309,—
2.	37 Bezugskosten	5 500,—	an	16 Verbindlichk.	3 852,—
	154 Vorsteuer	518,—		10 Kasse	2 166,—
3.	16 Verbindlichk.	4 494,—	an	38 Nachlässe	4 494,—
4.	183 Noch abzuf. Abg.	5 600,—	an	12 Bank	12 800,—
	184 Mehrwertsteuer	2 400,—			
	19 Privat	2240,—			
	430 Gewerbesteuer	1 600,—			
	431 Kfz.-Steuer	960,—			
5.	10 Kasse	202 230,—	an	80 Warenverk.	337 050,—
	14 Forderungen	134 800,—			
6.	400 Gehälter	54 000,—	an	12 Bank	37 764,—
	402 Soz. Aufwend.	11 104,—		183 Noch abzuf. Abgaben	27 772,—
	152 S. kfr. Ford.	432,—			
7.	12 Bank	195 000,—	an	10 Kasse	195 000,—
8.	183 Noch abzuf. Abgaben	27 772,—	an	12 Bank	27 340,—
				152 S. kfr. Ford.	432,—

9.	12 Bank	2 400,—	an	21	Betr. fr. Erträge	2 400,—
10.	12 Bank	84 600,—	an	14	Forderungen	105 100,—
	11 Postgirokonto	20 500,—				
11.	20 A.o. Aufwend.	3 200,—	an	30	Wareneink.	3 200,—
12.	12 Bank	25 200,—	an	221	HuG-Erträge	25 200,—
13.	44 Werbung	8 400,—	an	12	Bank	9 576,—
	154 Vorsteuer	1 176,—				
14.	80 Warenverk.	428,—	an	10	Kasse	428,—
15.	16 Verbindlk.	29 600,—	an	12	Bank	44 700,—
	189 BAG-Vbk.	15 100,—				
16.	23 Zinsaufwend.	500,—	an	16	Verbindlichk.	570,—
	154 Vorsteuer	70,—				
17.	17 Schuldwechsel	5 200,—	an	12	Bank	5 200,—
18.	19 Privat	1 996,—	an	03	Einrichtung	1 000,—
				184	Mehrwertsteuer	140,—
				80	Warenverk.	856,—
19.	220 HuG-Aufwend.	600,—	an	12	Bank	600,—
20.	071 Hypotheken	18 000,—	an	12	Bank	30 000,—
	072 Darlehen	8 000,—				
	220 HuG-Aufwend.	2 800,—				
	23 Zinsaufwend.	1 200,—				
21.	12 Bank	36 000,—	an	04	Lizenzen	30 000,—
				21	A.o. Erträge	6 000,—
22.	02 Fuhrpark	22 000,—	an	02	Fuhrpark	8 000,—
	154 Vorsteuer	3 080,—		184	Mehrwertsteuer	1 120,—
				17	Schuldwechsel	6 384,—
				12	Bank	7 980,—
				10	Kasse	1 596,—

Abschlußangaben

a)	470 Abschreibung a. A.	11 500,—	an	0900	Wertbericht. a. A.	11 500,—
b)	220 HuG-Aufwend.	4 800,—	an	00	Gebäude	4 800,—
c)	470 Abschreibung a. A.	11 500,—	an	03	Einrichtung	11 500,—
d)	471 Abschreibung a. F.	642,—	an	141	Zwh. Forderungen	642,—
e)	091 Rückstellungen	2 000,—	an	21	A.o. Erträge	2 000,—

f) 152	S. kfr. Forderungen	2 600,—	an	24 Zinserträge	2 600,—
g) 092	ARAP	400,—	an	220 HuG-Aufwend.	400,—
h) 941	SBK	118 000,—	an	30 Wareneinkauf	118 000,—

S — 90 Warenabschlußkonto — H

S		H	
(30) Wareneinsatz	163 100,—	(80) Nettoumsatz	315 400,—
(92) Rohgewinn	152 300,—		
	315 400,—		315 400,—

S — 91 Abgrenzungssammelkonto — H

S		H	
(20)	3 200,—	(21)	10 400,—
(220)	7 800,—	(221)	25 200,—
(23)	1 700,—	(24)	2 600,—
(93) Neutr. Gewinn	25 500,—		
	38 200,—		38 200,—

S — 92 Betriebsergebniskonto — H

S		H	
(400)	54 000,—	(90) Rohgewinn	152 300,—
(402)	11 104,—		
(430)	1 600,—		
(431)	960,—		
(44)	8 400,—		
(470)	23 000,—		
(471)	642,—		
(93) Betriebsgewinn	52 594,—		
	152 300,—		152 300,—

S — 93 Gewinn u. Verlust — H

S		H	
(08) Reingewinn	78 094,—	(91)	25 500,—
		(92)	52 594,—
	78 094,—		78 094,—

S	941 Schlußbilanzkonto		H
(00)	475 200,—	(08)	652 142,—
(02)	46 000,—	(071)	270 000,—
(03)	103 500,—	(072)	60 000,—
(05)	20 000,—	(16)	27 164,—
(30)	118 000,—	(17)	6 384,—
(14)	39 020,—	(184)	12 698,—
(141)	642,—	(189)	6 118,—
(152)	2 600,—	(0900)	19 500,—
(12)	213 113,—		
(11)	28 291,—		
(10)	7 240,—		
(092)	400,—		
	1 054 006,—		1 054 006,—

Kapitel 12.2.3

(Tabellen siehe S. 278 u. S. 279)

1. Betriebsübersicht

Konto Nr.	SALDEN I		UMBUCHUNGEN		SALDEN II		INVENTUR		ERFOLG	
	Soll	Haben	Soll	Haben	Soll	Haben	Aktiva	Passiva	Aufwand	Ertrag
03	78 000			(2) 7 800	70 200		70 200			
08		228 400	8 000			220 400		220 400		
10	3 200				3 200		3 200			
12	34 000			(4) 5 900	28 100		28 100			
14	11 000				11 000		11 000			
154	2 500			2 500						
16		15 000				15 000		15 000		
183		2 100	(4) 2 100							
			2 500							
184			(4) 3 800	(3) 6 300						
19	8 000			8 000						
30	195 000				195 000		(1) 135 000		60 000	
400	4 500				4 500				4 500	
402	800				800				800	
42	3 000				3 000				3 000	
43	1 200				1 200				1 200	
470			(2) 7 800		7 800				7 800	
48	600				600				600	
80		96 300	(3) 6 300			90 000				90 000
	341 800	341 800	30 500	30 500	325 400	325 400	247 500	235 400	77 900	90 000
								12 100	12 100	
							247 500	247 500	90 000	90 000

Eigenkapital:
228 400,— DM Anfangsbestand
− 8 000,— DM Privatentnahme
+ 12 100,— DM Reingewinn

= 232 500,— DM Endbestand

2. Betriebsübersicht

Konto Nr.	SALDEN I		UMBUCHUNGEN		SALDEN II		INVENTUR		ERFOLG	
	Soll	Haben	Soll	Haben	Soll	Haben	Aktiva	Passiva	Aufwand	Ertrag
02	30 000				30 000		30 000			
03	93 000				93 000		93 000			
08		227 951				227 951		227 951		
0900				(2) 16 800		16 800		16 800		
10	1 400				1 400		1 400			
12	57 300			(4) 7 849	49 451		49 451			
14	8 600				8 600		8 600			
154	6 200			6 200						
			6 130	(3) 13 979						
184			(4) 7849							
20	900				900				900	
30	235 000		2 500	1 000	236 500		(1) 115 000		121 500	
37	2 500			2 500						
38		1 070	1 070							
41	4 000				4 000				4 000	
43	2 600				2 600				2 600	
470			(2) 16 800		16 800				16 800	
49	1 200		321		1 200				1 200	
80		214 000	(3) 13 979			199 700				199 700
89	321			321						
	443 021	443 021	48 649	48 649	444 451	444 451	297 451	244 751	147 000	199 700
								52 700	52 700	
							297 451	297 451	199 700	199 700

Eigenkapital: 227 951,— DM Anfangsbestand
+ 52 700,— DM Reingewinn
= 280 651,— DM Endbestand

Kapitel 13.2.1

	Konto	Nr.	SOLL	HABEN
1.	Postgirokonto	11	126,60 DM	
	Forderungen	14		126,60 DM
2.	Kasse	10	1 444,50 DM	224,— DM
	S. kfr. Forderungen	152	120,— DM	
	Bezugskosten	37	45,— DM	
	Zustellkosten	45	18,50 DM	
	Geschäftsausgaben	48	30,— DM	
	Vorsteuer	154	10,50 DM	
	Warenverkauf	80		1 444,50 DM
3.	Zustellkosten	45	9,90 DM	
	Kasse	10		9,90 DM
4.	Verbindlichkeiten	16	480,— DM	
	Postgirokonto	11		470,40 DM
	Nachlässe	38		9,60 DM
5.	Privatkonto	19	400,— DM	
	Kasse	10		400,— DM
6.	Verbindlichkeiten	16	428,— DM	
	Nachlässe	38		8,56 DM
	Bank	12		419,44 DM
7.	Bank	12	570,— DM	
	Warenverkauf	80		570,— DM
8.	Kasse	10	96,80 DM	
	Forderungen	14		96,80 DM
9.	Bank	12	711,55 DM	
	Erlösschmälerungen	89	37,45 DM	
	Forderungen	14		749,— DM
10.	Verbindlichkeiten	16	546,— DM	
	Kasse	10		546,— DM
11.	Bank	12	72,— DM	
	A.o. Erträge	21		72,— DM
12.	Bank	12	140,— DM	
	Warenverkauf	80		140,— DM
13.	Gewerbesteuer	430	900,— DM	
	Kasse	10		900,— DM
14.	Bank	12	46,— DM	810,22 DM
	Forderungen	14		46,— DM
	Verbindlichkeiten	16	299,— DM	
	BAG-Verbindlk.	189	258,— DM	
	Pflichtbeiträge	43	190,— DM	
	Geschäftsausgaben	48	63,22 DM	
15.	Gehälter	400	1 780,— DM	
	Soziale Aufwendungen	402	323,59 DM	

	Konto	Soll	Haben
S. kfr. Forderungen	152	11,96 DM	120,— DM
Noch abzuf. Abgaben	183		743,32 DM
Kasse	10		1 252,23 DM
16. Verbindlichkeiten	16	1 320,— DM	
Schuldwechsel	17		1 320,— DM
17. Bezugskosten	37	50,— DM	
Vorsteuer	154	7,— DM	
Kasse	10		57,— DM
18. A.o. Aufwendungen	20	50,— DM	
Postgirokonto	11		50,— DM
19. Wareneinkauf	30	29,44 DM	
Vorsteuer	154	2,06 DM	
Verbindlichkeiten	16		31,50 DM
20. Wareneinkauf	30	504,67 DM	
Vorsteuer	154	35,33 DM	
Verbindlichkeiten	16		540,— DM
21. a) Buchung lt. Rechnung:			
Wareneinkauf	30	512,15 DM	
Vorsteuer	154	35,85 DM	
Verbindlichkeiten	16		548,— DM
b) Buchung mit Bezugskosten:			
Wareneinkauf	30	502,43 DM	
Bezugskosten	37	9,72 DM	
Vorsteuer	154	35,85 DM	
Verbindlichkeiten	16		548,— DM
22. a) Buchung lt. Rechnung:			
Wareneinkauf	30	809,64 DM	
Vorsteuer	154	56,68 DM	
Bank (Zahlstelle)	12		866,32 DM
b) Buchung mit Nachlässen:			
Wareneinkauf	30	826,17 DM	
Vorsteuer	154	57,83 DM	
Nachlässe	38		17,68 DM
Bank (Zahlstelle)	12		866,32 DM
23. a) Buchung lt. Rechnung:			
Wareneinkauf	30	564,37 DM	
Vorsteuer	154	39,51 DM	
Bank (Zahlstelle)	12		603,88 DM
b) Buchung mit Bezugskosten und Nachlässen:			
Wareneinkauf	30	549,53 DM	
Bezugskosten	37	26,36 DM	
Vorsteuer	154	40,31 DM	
Nachlässe	38		12,32 DM
Bank	12		603,88 DM
24. Wareneinkauf	30	9 968,94 DM	45,01 DM
Zustellkosten	45	87,72 DM	

	Geschäftsausgaben	48	100,— DM	
	Vorsteuer	154	843,34 DM	4,99 DM
	BAG-Verbindlk.	189	50,— DM	11 000,— DM
25.	Scheckverkäufe	808	27,48 DM	
	Nbk. Geldverkehr	46	0,92 DM	
	Mehrwertsteuer	184	2,05 DM	
	BSS-Verbindlk.	188	84,— DM	30,45 DM
	Erlösschmälerungen	89	16,— DM	
	Warenverkauf	80		100,— DM
26.	Forderungen	14	535,— DM	
	Warenverkauf	80		535,— DM
27.	Kasse	10	535,— DM	
	Forderungen	14		535,— DM
28.	Verbindlichkeiten	16	186,24 DM	
	Wareneinkauf	30		174,06 DM
	Vorsteuer	154		12,18 DM

14.2 Prüfungssätze

14.2.1 Offene Aufgabenstellung

1. Prüfungssatz

1. Aufgabe:

Welche Konten sind passive Bestandskonten? (ankreuzen!) (4 Pkt.)

a) Erlösschmälerungen ( )
b) Warenverkauf ( )
c) Langfristige Darlehen ( )
d) Privatkonto ( )
e) Langfristige Forderungen ( )

2. Aufgabe:

Welcher Geschäftsfall ändert die Bilanzsumme? (4 Pkt.)

a) Umwandlung einer Verbindlichkeit in ein Darlehen ( )
b) Banküberweisung für eine Verbindlichkeit ( )
c) Bareinzahlung auf Bankkonto ( )
d) Kauf eines Hause mit einer Hypothek ( )
e) Wareneinkauf gegen Postscheck ( )

Die folgenden Buchungssätze für die angegebenen Geschäftsfälle sind mit Kontennummern und Beträgen zu bilden!

Kontenplan:

02	Fuhrpark	19	Privatkonto
03	Geschäftseinrichtung	21	A.o. Erträge
10	Kasse	30	Wareneinkauf
12	Bank	38	Nachlässe
14	Forderungen	400	Gehälter
152	Sonst. kurzfristige Forderungen	402	Soziale Aufwendungen
16	Verbindlichkeiten	430	Gewerbesteuer
183	Noch abzuführende Abgaben	431	Kfz.-Steuer
184	Mehrwertsteuer	80	Warenverkauf
		89	Erlösschmälerungen

3. Aufgabe: (4 Pkt.)

Wareneinkauf auf Ziel (netto)	8 000,— DM
Wareneinkauf gegen Banküberweisung (netto)	2 000,— DM
(Umsatzsteuer: 7%, aufteilen!)	

4. Aufgabe: (6 Pkt.)

Privatentnahmen	von Waren (inkl. 7% USt.)	400,— DM
	von Bargeld	200,— DM
	von einer Schreibmaschine (Buchwert)	600,— DM
	(USt. 14%)	

5. Aufgabe: (8 Pkt.)

Gehaltszahlung über Bank:

Bruttogehalt:	1 720,— DM
Lohn- und Kirchensteuer	200,— DM
Sozialversicherung (100%)	620,— DM
vermögenswirksame Leistung	52,— DM
Tarifvertragliche Leistung	39,— DM
Arbeitnehmer-Sparzulage	23%

6. Aufgabe: (3 Pkt.)

Banküberweisung an einen Lieferanten für eine Rechnung über	2 400,— DM
unter Abzug von 3% Skonto	72,— DM

7. Aufgabe (2 Pkt.)

Warenrückgabe eines Kunden, Bargelderstattung 64,— DM

8. Aufgabe (3 Pkt.)

Warenrücksendung an einen Verlag:

Warenwert (netto) 800,— DM
USt. 7%

9. Aufgabe: (3 Pkt.)

Banküberweisung eines Kunden für Rechnung über 450,— DM
unter Abzug von 10% Rabatt 45,— DM

10. Aufgabe: (6 Pkt.)

Banküberweisungen für:

Einkommensteuer	2 000,— DM
Gewerbesteuer	1 000,— DM
Mehrwertsteuer	3 000,— DM
Kfz.-Steuer (bei 20% privater Nutzung)	800,— DM

11. Aufgabe: (7 Pkt.)

Verkauf eines gebrauchten PKW bar für (netto) 8 000,— DM
Anschaffungswert: 24 000,— DM
Abschreibung: 25% linear direkt, 3 Jahre (3 ×)
(USt. 14%)

2. Prüfungssatz

Für die folgenden Geschäftsfälle sind die Buchungssätze mit Kontennummern und Beträgen zu bilden!

Kontenplan:

03 Geschäftseinrichtung
092 Aktive Rechnungsabgrenzung
10 Kasse
21 A.o. Erträge
220 HuG-Aufwendungen
23 Zinsaufwendungen

12	Bank	30	Wareneinkauf
13	Besitzwechsel	37	Bezugskosten
14	Forderungen	400	Gehälter
141	Zweifelhafte Forderungen	402	Soziale Aufwendungen
152	Sonst. kurzfristige Forderungen	42	Raumkosten
154	Vorsteuer	432	Wechselsteuer
16	Verbindlichkeiten	46	Nebenkosten Geldverkehr
183	Noch abzuführende Abgaben	49	Kfz.-Kosten
184	Mehrwertsteuer	80	Warenverkauf
19	Privatkonto	89	Erlösschmälerungen
20	A.o. Aufwendungen	941	Schlußbilanzkonto

1. Aufgabe (5 Pkt.)

Wareneinkauf auf Ziel (inkl. 7% USt.)	4 280,— DM
Barzahlung Frachtkosten (inkl. 14% USt.)	91,20 DM

2. Aufgabe (4 Pkt.)

Warenverkauf auf Ziel (inkl. 7% USt.)	6 634,— DM
unter Abzug von 5% Kundenrabatt	331,70 DM

3. Aufgabe (8 Pkt.)

Gehaltszahlung über Bank:

Bruttogehalt	1 850,— DM
Lohn- und Kirchensteuer	230,— DM
Sozialversicherung (100%)	640,— DM
vermögenswirksame Leistung	52,— DM
Tarifvertragliche Leistung	26,— DM
Arbeitnehmer-Sparzulage	26%

4. Aufgabe (8 Pkt.)

Diskontierung eines Besitzwechsels:

Wechselsumme	3 580,— DM
Diskont	74,90 DM
Mehrwertsteuer im Diskont	4,90 DM
Wechselsteuer	5,40 DM
Auslagen der Bank	4,70 DM
Bankgutschrift	3 495,— DM

5. Aufgabe (7 Pkt.)

Banküberweisungen für:

Heizölrechnung (inkl. 14% USt.) (30% Privatanteil)	9 804,— DM
Kfz.-Versicherung (bei 20% privater Nutzung)	1 000,— DM

6. Aufgabe (6 Pkt.)

Verkauf einer gebrauchten Ladeneinrichtung + 14% USt. gegen Bankscheck	20 000,— DM
Anschaffungswert: Abschreibung: 15% linear direkt, 6 Jahre (6 ×)	120 000,— DM

7. Aufgabe: (6 Pkt.)

Eine zweifelhafte Forderung über	3 210,— DM
war zu 70% abgeschrieben worden =	2 247,— DM
Restwert	963,— DM
Zahlungseingang auf Bankkonto	856,— DM
Mehrwertsteuer-Korrektur	154,— DM

8. Aufgabe (4 Pkt.)

Banküberweisung der Hypothekenzinsen am 1. 9. für 1 Jahr im voraus Jahresberichtigungsbuchung!	18 000,— DM

9. Aufgabe: (2 Pkt.)

Abschlußbuchung: Warenendbestand lt. Inventur

3. Prüfungssatz

Für die folgenden Geschäftsfälle sind die Buchungssätze mit Kontennummern und Beträgen zu bilden!

Kontenplan:

02	Fuhrpark	184	Mehrwertsteuer
03	Geschäftseinrichtung	21	A.o. Erträge
071	Hypotheken	220	HuG-Aufwendungen
072	Darlehen	23	Zinsaufwendungen
0900	Wertberichtigung auf Anlagen	30	Wareneinkauf
0901	Wertberichtigung auf Forderungen	37	Bezugskosten
10	Kasse	432	Wechselsteuer
12	Bank	46	Nebenkosten Geldverkehr
14	Forderungen	470	Abschreibung auf Anlagen
154	Vorsteuer	471	Abschreibung auf Forderungen
16	Verbindlichkeiten	80	Warenverkauf
17	Schuldwechsel	89	Erlösschmälerungen
		941	Schlußbilanzkonto

1. Aufgabe (5 Pkt.)

Anlagenverkäufe bar:

Gebrauchter PKW, Buchwert 5 000,— DM
Gebrauchte Schreibmaschine, Buchwert 300,— DM
(USt. 14%)

2. Aufgabe (6 Pkt.)

Banküberweisungen für:

Hypothekentilgung 4 000,— DM
Hypothekenzinsen 1 500,— DM
Darlehenstilgung 3 000,— DM
Darlehenszinsen 1 200,— DM

3. Aufgabe (5 Pkt.)

Wareneinkauf auf Ziel inkl. 7% USt. 5 350,— DM
Wareneinkauf gegen Akzept inkl. 7% USt. 3 210,— DM

4. Aufgabe (5 Pkt.)

Warenverkauf auf Ziel (inkl. 7% USt) 8 560,— DM
mit 10% Rabatt und 2% Skonto

5. Aufgabe (4 Pkt.)

Der Wechselgläubiger belastet für Diskont inkl. 14% USt.	96,90 DM

6. Aufgabe (8 Pkt.)

Barverkauf eines gebrauchten PKW für inkl. 14% USt.	10 260,— DM
Anschaffungswert:	26 000,— DM
Wertberichtigung (summiert)	19 500,— DM

7. Aufgabe (7 Pkt.)

Diskontierung eines Besitzwechsels:

Wechselsumme	4 360,— DM
Diskont	80,25 DM
Mehrwertsteuer aus Diskont	5,25 DM
Wechselsteuer	5,90 DM
Auslagen der Bank	3,85 DM
Bankgutschrift	4 270,— DM

8. Aufgabe (10 Pkt.)

Abschlußbuchungen:
a) Direkte Abschreibung auf Fuhrpark
b) Indirekte Abschreibung auf Forderungen
c) Bezugskosten
d) Erlösschmälerungen
e) Warenendbestand lt. Inventur

4. Prüfungssatz

1. Aufgabe: (10 Pkt.)

Buchen Sie auf den Konten:

12 Bank (AB 14 000,— DM)
152 Sonstige kurzfristige Forderungen (AB 2 200,— DM)
183 Noch abzuführende Abgaben
400 Gehälter
402 Soziale Aufwendungen
80 Warenverkauf

Bruttogehalt	2 300,— DM
Lohnsteuer	340,— DM
Kirchensteuer	30,60 DM
Sozialversicherung (100%)	720,— DM
vermögenswirksame Leistung	52,— DM
Arbeitnehmer-Sparzulage	11,96 DM
Vorschuß	210,— DM
Warenentnahme des Angestellten	36,— DM

2. Aufgabe: (20 Pkt.)

Für folgende Geschäftsfälle sind die Buchungssätze zu bilden:

a)	Privatentnahmen von Waren im Bruttowert	321,— DM
b)	Zieleinkauf von Tragetaschen inkl. 14% USt.	342,— DM
c)	Warenrückgabe durch einen Rechnungskunden	48,— DM
d)	Warenrücksendung an Verlag (inkl. 7% USt.)	428,— DM
e)	Preisnachlaß eines Verlages auf eine Rechnung	27,— DM
f)	Banküberweisung der MwSt.-Zahllast	982,— DM
g)	Diebstahl im Warenlager (netto)	535,— DM
h)	Postüberweisung der Gewerbesteuer	872,— DM
i)	Banküberweisung der Kfz.-Versicherung	768,— DM

Kontenplan:

11	Postgirokonto	20	A.o. Aufwendungen
12	Bank	30	Wareneinkauf
14	Forderungen	38	Nachlässe
154	Vorsteuer	430	Gewerbesteuer
16	Verbindlichkeiten	45	Kosten f. Warenabgabe
184	Mehrwertsteuer	49	Kfz.-Kosten
19	Privatkonto	80	Warenverkauf

3. Aufgabe: (20 Pkt.)

Die Buchhaltung eines Antiquariats weist folgende Werte aus:

01. 01. 19..:	Eigenkapital	380 000,— DM
	Fremdkapital	170 000,— DM
30. 04. 19..:	Nettoumsatz	820 000,— DM
	Betriebliche Aufwendungen	700 000,— DM
davon:	Fremdkapitalzinsen (Kl. 4)	10 000,— DM
	Unternehmerlohn	30 000,— DM

Zu ermitteln: Unternehmensergebnis
Unternehmergewinn
Eigenkapitalrentabilität
Gesamtkapitalrentabilität
Umsatzrentabilität

14.2.1.1 Lösungen

1. Prüfungssatz:

1. (c)
   (d)

2. (b)
   (d)

Nr.	Konto		Betrag		Konto		Betrag
3.	30	Wareneinkauf	10 000,—	an	16	Verbindlichk.	8 560,—
	154	Vorsteuer	700,—		12	Bank	2 140,—
4.	19	Privatkonto	1 284,—	an	80	Warenverkauf	400,—
					10	Kasse	200,—
					03	Einrichtung	600,—
					184	Mehrwertsteuer	84,—
5.	400	Gehälter	1 720,—	an	12	Bank	1 208,96
	402	Soz. Aufwendungen	349,—		183	Noch abzuf. Abgaben	872,—
	152	S. kfr. Forderungen	11,96				
6.	16	Verbindlichk.	2 400,—	an	12	Bank	2 328,—
					38	Nachlässe	72,—
7.	80	Warenverkauf	64,—	an	10	Kasse	64,—
8.	16	Verbindlichk.	856,—	an	30	Wareneinkauf	800,—
					154	Vorsteuer	56,—
9.	12	Bank	405,—	an	14	Forderungen	450,—
	89	Erlösschmälerungen	45,—				
10.	19	Privatkonto	2 160,—	an	12	Bank	6 800,—
	430	Gewerbesteuer	1 000,—				
	184	Mehrwertsteuer	3 000,—				
	431	Kfz.-Steuer	640,—				
11.	10	Kasse	9 120,—	an	02	Fuhrpark	8 000,—
					21	A.o. Erträge	2 000,—
					184	Mehrwertsteuer	1 120,—

2. Prüfungssatz:

1.	30	Wareneinkauf	4 000,—	an	16	Verbindlichk.	4 280,—
	37	Bezugskosten	80,—		10	Kasse	91,20
	154	Vorsteuer	291,20				
2.	14	Forderungen	6 302,30	an	80	Warenverkauf	6 634,—
	89	Erlösschmälerungen	331,70				
3.	400	Gehälter	1 850,—	an	12	Bank	1 287,52
	402	Soz. Aufwend.	346,—		183	Noch abzuf. Abgaben	922,—
	152	S. kfr. Forderungen	13,52				
4.	12	Bank	3 495,—	an	13	Besitzwechsel	3 580,—
	23	Zinsaufwendungen	70,—				
	184	Mehrwertsteuer	4,90				
	432	Wechselsteuer	5,40				
	46	Nbk. Geldverkehr	4,70				
5.	42	Raumkosten	6 020,—	an	12	Bank	10 804,—
	154	Vorsteuer	842,80				
	49	Kfz.-Kosten	800,—				
	19	Privatkonto	3 141,20				
6.	12	Bank	22 800,—	an	03	Einrichtung	12 000,—
					21	A.o. Erträge	8 000,—
					184	Mehrwertsteuer	2 800,—
7.	12	Bank	856,—	an	141	Zwh. Forderungen	963,—
	20	A.o. Aufwendungen	107,—				
	184	Mehrwertsteuer	154,—	an	21	A.o. Erträge	154,—
8.	092	ARAP	12 000,—	an	220	HuG-Aufwend.	12 000,—
9.	941	Schlußbilanzkonto		an	30	Wareneinkauf	

3. Prüfungssatz:

1.	10	Kasse	6 042,—	an	02	Fuhrpark	5 000,—
					03	Einrichtung	300,—
					184	Mehrwertsteuer	742,—
2.	071	Hypotheken	4 000,—	an	12	Bank	9 700,—
	072	Darlehen	3 000,—				
	220	HuG-Aufwend.	1 500,—				
	23	Zinsaufwend.	1 200,—				
3.	30	Wareneinkauf	8 000,—	an	16	Verbindlichk.	5 350,—
	154	Vorsteuer	560,—		17	Schuldwechsel	3 210,—

4.	14	Forderungen	7 549,92	an	80	Warenverkauf	8 560,—
	89	Erlösschmälerung	1 010,08				
5.	23	Zinsaufwendungen	85,—	an	16	Verbindlichkeiten	96,90
	154	Vorsteuer	11,90				
6.	0900	Wertb. a. Anlagen	19 500,—	an	02	Fuhrpark	19 500,—
	10	Kasse	10 260,—		02	Fuhrpark	6 500,—
					21	A.o. Erträge	2 500,—
					184	Mehrwertsteuer	1 260,—
7.	12	Bank	4 270,—	an	13	Besitzwechsel	4 360,—
	23	Zinsaufwendungen	75,—				
	184	Mehrwertsteuer	5,25				
	432	Wechselsteuer	5,90				
	46	Nbk. Geldverkehr	3,85				

8.	a) 470	an	02
	b) 471	an	0901
	c) 30	an	37
	d) 80	an	89
	e) 941	an	30

4. Prüfungssatz

1.	400	Gehälter	2 300,—	an	12	Bank	1 283,36
	402	Soz. Aufwend.	360,—		152	S. kfr. Ford.	210,—
	152	S. kfr. Forderungen	11,96		80	Warenverkauf	36,—
					183	Noch abzuf. Abgaben	1 142,60
2. a)	19	Privatkonto	321,—	an	80	Warenverkauf	321,—
b)	45	Warenabgabe	300,—	an	16	Verbindlichkeiten	342,—
	154	Vorsteuer	42,—				
c)	80	Warenverkauf	48,—	an	14	Forderungen	48,—
d)	16	Verbindlichkeiten	428,—	an	30	Wareneinkauf	400,—
					154	Vorsteuer	28,—
e)	16	Verbindlichkeiten	27,—	an	38	Nachlässe	27,—
f)	184	Mehrwertsteuer	982,—	an	12	Bank	982,—
g)	20	A.o. Aufwendungen	535,—	an	30	Wareneinkauf	535,—
h)	430	Gewerbesteuer	872,—	an	11	Postgirokonto	872,—
i)	49	Kfz.-Kosten	768,—	an	12	Bank	768,—

3.	820 000,— DM	Nettoumsatz		
	– 700 000,— DM	Betr. Aufwendungen	R_{EK}	= 23,68%
	= 120 000,— DM	Betriebsergebnis = Unternehmensergebnis	R_{GK}	= 18,18%
	– 30 000,— DM	Unternehmerlohn		
	= 90 000,— DM	Unternehmergewinn	R_U	= 10,98%

14.2.2 Programmierte Prüfung mit Kennummern

1. Prüfungssatz

1. Aufgabe

Nach welcher Formel wird der Lagerumschlag berechnet?

(1) $\frac{360}{\text{Wareneinsatz}}$

(2) $\frac{\text{Anfangsbestand} + \text{Endbestand}}{2}$

(3) $\frac{\text{Anfangsbestand} + \text{Monatsendbestände}}{13}$

(4) $\frac{\text{Wareneinsatz}}{\text{durchschnittlicher Lagerbestand}}$

(5) Eiserner Bestand + (Tagesumsatz × Lieferzeit)

2. Aufgabe

Welche Kennziffer wird wie folgt berechnet: $\frac{\text{Gewinn} \times 100}{\text{Kapital}}$

(1) Kapazität
(2) Produktivität
(3) Rentabilität
(4) Wirtschaftlichkeit
(5) Liquidität

3. Aufgabe und 4. Aufgabe

		Abzüge					
Name	Bruttogehalt	Soz. Vers.	Lohnst.	Ki.St.	Vorsch.	Abzüge	Netto
XY	1 680,—	280,—	200,—	20,—	100,—	600,—	1 080,—

3. Aufgabe

Buchung der Gehaltszahlung durch Banküberweisung

(1) Bank und Sparkasse (12)
(2) Sonstige Forderungen (150)
(3) Noch abzuführende Abgaben (183)
(4) Personalkosten (400)
(5) Soziale Aufwendungen (402)
(6) Steuern und Pflichtbeiträge (43)

4. Aufgabe

Buchung des Arbeitsgeberanteils zur Sozialversicherung

(1) Bank und Sparkasse (12)
(2) Sonstige Verbindlichkeiten (180)
(3) Noch abzuführende Abgaben (183)
(4) Soziale Aufwendungen (402)

5. Aufgabe

Bei einem Verkehrsunfall entsteht an dem nicht kaskoversicherten Geschäftsauto Totalschaden ohne Fremdeinwirkung.

(1) Fuhrpark (02)
(2) Privat (19)
(3) Außerordentliche u. betriebsfremde Aufwendungen (20)
(4) Abschreibungen auf Anlagen (470)
(5) Sonstige Geschäftsausgaben (480)
(6) Kraftfahrzeugkosten (49)

6. Aufgabe

Privatentnahmen	bar	2 500,— DM
	von Waren (brutto)	321,— DM

(1) Eigenkapital (08)
(2) Kasse (10)
(3) Privat (19)
(4) Wareneinkauf (30)
(5) Warenverkauf (80)
(6) Nachlässe (38)

7. Aufgabe

Warenrücksendung an Verlag gegen Gutschrift (Nettobuchung)

(1) Bank und Sparkasse (12)
(2) Vorsteuer (154)
(3) Verbindlichkeiten (16)
(4) Wareneinkauf (30)
(5) Nachlässe (38)
(6) Warenverkauf (80)

8. Aufgabe

Gutschrift des Lieferanten für zurückgegebene Leihverpackung + Umsatzsteuer

(1) Vorsteuer (154)
(2) Verbindlichkeiten (16)
(3) Mehrwertsteuer (184)
(4) Wareneinkauf (30)
(5) Bezugskosten (37)
(6) Warenabgabe (45)

9. Aufgabe

Wareneinkauf gegen Bankscheck
Verpackung
Fracht
Umsatzsteuer

(1) Bank und Sparkasse (12)
(2) Vorsteuer (154)
(3) Verbindlichkeiten (16)
(4) Wareneinkauf (30)
(5) Bezugskosten (37)
(6) Warenabgabe (45)

10. Aufgabe

Postschecküberweisung für Rechnung unter Abzug von Skonto

(1) Postscheckkonto (11)
(2) Vorsteuer (154)
(3) Verbindlichkeiten (16)
(4) Mehrwertsteuer (184)
(5) Wareneinkauf (30)
(6) Nachlässe (38)

11. Aufgabe

Fehlbestände lt. Inventur bei Waren
in der Kasse

(1) Kasse (10)
(2) Privat (19)
(3) Außerordentliche u. betriebsfremde Aufwendungen (20)
(4) Wareneinkauf (30)
(5) Abschreibung auf Anlagen (470)
(6) Warenverkauf (80)

12. Aufgabe

Am 1. 7. wurde die Kraftfahrzeugsteuer mit 1 200,— DM für 1 Jahr im voraus vom Bankkonto überwiesen und vollständig gebucht.

Wie lautet die Buchung am 31. 12.?

(1) Aktive Rechnungsabgrenzung (092)
(2) Passive Rechnungsabgrenzung (093)
(3) Bank und Sparkasse (12)
(4) Sonstige Forderungen (150)
(5) Sonstige Verbindlichkeiten (180)
(6) Kraftfahrzeugsteuer (431)

13. Aufgabe

Mietaufwendungen für Dezember werden im Januar des nächsten Jahres überwiesen.

Wie lautet die Buchung am 31. 12.?

(1) Aktive Rechnungsabgrenzung (092)
(2) Passive Rechnungsabgrenzung (093)
(3) Sonstige Forderungen (150)
(4) Sonstige Verbindlichkeiten (180)
(5) Haus- und Grundstücksaufwendungen (220)
(6) Mietaufwendungen (41)

14. Aufgabe

Banküberweisungen für Gewerbesteuer
Einkommensteuer des Inhabers

(1) Bank und Sparkasse (12)
(2) Noch abzuführende Abgaben (183)
(3) Privatkonto (19)
(4) Haus- und Grundstücksaufwendungen (220)
(5) Gewerbesteuer (430)
(6) Sonstige Geschäftsausgaben (48)

15. Aufgabe

Banküberweisung der Kfz.-Versicherung (25% private Nutzung)

(1) Fuhrpark (02)
(2) Bank und Sparkasse (12)
(3) Privatkonto (19)
(4) Außerordentliche u. betriebsfremde Aufwendungen (20)
(5) Steuern und Abgaben (43)
(6) Kraftfahrzeugkosten (49)

16. Aufgabe

Diskontierung eines Besitzwechsels

Bankabzüge: Diskont
Wechselsteuer
Bankspesen
Umsatzsteuer

(1) Bank und Sparkasse (12)
(2) Besitzwechsel (13)
(3) Vorsteuer (154)
(4) Schuldwechsel (17)
(5) Mehrwertsteuer (184)
(6) Wechselsteuer (432)
(7) Nebenkosten Geldverkehr (46)
(8) Zinsaufwendungen (23)

17. Aufgabe

Ein Lieferant zieht einen Wechsel auf uns, der akzeptiert wird.

(1) Bank und Sparkasse (12)
(2) Besitzwechsel (13)
(3) Vorsteuer (154)
(4) Verbindlichkeiten (16)
(5) Schuldwechsel (17)
(6) Wareneinkauf (30)

18. Aufgabe

Ordnen Sie zu, indem Sie die eingeklammerten Kennziffern von 5 der angegebenen Konten in die Kästchen der Abschlußkonten eintragen!

Konten

(1) Langfristige Verbindlk.
(2) Kasse
(3) Bank
(4) Vorsteuer
(5) Verbindlichkeiten
(6) Privatkonto
(7) Bezugskosten
(8) Mietaufwendungen
(9) Erlösschmälerungen

Abschlußkonten	
Eigenkapital	( )
Mehrwertsteuer	( )
Wareneinkauf	( )
Warenverkauf	( )
Gewinn u. Verlust	( )

19. Aufgabe

Welches Konto gehört in die Kontenklasse 0?

(1) Mehrwertsteuer
(2) Beteiligungen

(3) Forderungen
(4) Bezugskosten
(5) Eröffnungsbilanzkonto
(6) Zinserträge

20. Aufgabe

Welcher Vorgang ist ein außerordentlicher betrieblicher Ertrag?

(1) Skontoerträge
(2) Erträge aus Anlageverkäufen
(3) Ausgangsfrachten
(4) Zinserträge
(5) Mieterträge
(6) Erbschaften

21. Aufgabe

Welcher betriebliche Vorgang ist umsatzsteuerpflichtig?

(1) Privatentnahmen von Bargeld
(2) Kauf von Briefmarken
(3) Zahlung von Gehältern
(4) Bücherausfuhr
(5) Privatentnahme von Anlagegütern
(6) Banküberweisung an Verlage

22. Aufgabe

Welche Aussage über die Mehrwertsteuer ist richtig?

(1) Die Mehrwertsteuer erhöht den Rohgewinn.
(2) Die Mehrwertsteuer wird in Klasse 2 gebucht.
(3) Die Mehrwertsteuer ist ein betriebsfremder Aufwand.
(4) Die Mehrwertsteuer ist gewinnneutral.
(5) Die Zahllast vermindert die Aufwendungen.
(6) Die Zahllast muß bis zum 25. des Monats bezahlt werden.

23. Aufgabe – 25. Aufgabe

S	93 Gewinn u. Verlust		H
(30) Wareneinkauf	115 000,—	(80) Warenverkauf	228 500,—
(40) Gehälter	16 500,—		
(41) Miete	11 000,—		
(47) Abschreibung	2 500,—		

23. Aufgabe

Wieviel DM beträgt der Rohgewinn?

24. Aufgabe

Wieviel DM beträgt der Unternehmensgewinn?

25. Aufgabe

Wie heißt der Buchungssatz für den Unternehmensgewinn?

(1) Eigenkapital (08)
(2) Privatkonto (19)
(3) Wareneinkauf (30)
(4) Warenverkauf (80)
(5) Gewinn u. Verlust (93)
(6) Schlußbilanzkonto (941)

2. Prüfungssatz

1. Aufgabe

Banküberweisung der Sozialversicherung

(1) Bank (12)
(2) Noch abzuführende Abgaben (183)
(3) Personalkosten (400)
(4) Soziale Aufwendungen (402)
(5) Steuern und Abgaben (43)
(6) Sonstige Geschäftsausgaben (48)

2. Aufgabe

Banküberweisung der Gewerbe- und Grundsteuer

(1) Bank (12)
(2) Privatkonto (19)
(3) Außerordentliche u. betriebsfremde Aufwendungen (20)
(4) Haus- und Grundstücksaufwendungen (220)
(5) Gewebesteuer (430)
(6) Sonstige Geschäftsausgaben (48)

3. Aufgabe

Konkursanmeldung eines Rechnungskunden

(1) Wertberichtigung auf Forderungen (0901)
(2) Forderungen (14)
(3) Zweifelhafte Forderungen (141)
(4) Verbindlichkeiten (16)
(5) Abschreibung auf Forderungen (471)
(6) Warenverkauf (80)

4. Aufgabe

Nachnahmesendung: Bücher (netto)
Porto
Umsatzsteuer

(1) Kasse (10)
(2) Vorsteuer (154)
(3) Verbindlichkeiten (16)
(4) Mehrwertsteuer (184)
(5) Wareneinkauf (30)
(6) Bezugskosten (37)

5. Aufgabe

Privatnutzung des Geschäftsautos

Wie lautet die Korrekturbuchung am Jahresende unter Einbeziehung der Umsatzsteuer?

(1) Fuhrpark (02)
(2) Vorsteuer (154)

(3) Mehrwertsteuer (184)
(4) Privat (19)
(5) Betriebsfremder Aufwand (20)
(6) Kfz.-Kosten (49)

6. Aufgabe

Barverkauf eines Geschäftsautos netto	8 000,— DM
MwSt.	1 120,— DM
Buchwert	7 000,— DM

(1) Fuhrpark (02)
(2) Kasse (10)
(3) Vorsteuer (154)
(4) Mehrwertsteuer (184)
(5) Außerordentlicher Aufwand (20)
(6) Außerordentlicher Ertrag (21)

7. Aufgabe

Kauf von Verpackungsmaterial inkl. USt. auf Ziel

(1) Vorsteuer (154)
(2) Verbindlichkeiten (16)
(3) Mehrwertsteuer (184)
(4) Wareneinkauf (30)
(5) Bezugskosten (37)
(6) Kosten für Warenabgabe (45)

8. Aufgabe

Pachterträge für altes Jahr stehen am 31. 12. noch aus.

(1) Aktive Rechnungsabgrenzung (092)
(2) Passive Rechnungsabgrenzung (093)
(3) Sonstige Forderungen (150)
(4) Sonstige Verbindlichkeiten (180)
(5) Haus- und Grundstücksaufwendungen (220)
(6) Haus- und Grundstückserträge (221)

9. Aufgabe

Hypothekentilgung durch Banküberweisung

(1) Hypotheken (071)
(2) Eigenkapital (08)
(3) Bank (12)
(4) Verbindlichkeiten (16)
(5) Haus- und Grundstücksaufwendungen (220)
(6) Zinsaufwendungen (23)

10. Aufgabe

Banküberweisung für Grundschuldzinsen

(1) Bank (12)
(2) Haus- und Grundstücksaufwendungen (220)
(3) Haus- und Grundstückserträge (221)
(4) Zinsaufwendungen (23)
(5) Zinserträge (24)
(6) Sonstige Geschäftskosten (48)

11. Aufgabe

Postgiroüberweisung der MwSt.-Zahllast

(1) Kasse (10)
(2) Postgirokonto (11)
(3) Bank (12)
(4) Vorsteuer (154)
(5) Noch abzuführende Abgaben (183)
(6) Mehrwertsteuer (184)

12. Aufgabe

Akzeptierung eines Schuldwechsels

(1) Besitzwechsel (13)
(2) Forderungen (14)
(3) Zweifelhafte Forderungen (141)
(4) Sonstige kurzfristige Forderungen (152)
(5) Verbindlichkeiten (16)
(6) Schuldwechsel (17)

13. Aufgabe

Direkte Abschreibung auf Geschäftsgebäude

(1) Bebaute Grundstücke (00)
(2) Aktive Rechnungsabgrenzung (092)
(3) Wertberichtigung auf Anlagen (0900)
(4) Haus- und Grundstücksaufwendungen (220)
(5) Zinsaufwendungen (23)
(6) Abschreibung auf Anlagen (471)

14. Aufgabe

Privatentnahme von Büchern

(1) Kasse (10)
(2) Vorsteuer (154)
(3) Mehrwertsteuer (184)
(4) Privatkonto (19)
(5) Betriebsfremde Aufwendungen (20)
(6) Warenverkauf (80)

15. Aufgabe

Banküberweisung an Verlag unter Abzug von Skonto

(1) Bank (12)
(2) Vorsteuer (154)
(3) Verbindlichkeiten (16)
(4) Wareneinkauf (30)
(5) Nachlässe (38)
(6) Erlösschmälerungen (89)

16. Aufgabe

Welche Aussage über die Bilanz ist richtig?

(1) Die Jahresbilanz weist auf der Aktivseite das Anlage- und das Fremdkapital aus.
(2) Die Gegenüberstellung von Aufwendungen und Erträgen in der Bilanz ergibt das Eigenkapital.
(3) Auf der Passivseite der Bilanz steht das Vermögen.
(4) Die Passivseite der Bilanz ist nach der Liquidität geordnet.
(5) Die Bilanz ist eine Gegenüberstellung von Vermögen und Kapital.

17. Aufgabe

Bei welcher Zahlungsweise wird das Postgirokonto *nicht* in Anspruch genommen?

(1) Zahlung mit Postanweisung
(2) Zahlung mit Zahlkarte
(3) Zahlung mit Zahlungsanweisung
(4) Zahlung durch Postüberweisung
(5) Zahlung mit Postscheck
(6) Zahlung mit Postbarscheck

18. Aufgabe

Welche Lieferungen und Leistungen sind umsatzsteuerpflichtig?

(1) Warenausfuhr
(2) Einkommen aus Verpachtung
(3) Eigenverbrauch von Waren
(4) Zinserträge aus Beteiligungen
(5) Erträge aus Anlageverkäufen

19. Aufgabe

Welche Steuer ist betrieblich zu buchen?

(1) Einkommensteuer
(2) Grundsteuer
(3) Vermögensteuer des Inhabers
(4) Gewerbesteuer
(5) Lohnsteuer

20. Aufgabe

Welches Konto erscheint *nicht* in der Schlußbilanz?

(1) Kasse
(2) Schuldwechsel
(3) Noch abzuführende Abgaben
(4) Mehrwertsteuer
(5) Privat
(6) Wareneinkauf

3. Prüfungssatz

1. Aufgabe

Diskontierung eines Besitzwechsels bei der Bank

(1) Bank (12)
(2) Besitzwechsel (13)
(3) Forderungen (14)
(4) Schuldwechsel (17)
(5) Zinsaufwendungen (23)
(6) Zinserträge (24)

2. Aufgabe

Diskontabzug wird Schuldner belastet. (zzgl. USt.)

(1) Bank (12)
(2) Forderungen (14)
(3) Vorsteuer (154)
(4) Mehrwertsteuer (184)
(5) Außerordentliche Erträge (21)
(6) Zinserträge (24)

3. Aufgabe

Umsatzsteuerkorrektur für Nachlässe

(1)	Erlösschmälerungen (89)	an	Mehrwertsteuer (184)
(2)	Mehrwertsteuer (184)	an	Vorsteuer (154)
(3)	Nachlässe (38)	an	Wareneinkauf (30)
(4)	Nachlässe (38)	an	Vorsteuer (154)
(5)	Vorsteuer (154)	an	Nachlässe (38)
(6)	Warenverkauf (80)	an	Erlösschmälerungen (89)

4. Aufgabe

Was wird auf Konto (20) Außerordentliche Aufwendungen gebucht?

(1) Abschreibung auf Geschäftsausstattung
(2) Abschreibung auf Lieferwagen
(3) Abschreibung auf Gebäude
(4) Kurzlebige Wirtschaftsgüter
(5) Kassenfehlbestand

5. Aufgabe

Wie wird Konto (89) Erlösschmälerungen abgeschlossen?

(1)	Erlösschmälerungen (89)	an	Warenverkauf (80)
(2)	Erlösschmälerungen (89)	an	Gewinn u. Verlust (93)
(3)	Warenverkauf (80)	an	Erlösschmälerungen (89)
(4)	Gewinn u. Verlust (93)	an	Erlösschmälerungen (89)
(5)	Erlösschmälerungen (89)	an	Mehrwertsteuer (184)

6. Aufgabe

Postgiroüberweisung der Unfallversicherung an die Berufsgenossenschaft

(1) Kasse (10)
(2) Postgirokonto (11)
(3) Personalkosten (400)
(4) Soziale Aufwendungen (402)
(5) Steuern und Abgaben (43)
(6) Sonstige Geschäftsausgaben (48)

7. Aufgabe

Nachnahmesendung: Waren (netto)
Porto
Umsatzsteuer

(1) Kasse (10)
(2) Vorsteuer (154)
(3) Mehrwertsteuer (184)
(4) Wareneinkauf (39)
(5) Bezugskosten (37)
(6) Versandkosten (45)

8. Aufgabe

Umsatzsteuerberichtigung der Nachlässe

(1) Vorsteuer (154)
(2) Mehrwertsteuer (184)
(3) Wareneinkauf (30)
(4) Nachlässe (38)
(5) Warenverkauf (80)
(6) Erlösschmälerungen

9. Aufgabe

Banküberweisung für Einkommensteuer und IHK-Beitrag

(1) Eigenkapital (08)
(2) Bank (12)
(3) Privat (19)
(4) Soziale Aufwendungen (402)
(5) Steuern und Abgaben (43)
(6) Sonstige Geschäftsausgaben (48)

10. Aufgabe

Forderungen werden uneinbringlich, direkte Abschreibung

(1) Wertberichtigung auf Forderungen (0901)
(2) Forderungen (14)
(3) Mehrwertsteuer (184)
(4) Abschreibung auf Anlagen (470)
(5) Abschreibung auf Forderungen (471)
(6) Erlösschmälerungen (89)

11. Aufgabe

Abbuchung vom Bankkonto für Strom und Wasser 342,— DM (inkl. 14% USt.)

(1) Bank
(2) Vorsteuer (154)
(3) Mehrwertsteuer (184)
(4) Haus- u. Grundstücksaufwendungen (220)
(5) Sachkosten für Geschäftsräume (42)
(6) Allgemeine Verwaltungskosten (48)

12. Aufgabe

Postgiroüberweisung für Verlagsrechnung abzgl. Skonto

(1) Kasse (10)
(2) Postgirokonto (11)
(3) Verbindlichkeiten (16)
(4) Wareneinkauf (30)
(5) Nachlässe (38)
(6) Erlösschmälerungen (89)

13. Aufgabe

Bankabrechnung über Wechseldiskontierung

(1) Bank (12)
(2) Besitzwechsel (13)
(3) Schuldwechsel (17)
(4) Zinsaufwendungen (23)
(5) Zinserträge (24)
(6) Allgemeine Verwaltungskosten (48)

14. Aufgabe

Verkauf einer gebrauchten Ladenkasse bar,	netto	500,— DM
	USt.	70,— DM
Buchwert		400,— DM

(1) Geschäftseinrichtung (03)
(2) Vorsteuer (154)
(3) Verbindlichkeiten (16)
(4) Mehrwertsteuer (184)
(5) Kasse (10)
(6) Außerordentliche Erträge (21)

15. Aufgabe

Reparaturrechnung für Elektroleitung der Geschäftsräume, Rechnungsbetrag 969,— DM inkl. 14% USt.

(1) Geschäftseinrichtung (03)
(2) Vorsteuer (154)
(3) Verbindlichkeiten (16)
(4) Mehrwertsteuer (184)
(5) Sachkosten für Geschäftsräume (42)

16. Aufgabe

Verrechnung des Mietwertes der Geschäftsräume im eigenen Haus

(1) Geschäftshaus (00)
(2) Außerordentliche Aufwendungen (20)
(3) Haus- und Grundstücksaufwendungen (220)

(4) Verrechnete kalkulatorische Kosten (26)
(5) Mietaufwendungen (41)
(6) Steuern und Abgaben (43)

17. Aufgabe

Einkauf von Verpackungsmaterial inkl. USt. bar

(1) Kasse (10)
(2) Postgirokonto (11)
(3) Vorsteuer (154)
(4) Bezugskosten (37)
(5) Sachkosten für Warenabgabe (45)
(6) Sonstige Geschäftsausgaben (48)

18. Aufgabe

Für den firmeneigenen PKW wurde am 1. 10. die Versicherungsprämie für 1 Jahr im voraus überwiesen. (Jahresabgrenzung!)

(1) Fuhrpark (02)
(2) Aktive Rechnungsabgrenzung (092)
(3) Passive Rechnungsabgrenzung (093)
(4) Sonstige Forderungen (150)
(5) Sonstige Verbindlichkeiten (180)
(6) Kfz.-Kosten (49)

19. Aufgabe

Pachteinnahmen für altes Jahr stehen am 31. 12. noch aus.

(1) Aktive Rechnungsabgrenzung (092)
(2) Passive Rechnungsabgrenzung (093)
(3) Sonstige Forderungen (150)
(4) Sonstige Verbindlichkeiten (180)
(5) Haus- und Grundstücksaufwendungen (220)
(6) Haus- und Grundstückserträge (221)

20. Aufgabe

Was versteht man unter dem Kalkulationsaufschlag?

(1) Rohgewinn in % des Bezugspreises
(2) Rohgewinn in % des Nettoverkaufspreises
(3) Zuschlag auf den Nettoladenpreis
(4) Gewinnzuschlag in % vom Selbstkostenpreis
(5) Rohgewinn in % vom Selbstkostenpreis

14.2.2.1 Lösungen

1. Prüfungssatz

1. (4)
2. (3)
3. 4 an 1, 2, 3
4. 4 an 3
5. 3 an 1
6. 3 an 2, 5
7. 3 an 2, 4
8. 2 an 1, 5
9. 2, 4, 5 an 1
10. 3 an 1, 6
11. 3 an 1, 4
12. 1 an 6
13. 6 an 4
14. 3, 5 an 1
15. 3, 6 an 2
16. 1, 5, 6, 7, 8 an 2
17. 4 an 5
18. Eigenkapital (6)
    Mehrwertsteuer (4)
    Wareneinkauf (7)
    Warenverkauf (9)
    Gewinn u. Verlust (8)
19. (2)
20. (2)
21. (5)
22. (4)
23. 113 500,— DM
24. 83 500,— DM
25. 5 an 1

2. Prüfungssatz

1. 2 an 1
2. 4, 5 an 1
3. 3 an 2
4. 2, 5, 6 an 1
5. 4 an 2, 6
6. 2 an 1, 4, 6
7. 1, 6 an 2
8. 3 an 6
9. 1 an 3
10. 2 an 1
11. 6 an 2
12. 5 an 6
13. 4 an 1
14. 4 an 6
15. 3 an 1, 5
16. (5)
17. (1)
18. (3)
19. (4)
20. (5)

3. Prüfungssatz

1. 1, 5 an 2
2. 2 an 4, 6
3. (4)
4. (5)
5. (3)
6. 4 an 2
7. 2, 4, 5 an 1
8. 4 an 1
9. 3, 5 an 2
10. 3, 5 an 2
11. 2, 5 an 1
12. 3 an 2, 5
13. 1, 4 an 2
14. 5 an 1, 4, 6
15. 2, 5 an 3
16. 5 an 4
17. 3, 5 an 1
18. 2 an 6
19. 3 an 6
20. (1)

14.2.3 Buchungen in Memorialform

1. Prüfungssatz

Geschäftsfälle *und* vorbereitende Abschlußbuchungen sind zu bearbeiten!

Kontenplan

00	Bebaute Grundstücke
02	Fuhrpark
03	Geschäftseinrichtung
071	Hypothekenschulden
08	Eigenkapital
0900	Wertberichtigung auf Anlagen
0901	Wertberichtigung auf Forderungen
091	Rückstellungen
092	Aktive Rechnungsabgrenzung
093	Passive Rechnungsabgrenzung
10	Kasse
11	Postgirokonto
12	Bank
13	Besitzwechsel
14	Forderungen
141	Zweifelhafte Forderungen
150	Sonstige Forderungen
152	S. kurzfristige Forderungen
154	Vorsteuer
16	Verbindlichkeiten
17	Schuldwechsel
182	S. kfr. Verbindlichkeiten
183	Noch abzuführende Abgaben
184	Mehrwertsteuer
19	Privat
20	Außerordentl. Aufwendungen
21	Außerordentl. Erträge
22	HuG-Aufwend. u. Erträge
23	Zinsaufwendungen
24	Zinserträge
26	Verrechnete kalkulat. Kosten
30	Wareneinkauf
37	Bezugskosten
38	Nachlässe
400	Gehälter
402	Soziale Aufwendungen
41	Miete
42	Raumkosten
430	Gewerbesteuer
470	Abschreibung auf Anlagen
471	Abschreibung auf Forderungen
48	Sonstige Geschäftsausgaben
49	Kraftfahrzeugkosten
80	Warenverkauf
89	Erlösschmälerungen

1. Einkauf von Büchern gegen Akzept, netto	3 000,— DM
+ 7% Umsatzsteuer	210,— DM
	3 210,— DM
2. Wir senden beschädigte Bücher zurück, netto	80,— DM
+ 7% Umsatzsteuer	5,60 DM
	85,60 DM
3. Ein Kunde überweist auf Postgirokonto:	
Rechnungsbetrag	321,— DM
abzüglich 2% Skonto	6,42 DM
(Bruttobuchung)	314,58 DM

4.	Lieferantennachlaß aufgrund von Mängelrüge	145,— DM
5.	Gehaltszahlung durch Banküberweisung:	
	Bruttogehalt	2 400,— DM
	Abzüge	610,— DM
		1 790,— DM
	Arbeitgeberanteil zur Sozialversicherung	400,— DM
6.	Über das Vermögen eines Kunden wurde das Konkursverfahren eröffnet. Forderungen:	535,— DM
7.	Nach Beendigung des Verfahrens gehen auf dem Bankkonto ein:	107,— DM
	Umsatzsteuerberichtigung	28,— DM
8.	Lastschriftanzeigen der Bank für	
	Lohn- und Kirchensteuer	420,— DM
	Grundsteuer	120,— DM
	Spende für Rotes Kreuz	100,— DM
	Umsatzsteuer des Vormonats	950,— DM
	Gewerbesteuer	600,— DM
9.	Mietwert der eigengenutzten Geschäftsräume	2 500,— DM
10.	Ein Mieter überweist die Dezembermiete erst im Januar	680,— DM
11.	Die Kfz.-Versicherung wurde am 1. 11. für ein halbes Jahr im voraus überwiesen (Jahresberichtigung)	600,— DM
12.	Folgende Abschreibungen sind vorzunehmen:	
	a) auf Gebäude, direkt	2 000,— DM
	b) Geschäftsausstattung, direkt	2 400,— DM
	c) auf Forderungen, indirekt	600,— DM

2. *Prüfungssatz*

Geschäftsfälle *und* vorbereitende Abschlußbuchungen sind zu bearbeiten!

Kontenplan

00	Bebaute Grundstücke	183	Noch abzuführende Abgaben
02	Fuhrpark	184	Mehrwertsteuer
03	Geschäftseinrichtung	19	Privat
071	Hypotheken	20	Außerordentl. Aufwendungen
0900	Wertberichtigung auf Anlagen	21	Außerordentl. Erträge
		22	HuG-Aufwend. u. Erträge
0901	Wertberichtigung auf Forderungen	23	Zinsaufwendungen
		24	Zinserträge

091 Rückstellungen	30 Wareneinkauf
08 Eigenkapital	37 Bezugskosten
092 Aktive Rechnungsabgrenzung	38 Nachlässe
093 Passive Rechnungsabgrenzung	400 Gehälter
10 Kasse	402 Soziale Aufwendungen
11 Postgirokonto	41 Miete
12 Bank	42 Raumkosten
13 Besitzwechsel	43 Steuern, Pflichtbeiträge
14 Forderungen	44 Werbeaufwendungen
141 Zweifelhafte Forderungen	470 Abschreibung auf Anlagen
15 Sonstige Forderungen	471 Abschreibung auf Forderungen
152 S. kurzfristige Forderungen	48 Sonstige Geschäftsausgaben
154 Vorsteuer	49 Kraftfahrzeugkosten
16 Verbindlichkeiten	80 Warenverkauf
17 Schuldwechsel	89 Erlösschmälerungen
182 S. kfr. Verbindlichkeiten	

1. Wir verkaufen Bücher gegen bar	749,— DM
und auf Ziel	963,— DM
	1 712,— DM
2. Aufgrund einer Mängelrüge geben wir einem Rechnungskunden einen Nachlaß	21,— DM
3. Banküberweisung an den Verlag:	
Rechnungsbetrag	848,— DM
abzüglich 2% Skonto	16,96 DM
	831,04 DM
4. Warenrücksendung an den Verlag:	
Nettowert	80,— DM
+ 7% USt.	5,60 DM
	85,60 DM
5. Zahlung der Stromrechnung durch Bank:	
Verbrauch des Betriebes	300,— DM
privater Verbrauch	100,— DM
+ 14% USt.	56,— DM
	456,— DM
6. Lastschriftanzeigen der Bank für:	
IHK-Beitrag	250,— DM
Hypothekenzinsen	400,— DM
Hypothekentilgung	800,— DM
Zahllast	300,— DM
Spende an das Rote Kreuz	100,— DM
	1 850,— DM

7. Gehaltszahlung durch Postüberweisung:

Bruttogehalt	1 200,— DM
Verrechnung des Vorschusses	100,— DM
einbehaltene Abzüge	180,— DM
Betriebsanteil der Sozialversicherung	80,— DM

8. Verkauf einer gebrauchten Büroeinrichtung gegen Verrechnungsscheck zum

Nettopreis	1 000,— DM
+ 14% USt.	140,— DM
	1 140,— DM
Anschaffungswert	4 000,— DM
Wertberichtigung	3 500,— DM

9. Von den Forderungen werden zweifelhaft 642,— DM

Vorbereitende Abschlußbuchungen:

1. Es ist umzubuchen:

privater Verbrauch an Heizmaterial, netto	800,— DM
+ 14% USt.	112,— DM
	912,— DM

2. Das Konto Mieterträge enthält die Januarmiete unseres Mieters in Höhe von 700,— DM
3. Für eine schon durchgeführte Autoreparatur ist eine Rückstellung lt. Kostenvoranschlag zu bilden. 1 200,— DM
4. Abschreibungen:

a) auf Fuhrpark, direkt	3 000,— DM
b) auf Geschäftseinrichtung, indirekt	2 000,— DM
c) auf Gebäude, direkt	1 000,— DM

5. Auf die zweifelhaften Forderungen ist eine Wertberichtigung zu bilden: 400,— DM

3. *Prüfungssatz*

Kontenplan

02	Fuhrpark
0900	Wertberichtigung auf Anlagen
092	Aktive Rechnungsabgrenzung
10	Kasse
184	Mehrwertsteuer
19	Privat
21	Außerordentl. Erträge
22	HuG-Aufwend. u. Erträge
23	Zinsaufwendungen
24	Zinserträge

11 Postgirokonto	30 Wareneinkauf
12 Bank	400 Gehälter
14 Forderungen	402 Soziale Aufwendungen
152 Sonstige kurzfristige Forderungen	430 Gewerbesteuer
154 Vorsteuer	432 Wechselsteuer
16 Verbindlichkeiten	46 Nbk. Geldverkehr
17 Schuldwechsel	471 Abschreibung auf Forderungen
183 Noch abzuführende Abgaben	49 Kfz.-Kosten
	80 Warenverkauf
	89 Erlösschmälerungen

1. Wir kaufen Bücher auf Ziel, netto — 8 000,— DM
   + 7% USt. — 560,— DM

2. Bücher mit Schimmelbogen senden wir an den Verlag zurück.
   Nettowert — 200,— DM
   + 7% USt. — 14,— DM

3. Warenverkauf bar — 3 210,— DM

4. Preisnachlaß für einen Rechnungskunden — 20,— DM

5. Postgiroeingang für Rechnung
   Rechnungsbetrag — 680,— DM
   abzüglich 2% Skonto — 13,60 DM

6. Wechseldiskontierung bei Bank:

Wechselsumme	3 850,— DM
Diskont	85,60 DM
Umsatzsteuer im Diskont	5,60 DM
Wechselsteuer	5,85 DM
Inkassogebühr	3,85 DM
Bankgutschrift	3 754,70 DM

7. Gehaltszahlung über Bank:

Bruttogehalt	1 850,— DM
Lohn- und Kirchensteuer	250,— DM
Sozialversicherung (100%)	680,— DM
vermögenswirksame Leistung	52,— DM
Tarifvertragliche Leistung	39,— DM
Arbeitnehmersparzulage	11,96 DM

8. Kauf eines Geschäftsautos, netto — 28 000,— DM
   + 14% USt. — 3 920,— DM
   Finanzierung: a) Alter PKW in Zahlung für — 8 000,— DM
   + 14% USt. — 1 120,— DM
   Anschaffungswert — 24 000,— DM
   Wertberichtigung — 18 000,— DM
   b) Rest: 50% über Wechsel
   30% über Bank
   20% bar

9. Lastschriftanzeigen der Bank für:
   Grundsteuer — 200,— DM
   Lohn- und Kirchensteuer, Sozialversicherung — 2 000,— DM
   Gewerbesteuer — 500,— DM
   Einkommensteuervorauszahlung — 1 000,— DM

Vorbereitende Abschlußbuchungen

1. Am 30. 6. wurde die Kfz.-Versicherung für das nächste Jahr überwiesen und gebucht (Jahresberichtigung) — 480,— DM
2. Zinserträge für Dezember sind noch nicht eingegangen — 450,— DM
3. a) Abschreibung auf Gebäude, indirekt — 3 000,— DM
   b) Abschreibung auf Fuhrpark, indirekt — 5 000,— DM
4. Umbuchung der Umsatzsteuer aus Warenverkauf — 7 200,— DM
5. Umbuchung der Vorsteuer — 1 200,— DM

14.2.3.1 Lösungen

1. Prüfungssatz

<table>
<tr><th rowspan="2">Lfd. Nr.</th><th colspan="2">Nummern</th><th colspan="2">Beträge</th></tr>
<tr><th>S</th><th>H</th><th>Soll</th><th>Haben</th></tr>
<tr><td>1</td><td>30
154</td><td>17</td><td>3 000,—
210,—</td><td>3 210,—</td></tr>
<tr><td>2</td><td>16</td><td>30
154</td><td>85,60</td><td>80,—
5,60</td></tr>
<tr><td>3</td><td>11
89</td><td>14</td><td>314,58
6,42</td><td>321,—</td></tr>
<tr><td>4</td><td>16</td><td>38</td><td>145,—</td><td>145,—</td></tr>
<tr><td>5</td><td>400

402</td><td>12
183
183</td><td>2 400,—

400,—</td><td>1 790,—
610,—
400,—</td></tr>
<tr><td>6</td><td>141</td><td>14</td><td>535,—</td><td>535,—</td></tr>
<tr><td>7</td><td>12
471
184</td><td>141</td><td>107,—
400,—
28,—</td><td>535,—</td></tr>
<tr><td>8</td><td>183
22
20
184
430</td><td>12</td><td>420,—
120,—
100,—
950,—
600,—</td><td>2 190,—</td></tr>
<tr><td>9</td><td>41</td><td>26</td><td>2 500,—</td><td>2 500,—</td></tr>
<tr><td>10</td><td>152</td><td>22</td><td>680,—</td><td>680,—</td></tr>
<tr><td>11</td><td>092</td><td>49</td><td>400,—</td><td>400,—</td></tr>
<tr><td>12</td><td>a 22
b 470
c 471</td><td>00
03
0901</td><td>2 000,—
2 400,—
600,—</td><td>2 000,—
2 400,—
600,—</td></tr>
</table>

2. Prüfungssatz

Lfd. Nr.	Nummern		Beträge	
	S	H	Soll	Haben
1	10 14	80	749,— 963,—	1 712,—
2	89	14	21,—	21,—
3	16	12 38	848,—	831,04 16,96
4	16	30 154	85,60	80,— 5,60
5	42 154 19	12	300,— 42,— 114,—	456,—
6	43 22 071 184 20	12	250,— 400,— 800,— 300,— 100,—	1 850,—
7	400 402	11 152 183 183	1 200,— 80,—	920,— 100,— 180,— 80,—
8	0900 12	03 03 184 21	3 500,— 1 140,—	3 500,— 500,— 140,— 500,—
9	141	14	642,—	642,—
Vorbereitende Abschlußbuchungen				
1	19	42 154	912,—	800,— 112,—
2	22	093	700,—	700,—

Fortsetzung 2. Prüfungssatz

3	49	091	1 200,—	1 200,—
4	a) 470 b) 470 c) 22	02 0900 00	3 000,— 2 000,— 1 000,—	3 000,— 2 000,— 1 000,—
5	471	0901	400,—	400,—

3. Prüfungssatz

Lfd. Nr.	Nummern		Beträge	
	S	H	Soll	Haben
1	30 154	16	8 000,— 560,—	8 560,—
2	16	30 154	214,—	200,— 14,—
3	10	80	3 210,—	3 210,—
4	89	14	20,—	20,—
5	11 89	14	666,40 13,60	680,—
6	12 23 184 432 46	13	3 754,70 80,— 5,60 5,85 3,85	3 850,—

Fortsetzung 3. Prüfungssatz

7	400 402 152	12 183	1 850,— 379,— 11,96	1 258,96 982,—
8	0900 02 154	02 02 184 21 17 12 10	18 000,— 28 000,— 3 920,—	18 000,— 6 000,— 1 120,— 2 000,— 11 400,— 6 840,— 4 560,—
9	22 183 430 19	12	200,— 2 000,— 500,— 1 000,—	3 700,—
Vorbereitende Abschlußbuchungen				
1	092	49	240,—	240,—
2	152	24	450,—	450,—
3	a) 22 b) 470	0900 0900	3 000,— 5 000,—	3 000,— 5 000,—
4	80	184	7 200,—	7 200,—
5	184	154	1 200,—	1 200,—

Klasse 0	Klasse 1	Klasse 2	Klasse 3	Klasse 4	Klassen 5	6	7	Klasse 8	Klasse 9
Anlage- und Kapitalkonten	Finanzkonten	Abgrenzungskonten	Wareneinkaufskonten	Konten der Kostenarten	frei für Kostenstellenrechnung	frei für Nebenbetriebe	frei	Erlöskonten	Jahresabschluß
00 Bebaute Grundstücke Gebäude	10 Kasse	20 Außerordentliche und betriebsfremde Aufwendungen	30–36 Wareneinkauf (netto)	40 Personalkosten 400 Gehälter 401 Löhne 402 Soziale Aufwendungen 403 Unternehmerlohn				80–88 Warenverkauf (brutto) 808 Bücherschecks	90 Warenabschlußkonto
01 Unbebaute Grundstücke	11 Postgirokonto	21 Außerordentliche und betriebsfremde Erträge		41 Miete Mietwert					91 Abgrenzungssammelkonto
02 Fuhrpark Maschinen	12 Banken Sparkassen	220 Haus- und Grundstücksaufwendungen 221 HuG-Erträge		42 Raumkosten Heizung, Strom, Reparaturen u. ä.					92 Betriebsergebniskonto
03 Geschäftseinrichtung	13 Besitzwechsel Wertpapiere Schecks	23 Zinsaufwand Diskont		43 Steuern Versicherungen Pflichtbeiträge 430 Gewerbesteuer 431 Kfz.-Steuer 432 Wechselsteuer 433 Vermögensteuer					93 Gewinn- und Verlust
04 Rechtswerte (Lizenzen)	14 Forderungen 141 Zweifelhafte Forderungen	24 Zinserträge		44 Werbeaufwand					94 Bilanzkonten 940 Eröffnungsbilanzkonto 941 Schlußbilanzkonto
05 Beteiligungen	15 Sonstige Forderungen 152 Kurzfristige Forderungen 154 Vorsteuer	25 frei		45 Warenabgabe und Zustellung					
06 Langfristige Forderungen	16 Verbindlichkeiten aus Lieferungen 169 Verbindlichkeiten aus ac-Lieferung	26 Verrechnete kalkulatorische Kosten Unternehmerlohn Mietwert kalk. Zinsen		46 Nebenkosten des Finanz- u. Geldverkehrs kalk. Zinsen Zinsen für betriebsnotwendiges Kapital					
07 Langfristige Verbindlichk. 071 Hypotheken 072 Darlehen	17 Schuldwechsel		37 Bezugskosten Fracht Verpackung Zölle	470 Abschreibung auf Anlagen 471 Abschreibung auf Forderungen					
08 Eigenkapital	18 Sonstige Verbindlichkeiten 182 Kurzfristige Verbindlichk. 183 Noch abzuführende Abgaben 184 Mehrwertsteuer 188 Buch-Schenk-Service (BSS) 189 Buchhändler Abrechnungs-Gesellschaft (BAG)		38 Nachlässe Skonto Bonus	48 Sonstige Geschäftsausgaben Büromaterial Telefon, Porto					
090 Wertberichtigungen 0900 Wertberichtigung auf Anlagen 0901 Wertberichtigung auf Forderungen 091 Rückstellung 092 ARAP 093 PRAP	119 Privatkonten		39 Kommissionswaren ac-Bestand	49 Kraftfahrzeugkosten Betriebskosten Versicherung				89 Erlösschmälerung Rabatt Skonto Bonus	

World Guide to Libraries
Internationales Bibliotheks-Handbuch

6th edition / 6. Ausgabe

Edited by / Herausgegeben von Helga Lengenfelder

1983. XLVIII, 1186 pages / Seiten. Bound / gebunden DM 380,–
ISBN 3-598-20523-6
(Handbook of International Documentation and Information, Vol. 8 / Handbuch der Internationalen Dokumentation und Information, Band 8)

Die überarbeitete Ausgabe verzeichnet mehr als 43.000 Bibliotheken aus 170 Ländern.

Aufgenommen wurden mit einem Bestand ab 30.000 Bänden – Nationalbibliotheken – Staats- und Landesbibliotheken – Universitäts- und Fachhochschulbibliotheken – Schul- und Fachschulbibliotheken und die Öffentlichen Bibliotheken; sowie Spezialbibliotheken, Theologische Bibliotheken und Firmenbibliotheken mit einem Bestand ab 3.000 Bänden.

Jeder Eintrag bietet folgende Angaben: Name der Bibliothek – vollständige Anschrift – Telegrammadresse – Telex – Telephon – Gründungsjahr der Bibliothek – Name des verantwortlichen Leiters – Hauptabteilungen großer Universalbibliotheken, bedeutende Sonderbestände und Spezialsammlungen – Bestandsstatistiken – Teilnahme am Leihverkehr – Mitgliedschaft bei Fachverbänden – Anschluß an elektronische Informationssysteme.

Der Hauptteil ist nach Ländern geordnet, innerhalb der Länder nach Bibliothekstypen und mit einem alphabetischen Gesamtregister der Bibliotheksnamen versehen.

K·G·Saur München · New York · London · Paris
K·G·Saur Verlag KG · Postfach 711009 · 8000 München 71 · Tel. (089) 798901
K·G·Saur Inc. · 175 Fifth Avenue · New York, N.Y. 10010 · Tel. 212-9821302
K·G·Saur Ltd. · Shropshire House · 2-20 Capper Street · London WC1E 6JA · Tel. 01-637-1571
K·G·Saur, Editeur SARL. · 6, rue de la Sorbonne · 75005 Paris · Téléphone 354 47 57